本书由上海文化发展基金会图书出版专项基金资助出版

国家出版基金项目
NATIONAL PUBLICATION FOUNDATION

"科学的力量"科普译丛
Power of Science
第二辑

"科学的故事"系列
The Story of
Science series

NEILS BOHR

量子革命

AND

[美] 乔伊·哈基姆 —— 著

李希凡 —— 译

U0397650

THE

璀璨群星与
原子的奥秘
Stars and Atoms

04

QUANTUM WORLD

上海教育出版社
SHANGHAI EDUCATIONAL
PUBLISHING HOUSE

　　物理学极大地拓展了人类的理解范围，一端是广袤宇宙，另一端是微观世界。意大利格兰萨索国家实验室的一名研究人员正在寻找中微子经过时留下的痕迹。中微子是在核反应或超新星爆炸过程中产生的极其微小的粒子。

丛书编委会

主　任　　沈文庆　　卞毓麟

副主任　　缪宏才　　贾立群　　王耀东

编　委　（以姓氏笔画为序）

石云里　　仲新元　　刘　懿　　汤清修　　李希凡

李　晟　　李　祥　　沈明玥　　赵奇玮　　姚欢远

黄　伟　　曹长青　　曹　磊　　屠又新

令人神往的科学故事

科学从来没有像今天这般深刻地改变着我们。真的，我们一天都离不开科学。科学显得艰涩与深奥，简单的 $E = mc^2$ 竟然将能量与质量联系在一块。然而，科学又有那么多诱人的趣味，居然吸引了那么多的科学家陶醉其中，忘乎所以。

有鉴于此，上海教育出版社从 Smithsonian 出版社引进了这套 *The Story of Science*（科学的故事）丛书。

丛书由美国国家科学教师协会大力推荐，成为美国中小学生爱不释手的科学史读本。我们不妨来读一下这几段有趣的评述："如果达芬奇也在学校学习科学，他肯定会对这套丛书着迷。""故事大师哈基姆将创世神话、科学、历史、地理和艺术巧妙地融合在一起，并以孩子们喜欢的方式讲出来了。""在她的笔下，你将经历一场惊险而刺激的科学冒险。"……

原版图书共三册，为方便国内读者阅读，出版社将中文版图书拆分为五册。在第一册《科学之源——自然哲学家的启示》中，作者带领我们回到古希腊，与毕达哥拉斯、亚里士多德、阿基米德等先哲们对话，领会他们对世界的看法，感受科学历程的迂回曲折、缓慢前行。第二册《科学革命——牛顿与他的巨人们》，介绍了以伽利略、牛顿为代表的物理学家，是如何揭开近代科学革命的序幕，刷新了人们的宇宙观。在第三册《经典科学——电、磁、热的美妙乐章》中，拉瓦锡拉开了化学的序幕，道尔顿、阿伏伽德罗、门捷列夫等引领我们一探原子世界的究竟，法拉第、麦克斯韦等打通了电与磁之间的屏障，相关的重要学科因此发展了起来。第四册《量子革命——璀璨群星与原子的奥秘》，则呈现了一个奥妙无穷的崭新领域——量子世界。无数的科学巨匠们为此展开了一场你追我赶式的比拼与协作，开创了一个辉煌多彩的量子时代。第五册《时空之维——爱因斯坦与他的宇宙》中，作者带领我们站在相对论的高度，来认识和探索浩瀚宇宙及其未来……

　　对科学有兴趣的读者也许会发现，丛书有着哈利·波特般的神奇魔法，让人忍不住要一口气读完才觉得畅快。长话短说，还是快点打开吧！

中国科学院院士

2017.11

题献

爱因斯坦曾亲笔写信给一位教授的女儿［那是 1921 年，当时爱因斯坦正在意大利的博洛尼亚。这位教授是博洛尼亚大学的费代里戈·恩里克斯（Federigo Enriques），他的女儿名叫阿德里安娜·恩里克斯（Adriana Enriques）］。爱因斯坦在信中这样写道：

> 学习，或者更一般地说，对真理和美的追求能够令我们一生如孩童般生活。

令我们如孩童一般？爱因斯坦将之视为一种特权，他深刻认识到，孩童身上强烈的好奇心正是创造力的关键所在。在任何领域，那些不懈追求真理并能获得成功的人，几乎都能保持年轻时旺盛的求知欲和丰富的想象力。

爱因斯坦一生都对此深信不疑。1947 年，在普通人眼中已近迟暮的他，曾写信给他的朋友奥托·尤利乌斯贝格尔（Otto Juliusburger），这位朋友当时已经 80 岁：

> 像你我这样的人，尽管如常人一般无法逃脱死亡，但我们永远不会变老。我的意思是说，面对我们出生的神秘世界，我们将始终表现得像满怀好奇的孩童一般。这将我们与充满不如意的人类世界分隔开来——这可不是一件小事。

本书正是写给所有年轻的思考者——无论你实际年龄多大。我真诚地希望这本书能够解答一些疑问，同时引发新的问题。这本书是为你——我亲爱的读者而写，也是为我的儿孙、萨拜因·拉斯（Sabine Russ）的儿女、拜伦·霍林斯黑德（Byron Hollinshead）的孙辈们，以及泰勒家冉冉升起的新星们所写，他们是：

梅雷迪特·克里斯蒂娜·泰勒（Meredith Christine Taylor）

辛西娅·格蕾丝·泰勒（Cynthia Grace Taylor）

布拉德利·詹姆斯·泰勒（Bradley James Taylor）

阿比盖尔·克莱尔·弗兰克·泰勒（Abigail Claire Frank Taylor）

萨曼莎·玛丽·泰勒（Samantha Marie Taylor）

塞缪尔·本内特·弗兰克·泰勒（Samuel Bennett Frank Taylor）

凯瑟琳·罗丝·泰勒（Katherine Rose Taylor）

毛·茅·安德鲁·丹·海藤（Mao Mao Andrew den Heeten）

维多利亚·琳内·泰勒（Victoria Lynne Taylor）。

目　录

夸克、红巨星与写作缘起

你是夸克的仓库，我也是，此刻我倚靠的桌子也不例外。夸克是什么？哈哈！读完本书你才会找到答案。事实上，我撰写本书的目的正是为了找到这一问题的答案。用写书的方式来学习，也不失为一个好方法。我很久以前就听说过一些科学术语，如相对论和量子理论，但完全不知道该如何理解。为此我阅读了关于中微子、大爆炸理论和红巨星的内容——完完全全地沉浸于其中。于是我写下本书，希望能帮助自己，也帮助像我一样对周围世界充满好奇的人。

这个世界很奇妙，并且似乎正在变得更加奇妙。现代科学告诉我们一些谁都不能理解的事物，例如暗能量。说到现代宇宙科学，真希望伽利略他老人家依然健在，能够了解我们今日所知的一切。如今，宇宙学已积累了大量的可靠数据，它们表明宇宙具有演进的过程，这不再仅仅是个假说。例如，我们现在已经知道宇宙不仅在膨胀，而且正在加速膨胀。

人们曾认为科学是理性和严肃的，如果你希望富于想象，你就需要求助于科幻类作品。当论及想象力，我曾经以为科学无法与星球大战和好莱坞的特效相媲美。

实际上，与现代科学相比，电影真的没什么了不起。今天的科学远比任何科幻小说更令人瞠目结舌。（不过本书的编辑不同意，她认为优秀的科幻作品能够利用前沿科学的精华，并以一种与科学互动的形式加以展现。也许吧，但我还是更敬畏货真价实的东西。）

现在已经知道（多亏了爱因斯坦），你的手表滴答两声所用的时间可能与我的不同，这取决于我们相对运动的速度有多大。而说到夸克，遗憾的是，即使用最精密的显微镜也无法观察到单个夸克。夸克实在太小，与之相比，原子仿若巨山。

在宏大的宇宙尺度上，这是我们见过的最大的冲击波——星系团中央的绿色条带。这个冲击波由氢组成，比我们的银河系还要巨大。这是什么引起的呢？是右边紧靠它的粉色亮点。这是一个正以高速冲向临近星系的星系。想要了解这次碰撞的详情，可以自己研究一下 Stephan's Quartet 星系团。

让我们继续说说宏大尺度的事物，宇宙是如此广袤，一束光需要 137 亿年才能从宇宙边际到达你屋顶上的望远镜中。（如何断定是 137 亿年？地球的年龄有多大？光速是多少？你都能在本书中找到答案。）

19 世纪的数学家刘易斯·卡罗尔（Lewis Carroll），曾写过两部小说《爱丽丝梦游仙境》和《爱丽丝镜中奇遇记》，在故事中，白王后曾对爱丽丝说："只能记住已经发生过的事情可不算什么本事。"卡罗尔可能已经隐约意识到，时间不是只能沿一个方向流逝的，这一点今天已为人所知。

如今，万有引力也不是牛顿被传说中的苹果击中时所理解的样子。爱因斯坦对我们说，万有引力根本就不是一种力。

爱因斯坦年轻时并不知道，包含数以亿计恒星的银河系，只是

1 000 亿个星系中的一个。

然而爱因斯坦的理论预言，在那些星系的中心存在着黑洞。什么是黑洞？一旦坠入黑洞，你可能看到过去，也可能看到未来。

不过黑洞已经不算新鲜事物了，作为 21 世纪的人类，虫洞更具吸引力。什么是虫洞？未来的航天员可以借助虫洞从我们的宇宙穿越到其他宇宙中去。什么是其他宇宙？请继续阅读，你将会惊叹于即将学到的内容。

我们是如何取得今日的成果的呢？爱因斯坦最高产的几年后，一次他在柏林接受采访时，说了一句非常著名的话："想象力比知识更重要。"然而从本书中你会了解到，坚实的德国教育也滋养了爱因斯坦惊人的想象力。从一些信息出发，提出适当的问题，辅以充满想象力的思维跳跃，就有可能创新。充足的背景知识使得爱因斯坦能够踏上这条创新之路，他性格中的勇敢大胆，甚至有一点傲慢使他成为一个自由思想者。他时常对权威嗤之以鼻，并且在很长一段时间内脱离主流学术界，这些都促使他深刻地意识到，自由对于各个领域的探索，尤其是科学研究具有极其重要的意义。而且，爱因斯坦兴趣广泛，热爱音乐，精通哲学，也积极投身和平与政治事务。

当然，爱因斯坦领先于他所在的时代。20 世纪是走向学科专业化的时代。然而身处今日之信息化世界，宽泛的思维尤为必要。对科学的无知意味着与快节奏生活背后的基本理念脱节，也意味着错失了人类历史上最激动人心的创造。

在迄今最伟大的科学时代，缺乏科学素养是无法容忍的。撰写本书一个目的，也是为了提出这一议题。我希望任何有志于参与现代科学探索的人都能阅读本书。此外，它也将成为一种新的课堂工具（当然我们还需要更多），激发学生进行思考性阅读，帮助教师开展苏格拉底式教学。科学的故事系列关注的是人类探索宇宙运行规律的过程。本书并不是要教授特定的学科知识，比如能量和物质，而是希望通过讲述这些知识形成过程中的故事，建立知识之间的联系，赋予其更深层的含义。

说到本书的创作，拜伦·霍林斯黑德和他杰出的团队再次承担了出版本书的全部工作，包括配图、核实、编辑、校对及统整全书。他们出色地完成了这项庞杂的工作，相信你很难看到比这本书更精美的图书了。

萨拜因·拉斯是一位出色的图片研究员，并善于为各种事物寻找合适的位置。洛兰·霍平·伊根（Lorraine Hopping Egan）作为一位有经验且感觉敏锐的编辑（她自己已经撰写了好几本科学读物），是团队中的关键人物。设计师玛伦·阿德勒布卢姆（Marleen Adlerblum）负责设计这些精美的页面。文稿编辑莫妮克·韦夏（Monique Vescia）为本书注入魔力（她在美国也为哈利·波特系列担任同样的工作）。

美国安博瑞德航空航天学校（Embry-Riddle Aeronautical University）的物理学教授罗伯特·弗莱克（Robert Fleck）也在撰写科学史，他阅读了全部手稿并提出了宝贵意见。麻省理工学院（MIT）物理学家艾伦·古思（Alan Guth）、乔希·温（Josh Winn）和塞思·劳埃德（Seth Lloyd）都阅读过本书，并慷慨地回答了他们各自专业的问题。埃德蒙·贝切格尔（Edmund Bertschinger）解答了一个重要的疑问。《力，运动和能量》的作者之一鲍勃·斯泰尔（Bob Stair）纠正了一些错误。杰夫·哈基姆（Jeff Hakim），美利坚大学（American University）数学系主任耐心地回答了他母亲的疑问。

我从近年来撰写了许多优秀科普读物的作者那里获益良多，我如饥似渴地阅读了他们的作品。列举其中的一些名字：史蒂芬·霍金（Stephen Hawking）、蒂莫西·费里斯（Timothy Ferris）、布赖恩·格林（Brian Greene）、汉斯·克里斯蒂安·冯·贝耶尔（Hans Christian von Baeyer）、佩特罗·费雷拉（Pedro Ferreira）、理查德·沃尔夫森（Richard Wolfson）、李·斯莫林（Lee Smolin）、加来道雄（Michio Kaku）、保罗·戴维斯（Paul Davies）、约翰·格里宾（John Gribbin）、保罗·休伊特（Paul Hewitt）、丹尼斯·奥弗比（Dennis Overbye）、艾伦·莱特曼（Alan Lightman）、玛西亚·巴图夏克（Marcia Bartusiak）。这些还只是一个开始，浏览图书馆或是书店的科学类书架，你有可能发现更多宝藏。

科学教师约翰·胡比茨（John Hubisz）和朱丽安娜·泰克斯勒（Juliana Texley）也给予我很大鼓励。他们都阅读了本书较早的版本，并提出宝贵意见。特西丽为一些辅助教学资料提供了批判性的见解并作出有益的补充，这些材料由约翰·霍普金斯大学（John Hopkins University）的道格·麦基弗（Doug Mclver）、玛丽亚·加里奥特（Maria Garriott）和科拉·泰特（Cora Teter）为科学的故事系列前几册开发。教师兼作家的丹尼斯·德嫩伯格（Dennis Denenberg）教了我许多如何让教学变得有趣的方法。2002年得克萨斯州年度教师（2002 Texas Teacher of the Year）获得者芭芭拉·多尔夫（Barbara Dorff），正是我所认识的善于激励学生的教师和管理者之一，是他们鼓励我要为其学生把工作做到极致。（我还认识许多这样了不起的教师，他们是国家的财富，应当被如此褒奖。）严谨的斯蒂芬妮·哈维（Stephanie Harvey）是一位阅读专家，分享了她关于非小说类作品阅读的见解，在信息时代，这类阅读显得格外必要。理查德·霍尔斯（Richard Halls）将书发放给了在 La Academia 就读的学生们，这是丹佛一所规模不大但教育质量很好的市中心学校。休·吕贝克（Sue Lubeck）是丹佛一家书店 Bookies 的所有者，主要的客户群是儿童和教师，吕贝克的活力与智慧令我折服。史密森尼学会（Smithsonian）的卡罗琳·格利森（Carolyn Gleason）和塞韦林·怀特（Severin White）提供了重要帮助。史密森尼出版社（Smithsonian Books）的 T.J. 凯莱赫（T.J. Kelleher）阅读了终校版并提出了有益的建议。史密森尼天文馆（Smithsonian Astrophysical Observatory）的罗伯特·诺伊斯（Robert Noyes）为第五册第 21 章"外面有人吗？"的编写提供了帮助；该天文馆的退休人员查尔斯·惠特尼（Charles Whitney）阅读了终校版后，从著名科学家的视角为我们提出了宝贵意见。全美科学教师协会（NSTA）的格里·惠勒（Gerry Wheeler）和戴维·比科姆（David Beacom）给予了我很多鼓励。拜伦·霍林斯黑德除了出版本书外，还共同承担了大量与儿童和学校有关的工作，并一起探索新的教学和学习方法。

　　如果本书作为一本面向普通读者和在校学生的科学读物具有异乎寻常的价值，那必须特别感谢埃德温·F. 泰勒（Edwin F. Taylor）。他一听说我要为各个年龄段的初学者写一本关于当代科学的书时，立刻通过邮件提出了许多建议。现在埃德温·F. 泰勒已成为 MIT 的一位物理学家，并且写出了一批出色的书，其中与普林斯顿的物理学家约翰·阿奇博尔德·惠勒（John Archibald Wheeler）合著的两本尤为值得称道，分别是《时空物理》（*Spacetime Physics*）和《探索黑洞》（*Exploring Black Holes*）。这两本书都是写给大学物理专业学生的（阅读时最好有微积分基础），也是我见过的最好的教材（我认为一些权威应该成为教材编写的专家）。想象一下一本教材以一个寓言开始，你就能理解其新意了。（新版的 *Exploring Black Holes* 中埃德蒙·贝切格尔加入了编写。）

　　所以，当埃德温·F. 泰勒提出物理方面的建议时，我都欣然接受。（如果你想为年轻的读者写作，他是能帮助你的理想人选。）后来，埃德温完全投入进来，反复阅读每一章节并作出评论，每当我陷入迷茫时适时将我拉回正途。

　　除此之外，他还付出了更多。我得到了这个国家最伟大的物理教师之一的私人辅导。这是一场我从未经历过的智力探险（尽管有时我为此绞尽脑汁）。在本书中我将尽力与你分享其中的一些经历。书中若有一些错误与含糊之处都是我的责任，而其中包含的敏锐洞见绝大多数都要归功于埃德温·F. 泰勒的指导。

——乔伊·哈基姆

少年的奇思妙想

> 从漫长的生命中我领悟到：与现实相比，我们所有的科学研究都是原始而幼稚的。但这恰恰是我们拥有的最珍贵的东西。
>
> ——阿尔伯特·爱因斯坦（Albert Einstein, 1879—1955）

他还曾说："我们所经历的最美好的事物莫过于自然的奥秘。它是真正艺术和真正科学的来源。要是体验不到它，要是不再有好奇心，也不再有惊讶之感，那就无异于行尸走肉。"

他曾将这段留言放进时间胶囊中："亲爱的后人（Dear Posterity），如果你们没能变得更正直、更平和，并且通常比我们更理性，那你们一定是堕入了恶魔之手。"

15 岁的阿尔伯特·爱因斯坦正处于痛苦之中。他正为从德国的中学毕业而努力，但他讨厌学校，那里既严格又古板。更糟糕的是，他的父母移居去了意大利。他们认为他应该留在德国直到完成学业。然而，没过多久他就前往意大利与父母会合了。他为什么要离开德国？今天，没有人知道确切的原因，但他就读的学校给他的一封信给出了关键的线索："你在班上的表现具有破坏性，并且影响到了其他学生。"

爱因斯坦的父母该如何面对中途辍学，又一声不吭跑来意大利的儿子呢？

在本册开头的照片中，一位举世闻名的科学家——爱因斯坦，于1933年在加利福尼亚南部骑车玩耍。娱乐帮助爱因斯坦取得成功，他对新鲜的思想始终怀有孩童般的热忱。作为伟大的科学家，他将探寻宇宙的奥秘视为伟大的、充满冒险和荣耀的游戏。

"Dear Posterity"？在上面的第三段引用中，爱因斯坦是在对生活在他之后时代的人寄语。前缀 Post- 的意思是之后，如 postpone 的意思是延期，postscript（缩写 P.S.）出现在信件的签名之后。爱因斯坦的留言是写给后人的——也包括你。你对他的话有何感想？

1876年8月8日，在德国Cannstaff的犹太教堂，保利娜·科赫（Pauline Koch）与赫尔曼·爱因斯坦（Hermann Einstein）举行了婚礼。他们成了一对出色的父母，成功地教会了孩子们如何思考。

在意大利米兰，爱因斯坦的父亲拥有一家生产机器零部件的工厂，这种机器就是发电机，它能将煤、石油和山谷河流中的能量转化为电能。发电机能点亮村落中的电灯。那是1895年，当时电灯和所有推动工业革命的电气技术都还是新鲜事物。

爱因斯坦将会引领世界超越工业革命的时代，他将开启全新的科学纪元。然而那时还没人知道这些，他的父母只是不停地催促他认真读书。在工厂里四处转悠不失为一个非常好的学习方式，爱因斯坦可以从中学到许多关于电气机械方面的有趣知识，然而这远不足以帮助他应对19世纪末那个瞬息万变的世界。他的父亲建议他忘记那些"哲学胡话"，他需要的是一个学位。

尽管全家人都在担心他的前途，但是年轻的爱因斯坦心思却全然不在其上。他的思绪萦绕在别处。他不断地问自己："如果我坐在一束光上，会看到什么？"

爱因斯坦沉迷于光的问题而不能自拔。光速是299 792.5千米/秒，不到1秒钟，爱因斯坦就会离开地球和它的大气层。在地球之外的广袤宇宙中，时间、空间和物质是什么样的？这个问题没有人能够帮他回答，因为无人知晓以光速运动时到底会发生什么。

动力机（dynamo）能将一种能量转化为另一种能量。它有两种运作方式，如果是将机械能（如风车旋转）转化为电能，这称为发电机。若是反过来，将电能转化为机械能，就称为电动机。动力机来源于希腊语dynamis，意思是力量。这幅1882年的版画描绘了莱韦特·穆勒（Levett Muller）的动力机系统，图中的电灯用导线与电源相连。

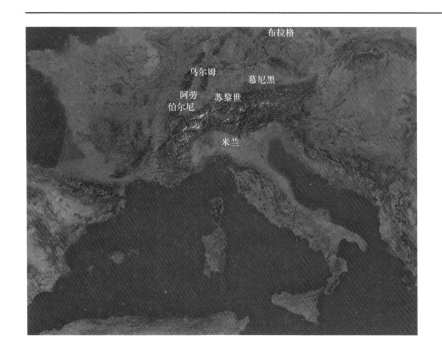

布拉格

乌尔姆　　慕尼黑

阿劳　苏黎世
伯尔尼

米兰

爱因斯坦的早年生活从德国乌尔姆开始，之后前往德国慕尼黑、意大利米兰，再到瑞士阿劳、苏黎世和伯尔尼。17 岁时，爱因斯坦放弃了德国国籍，因为作为和平主义者，他无意在德国军队中服役，此后加入瑞士国籍。他曾先后在布拉格（奥匈帝国）、瑞士苏黎世、德国柏林和美国新泽西的普林斯顿担任教授。1940年，第二次世界大战在欧洲爆发后，他选择加入美国籍。

　　爱因斯坦当时可能还没意识到这一点，他在思考他那个时代的科学问题：作为一种电磁辐射，光的行为为什么是这样的？光似乎和被击出的棒球不同，并不遵从同样的运动规律——也就是牛顿定律。19 世纪末的大多数人并没有意识到，这种不一致（Incompatibility）引发了科学思维上的一次重大飞跃。牛顿定律能够完美地应用于日常生活中，詹姆斯·克拉克·麦克斯韦（James Clerk Maxwell，1831—1879）创立的电磁场理论也可以。而且，电磁场理论将科学引向了日常生活之外，它将整个宇宙都纳入研究范围内。科学家发现，在牛顿理论和电磁场理论重叠的领域，似乎存在某种不一致性（Incongruity），两者不可能都正确——至少不可能都完全正确。不过，除了少数科学家和一位 15 岁的思考者外，很少有人为此感到困扰。

　　大多数科学家认为在真空中光速近似等于 300 000 千米 / 秒。（光在水或其他介质中速度会变慢）从太阳发出的光穿过真空的空间，大约需要 8 分钟到达地球。

Incompatibility? Incongruity?
　　它们的意思是冲突、不相关和不一致。换言之，如果牛顿的运动定律是正确的，那么麦克斯韦的电磁场理论一定有什么地方错了。反之亦然。

6 岁的爱因斯坦和他的妹妹马娅（Maja）。他还不到 3 岁的时候，父母就告诉他很快会有一个新玩伴。他以为他们说的是一件新玩具。他看了妹妹一眼，然后疑惑地问："轮子呢？"后来，马娅回忆到，爱因斯坦小时候脾气不太好，经常扔东西。对此，她说："思想者的妹妹需要有坚硬的脑壳。"

是什么让爱因斯坦专注于思考这一理论困境？没人知道答案，不过 15 岁的确是适合提出问题的年龄。15 岁的爱因斯坦已经在数学和新兴科学方面打下坚实基础。他无疑是幸运的，因为他的父母对阅读、思考和交流都很感兴趣，爱因斯坦称他的父亲"非常博学"。（不过他不是一个成功的商人，他的工厂不断衰败。）

5 岁时在德国，有一次爱因斯坦生病了，只能卧床休息，父亲给了他一个指南针。指南针的指针总是指向同一个方向。父亲告诉他，这是因为地磁场的作用。年幼的爱因斯坦非常激动，他说他激动得"直颤抖，浑身发冷"，一种看不见的力是如何从磁北极穿过空荡荡的空间到达他家，并使指针偏转的？没人能为他解答这个问题，这促使他开始思考自然界中的这种力。

爱因斯坦的叔叔雅各布（Jakob）教会了他数学。雅各布把数学变成一种游戏，他说："代数是愉快的学科。如同狩猎一般，在捕获到猎物之前，我们把它称为 x。"爱因斯坦的母亲为他大声朗读能够找到的最好的书，并教会他演奏小提琴。小提琴对他而言更胜于朋友，

一种叫 x 的猎物？雅各布叔叔实际上是在讲变量的概念，它是代数方程中的未知量。这里有一个简单的例子：$x+3=8$，算算 x 等于多少？祝你狩猎愉快。

爱因斯坦出生于小城市乌尔姆，不过一年后举家搬至正在迅速崛起的慕尼黑。慕尼黑位于德国南部，是巴伐利亚的智力之都。这幅手工上色的照片中是 19 世纪 90 年代慕尼黑的新市政厅。赫尔曼·爱因斯坦（爱因斯坦的父亲）和弟弟雅各布在生意上是合作伙伴，他们两家共享一座舒适的别墅，院子里种满了树。爱因斯坦两兄弟雄心勃勃，他们想要生产雅各布发明的动力机。

激发了他一生对音乐的热情。他的妹妹马娅将小提琴比作哥哥的"宝贝孩子"。

　　一位名叫马克斯·塔尔穆德（Max Talmud）（后称为塔尔梅，Talmey）医学院学生常来他家中共进晚餐。邀请贫困的学生一起共进晚餐是犹太家庭的传统。马克斯每周四来吃晚餐时，会带来最新的科学和数学思想。马克斯还和爱因斯坦一起细细阅读了一套系列读物"大众自然科学丛书"。晚餐后，爱因斯坦的父亲赫尔曼有时会为这个组合家庭朗读莎士比亚或歌德的作品。

约翰·沃尔夫冈·歌德（Johann Wolfgang von Goethe，1749—1832）是一位德国诗人、剧作家和科学家。与威廉·莎士比亚（William Shakespeare）一样，是世界文学巨匠。

　　爱因斯坦 12 岁时，叔叔雅各布送给他一本欧几里得（Euclid）的著作，当他深入钻研这本书时，爱因斯坦难掩激动的心情。他称这本书为他的"神圣几何书"。马克斯后来写道，他热情洋溢的年轻朋友很快就在数学方面远远超越了他。

　　与此同时，爱因斯坦也在探索一个传统的神圣世界。他的父母并不是纯正的犹太信徒，但德国政府要求所有的儿童都必须接受宗教培训。一位远房亲戚被派来教导阿尔伯特。没人期望他能感受到宗教狂热，但他却做到了。

公元前 4 世纪，欧几里得在埃及的亚历山大城教授数学。在他著名的十三卷著作《几何原本》中，他从五条公理——不证自明的事实——出发，建立了几何学体系。

我记得，在拿到神圣的《几何原本》之前，（雅各布）叔叔已经给我讲过毕达哥拉斯定理。我费了很大工夫，终于根据三角形的相似性成功地"证明"了这条定理；在这样做的时候，我觉得，直角三角形各个边的关系"显然"完全决定于它的一个锐角。在我看来，只有在相似方式中不是表现得很"显然"的东西，才需要证明。

——阿尔伯特·爱因斯坦，《自述》

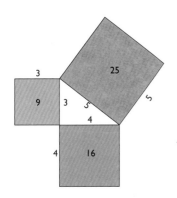

这是毕达哥拉斯定理的图示：在直角三角形中，斜边长的平方等于两条直角边长的平方和。图中即为 $3^2+4^2=5^2$。

着迷于他信仰的智慧之光与伦理体系，爱因斯坦很快开始作曲并吟唱上帝赞歌。当他试图说服父母更虔诚地履行宗教义务时，他们都显得非常宽容。

与此同时，爱因斯坦开始自学更高等的数学，他和马克斯保持着共享书籍的习惯。当爱因斯坦 13 岁时，马克斯借给他一本德国哲学家伊曼努尔·康德（Immanuel Kant，1724—1804）的著作。对于任何年纪的人来说，康德的作品都显得晦涩难懂，但是爱因斯坦却对这个挑战兴致勃勃。康德试图将哲学中所有的重要观念连接起来，组成一个包容的体系。此后，爱因斯坦也将在科学领域做同样的尝试。

毋庸置疑的几何学

回首自己的童年，爱因斯坦先是描述了自己如何对一个指南针深感惊奇，接着他写道：

12 岁时，我体验到了第二个本质完全不同的惊奇：某一年刚开学时，我得到了一本论述欧几里得平面几何的小册子，其中都是各种可靠的结论，例如三角形的三条高必交于一点，虽然这绝非显然，却能被无可争议地证明。这种清晰性与确定性留给我难以言喻的印象。对于不证自明的公理，我也没有感到不安……我可以为命题提供证明，命题的有效性于我而言是确定无疑的。

尝试一下：对一切三角形，三条高必交于一点（称为垂心）。三角形的每条高都从一个顶点出发，并垂直于该顶点所对的边。

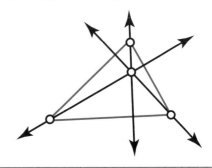

这次挑战性的阅读逐渐将爱因斯坦引向对宗教的哲学思考。传记作家丹尼斯·布赖恩（Denis Brian）曾写道："尽管爱因斯坦没有皈依任何教派，拒绝履行大多数有组织宗教要求的严苛规则和义务行为，但认识他的人仍然认为他非常虔诚。"

然而，在古板、严苛的德国中学里，爱因斯坦的深度阅读并不能给他带来多大帮助。在那里，没有人料想到这个脑中充满各种问题的年轻人，会建立起宇宙的新模型。他被视为一个麻烦、一个异类，很大程度上这是由于他对体育、背诵和服役毫无兴趣（16 岁的德国男孩必须服兵役）。一位医生在爱因斯坦身上"察觉"到了忧郁症，并写了一张纸条告诉他，他应该更多地与家人在一起，才能避免精神崩溃。这让爱因斯坦解放了，学校似乎也很乐意让爱因斯坦离开。

造物之无限性使得世界，或至少是银河系的世界，看起来如同花朵或昆虫之于地球一般。

——伊曼努尔·康德，《自然通史和天体论》

你（可能）的未来在数据中

在校期间，爱因斯坦沉迷于统计学，这是数学的一个分支，主要涉及数据分析。对细节的密切关注使他（也能帮助你）不仅看到个例，还能令人惊异地看到全局。怎么做的呢？举个简单的例子：几个世纪以来，科学家年复一年辛勤地记录下太阳黑子的数目。如果将每年的太阳黑子数画在一张长图表中，你很容易发现其中的规律：太阳黑子数每 11 年会出现一个峰值。之后你可以用这个规律来预测下一个峰值最有可能在哪一年出现。"最有可能"意味着概率，概率是基于数据的预测。不过，它是预测可能性，而非一定如此。太阳黑子的峰值可能出现在前一个峰值后的 9～14 年。

爱因斯坦利用概率和统计研究了比太阳黑子尺度小很多的事物。基于温度、压强和速度，他预言了原子和分子可能的行为。本书后面将有许多与他相关的统计力学内容。

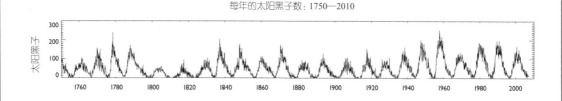

每年的太阳黑子数：1750—2010

苏黎世联邦理工学院，简称苏黎世理工学院，是一所享誉全球的学府。1900 年，爱因斯坦在此获得数学和物理学教学学位。学校先进的实验室设备（如上图所示）由西门子公司提供，也正是这家大型企业导致了赫尔曼·爱因斯坦的企业破产。

15 岁的爱因斯坦来到意大利，他的父母建议他要面对现实。他家的工厂效益不佳，爱因斯坦必须找一份工作谋生。他说想成为高中老师，于是他被送去瑞士完成高中学业并为进入大学做准备。在那里，他寄宿在一户友善的人家，在阿劳小镇上的学校学习，事实证明瑞士的学校非常适合他。那里有杰出的教师、很高的标准和宽松的氛围。学生被鼓励提问，并探寻答案。爱因斯坦还在学校食堂和一位朋友一起演奏莫扎特的奏鸣曲。五十年之后，他将仍然记得这是一个人人参与"尽责又有趣地工作"的地方。

离开阿劳，爱因斯坦来到苏黎世，进入苏黎世联邦理工学院（这是欧洲顶尖的理工学院之一）学习物理和数学。苏黎世地处欧洲的中心，这座颇具活力的城市充斥着咖啡店与各种高谈阔论，这里吸引着各色充满激情的艺术家、作家和政治思想家。弗拉基米尔·列宁（Vladimir Lenin）（后来的苏联领导人）和詹姆斯·乔伊斯（James Joyce）（改变现代文学的爱尔兰作家）正是其中的两位。

爱因斯坦喜欢的咖啡店叫 Metropole，他在那里和朋友交流想法和书籍。他最喜欢的饮料是冰咖啡（爱因斯坦从不饮酒，他认为这会影响他的思考）。一有机会他就会去苏黎世湖驾驶帆船，通常是借用女房东的帆船（帆船运动也成了他一生的爱好）。爱因斯坦有棕色的大眼睛、卷发，机敏而又才智过人，这使得他非常受人关注。一位女性朋友将他描述为"无法抗拒的"，一位男性朋友说他认为爱因斯坦将成为伟大的人物。

在他班上只有一个女学生，来自塞尔维亚的米列娃·玛丽克（Mileva Maric）。她是一位先锋人物，是世界上最早学习高等物理的女性之一。爱因斯坦对她印象深刻，之后，他们坠入爱河并结为夫妻。（这是一段充满困扰的婚姻，最终以失败告终。）

与此同时，他惹怒了大多数的教授。爱因斯坦的聪明毋庸置疑，但他的态度却有些问题。他对学校的作业缺乏耐心，也很少去上课。他最好的学习方式似乎是与朋友讨论各种观点和问题。所以毕业的时候，他是班上唯一没有得到工作推荐的人。他的一位老师称他为"懒鬼"，因为爱因斯坦从未完成他的作业。

从爱因斯坦和米列娃往来的包含激情的书信中可以看出，他们相爱至深。然而生活的艰辛和他的工作影响了他们之间的感情。他们育有两个儿子，但是婚姻却没有维持多久。这是他们的结婚照。

这个教授错了，爱因斯坦并不懒。他非常勤劳地思考着，他的思绪都集中在光线上。十多年来，以光速运动会发生什么的疑问似乎从未离开过他的脑海。"在我的一生中，我从未如此卖力地工作，"爱因斯坦曾写信给一个朋友描述深度思考的场景。

最后，在1905年，他终于能够回答他自己提出的关于光的问题，他建立了狭义相对论，历史上最为重要的科学理论之一。这还只是他在奇迹年发表的其中一个理论。当时爱因斯坦26岁，他即将为20世纪的研究设定方向。

向未来旅行

什么是相对论？坐在一束光上会看到什么？原子——由于太小而不能被普通显微镜观察到的物质微粒，是否真实存在？20世纪初，没人知道这些问题的答案。如果你读完本书，你会知道得比当时的任何人都多。你甚至会知道爱因斯坦都不知道的事情。

它会带你回来的，是吗？

为了理解原子和相对论，我们既要返回过去，也要穿越未来。钻进一架时间机器，我们就可以开始了。多亏了爱因斯坦和其他科学家，现在我们知道，时间和空间是彼此交织的——过去与未来也同样如此。时间旅行是否真能实现？也许。一些科学家对此满怀信心，另一些则持怀疑态度（这意味着他们不愿对它下赌注）。但不要因此妨碍你的思考，在你的脑海中，一切皆有可能。

时光重现

威廉·吉尔伯特（William Gilbert）代表了中世纪和现代思想的分水岭……尽管他的结论往往是错误的，但他开启了一个全新的时代……同时他将实验观察系统地引入到科学之中。

——戴维·P. 斯特恩（David P. Stern），美国物理学家，摘自《纽约时报》（2000 年 6 月 13 日）

在发现神秘事物和探索其背后原因的过程中，需要根据明确的实验和严密的论证进行更有力的推理，而不是凭借可能性的猜想和一般意义上的哲学思辨。

——威廉·吉尔伯特（1544—1603），英国医生，《磁石论》

重要的是不要停止发问，好奇心自有其存在的理由。

——阿尔伯特·爱因斯坦，"我的信仰" 演讲，1930

快穿上你的跑鞋。在这一章和下一章，我们将如同变戏法一般，飞速浏览 400 年的科学发展。所以赶快作一次深呼吸，你马上就要体验到科学知识在已有基础上不断更新的过程。你还会看到爱因斯坦如何吸收前人的观点，并用开放的、极富想象力的头脑重新审视它们，从而建立起惊世骇俗的宇宙新图景。

1600 年是一个极好的开端，然而这一年对焦尔达诺·布鲁诺（Giordano Bruno）来说很糟糕。作为和伽利略同时代的人，布鲁诺在罗马被活活烧死，其中一个原因是，他宣称地球围绕太阳运行。在他所处的那个时代，这个观点尚不为公众接受。波兰的一位神职人员尼古劳斯·哥白尼（Nicolaus Copernicus）曾于 1543 年出版了一本著作力推这一革命性的论点。然而大多数的宗教领袖 [从新教的马丁·路德（Martin Luther）到罗马天主教的教皇（Rome's Catholic pope）] 都反对这一观点，他们认为太阳是围绕地球运行的。

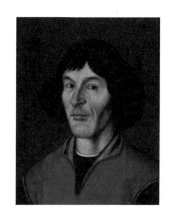

这是一幅 1575 年的尼古劳斯·哥白尼肖像。他颠覆了太阳系的构成，把天文学界搅得天翻地覆。

 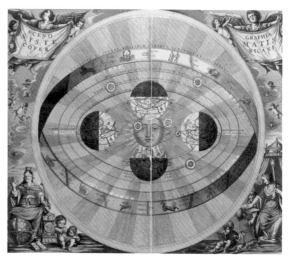

由于这些领袖当时正陷入各种宗教战争和严重的学术混乱，他们对惹人恼火的思想干扰无法容忍。此外，哥白尼的理论既与深受敬重的（revered）古希腊哲学家亚里士多德（Aristotle）的理论相悖，也与圣经不符。所以，当布鲁诺再次宣传这一观点，以及上帝无处不在的观点时［这些观点在那时被视为异端（heretical）］，他在欧洲大多数天主教国家都受到冷遇。只有在英国，这个地处欧洲边缘但充满朝气的国度，布鲁诺得以发表他的科学著作。（在法国，他发表过关于记忆术和一种记忆技巧的两部作品，以及一部剧本。）

就在布鲁诺被处以火刑的那一年，英国女王伊丽莎白（Elizabeth）的私人医生，威廉·吉尔伯特发表了一部关于磁学的著作，名为《磁石论》（拉丁语 De Magnete）。吉尔伯特花了 18 年时间对这一领域进行了研究。在那个时代航海是主要的交通方式，人们依靠指南针指示方向，所以磁学在那个时代尤为重要。其中最重要的问题是：为什么指南针始终指向同一个方向？（大约 300 年后，这个问题也使 5 岁的爱因斯坦困惑不已。）

吉尔伯特认为地球是个巨大的磁体，具有南北两极。他已经非常接近答案了。事实上，地球是个巨大的电磁铁。吉尔伯特的结论源自他相信地球围绕太阳运行。

安德烈亚斯·塞拉里乌斯（Andreas Cellarius）是著名的荷兰 - 德国天体图作者，他比哥白尼晚半个世纪出生。当时，哥白尼的日心说仍未能完全取代地心说。塞拉里乌斯分别描绘了两种理论的图景。

Revered 包含了尊重、敬佩、敬畏之意，有时还有为之奉献之意。它的同义词有 worship、adore、venerate 和 idolize。

Heretical 是指异端的，也就是反对公认的观点，尤其是宗教信仰。在基督教历史上，异教徒通常是指对传统教义提出反对意见的教会成员。布鲁诺的观点现在看来没什么问题，在他那个时代却是异端邪说。

磁性吸引

DE MAGNETE, LIB. V.
Instrumentum declinationis.

磁石是具有天然磁性的矿石，早在公元前 4 世纪就在中国被发现了。中国人用磁石来排布坟墓方向，从而确定尸体应向哪个方位摆放。他们坚信正确的方位能够帮助死者进入来世。此后，磁石因为这一特性被用于航海。

5 世纪初，圣奥古斯丁（Saint Augustine）描述了一位熟人的事情，说"他制作了一块磁铁，并将它放在盛有铁屑的银盘下方。夹在中间的银盘对磁铁毫无作用，但令人意外的是，当磁铁在银盘下方或快或慢地前后移动时，盘内的铁屑始终被吸引。"为什么会产生这一现象？当时没人知道。威廉·吉尔伯特试图找到其中的答案。

为什么磁针总是指向南北？ 1600 年，威廉·吉尔伯特在《磁石论》中给出了答案：地球本身就是一个大磁体！

吉尔伯特生活在英国，所以有幸阅读哥白尼的著作。但是，一个绕太阳转动的地球实在不适合当时大多数欧洲人的胃口。当时有人给意大利的伽利略·伽利莱（Galileo Galilei）一本哥白尼的书，理由是，这个人要拯救自己的图书馆。（在意大利，这本书是违禁品，但是，伽利略默默地阅读了它。）

吉尔伯特还对产生火花和嘶嘶声的奇怪现象感兴趣，他称这些为"电"。电非常迷人，有时甚至令人震撼，但又似乎无法捕捉。

直到 18 世纪，科学家（当时称为自然哲学家）终于能够储存一部分电了。在荷兰，彼得·范米森布鲁克（Pieter van Musschenbroek）和他的同事发明了莱顿瓶。人们首先使莱顿瓶上产生电势差（这是正负电荷分布不均匀的结果），然后再一瞬间将其释放，就可以随意产生静电火花。它为实验家提供了新的实验设备。在使用莱顿瓶的过程中，许多研究人员，包括范米森布鲁克都受到过电击。他曾在给朋友的信中提道："当时我觉得我要完了。"当然，他很幸运地活了下来，但另一些人就没那么幸运了。

莱顿瓶的发明在 18 世纪掀起了一股电学表演的热潮，但有时这些表演是致命的。

静止、移动、电击

电子（微小的亚原子粒子）是大多数（不是全部）电流的载流子。电流可以被描述为导线或其他导体中的电子流。为什么？因为电子比质子或其他亚原子粒子更容易移动。

每个电子带一个单位的负电荷，每个质子带等量的正电荷。所以物体携带多余电子时带负电，而电子数量不足时带正电（这时质子电荷量起主导作用）。

电子趋于从电子较多的地方流向较少的地方——也就是从负极流向正极，我们称之为"异性相吸"。当正负极之间的电势差足够大时，电子能够借助电离的气体越过物体间的空隙，产生静电火花。

梳梳你的头发，或者用脚摩擦地毯，电子就会积累，造成电荷的不平衡。如果你再触碰金属门把手，很可能会"哎哟"一声，电子通过你的手在你和门把手间发生传递，重新达到平衡，这就是静电现象。

18 世纪，电痴迷者在沙龙中玩一个称为"电吻"的把戏，意即火花流。

在这幅法国木刻中，一名被起电机充了电的妇女正将她的唇靠近男伴的唇——由此产生电击。

闪电是天空中一种巨大的电击现象。雨使得云层中的电荷（通常是负电荷，因为有过量的电子）和潮湿地面的电荷（通常是正电荷，因为电子过少）重新分布。当云层和地面间的电场足够大时，空气被击穿，变为导体。嘣一声！你看到、听到和感受到的闪电，就发生在异种电荷重新达到平衡的过程中。

当了解到电能够以电流的形式流动之后，人类才真正开始了对奇妙电现象的探索。在第五、六章中将有更多关于电子的知识，第十五章将介绍质子。

科学之钥

培根（Bacon）、伽利略和牛顿奠定了现代科学研究方法的基础。20世纪的物理学家理查德·费曼（Richard Feynman），曾在《物理定律的本性》一书中这样描述科学方法：

"一般来说，我们通过以下步骤来寻找一条新定律。首先，我们对它进行猜想。然后，计算出从这种猜想出发得到的结果，看看假如我们猜想的这条定律是准确的话，会有什么样的结果。最后，再把计算的结果同自然界比较，通过实验或经验将其与观察数据比较，看看它对不对。如果它同实验不符合，它就是错的。这一简约的概述乃是打开科学之门的钥匙。"

本书各个章节中充满了科学家的名字。你需要全部记住他们吗？怎么才能更直观呢？下面这根时间轴将帮助你。你会发现，其中一些人比其他人的历史地位更高。一些伟大的名字——比如哥白尼、伽利略、牛顿、麦克斯韦和爱因斯坦，是所有人都应该知道的。

本杰明·富兰克林（Benjamin Franklin）发现闪电和莱顿瓶顶端跳跃的火花一样，都产生于静电荷。这一认识，将天上和地球上的电现象联系了起来（这是一个惊人且很重要的科学概念）。富兰克林十几岁时第一次从美国费城前往英国伦敦。在英国，他发现周围充斥着新的科学思想。每个人都在谈论伽利略、约翰内斯·开普勒（Johannes Kepler），尤其是一位年长的英国偶像——艾萨克·牛顿（Isaac Newton）。

牛顿是英国本土的天才人物，令全国的男女都为之骄傲。由于他的社交能力一般，在生命中最高产的几年里，他都一直独自在剑桥从事研究工作。但到了18世纪，作为科学巨星和公众人物，他的思想影响到了艺术、音乐，甚至是政治理论。

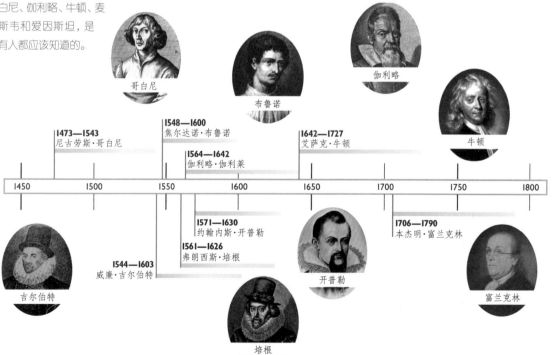

哥白尼

布鲁诺

伽利略

牛顿

1473—1543
尼古劳斯·哥白尼

1548—1600
焦尔达诺·布鲁诺

1564—1642
伽利略·伽利莱

1642—1727
艾萨克·牛顿

| 1450 | 1500 | 1550 | 1600 | 1650 | 1700 | 1750 | 1800 |

1571—1630
约翰内斯·开普勒

1561—1626
弗朗西斯·培根

1544—1603
威廉·吉尔伯特

1706—1790
本杰明·富兰克林

吉尔伯特

开普勒

富兰克林

培根

一个苹果促发牛顿"将引力理论扩展应用到分析月球的运行",但是万有引力概念的建立却花费了数十年的时间。

牛顿的三条运动定律

1. 物体将保持静止或匀速直线运动状态,直到有外力作用迫使它改变这种状态为止。

2. 物体加速度的大小与作用在物体上的合外力大小成正比,方向与合外力的方向相同。

数学表达式为 $F = ma$,其物理意义是"力等于质量乘以加速度"。[事实上,这个方程是瑞士数学家莱昂哈德·欧拉(Leonhard Euler)根据牛顿的思想提出的。]

3. 每个作用力都有一个大小相等、方向相反的反作用力。

牛顿认为,自然界被普通人能够理解的定律所主宰。牛顿的好友,政治思想家约翰·洛克(John Locke)认为,自然定律为人类社会和政府提供指导。牛顿的科学方法依托于人类的智慧,每一个足够聪明的人都可以学习它。不仅仅是国王和王后,每一个有理性的人都开始参与时代的变革。

牛顿于 1727 年逝世,被认为是有史以来最伟大的科学家,甚至超越了传奇的亚里士多德。(在亚里士多德和爱因斯坦之间,牛顿基本上没有真正的对手,伽利略或许可以算一个。)

人们常常传说,当牛顿坐在母亲家的后院中时,一个苹果恰好砸中了他的脑袋,这令他开始思考是什么使苹果下落,从而发现了万有引力定律。这一定律的发现使人们对宇宙有了新的认识。

事实上,并没有苹果真的砸中牛顿,他只需要运用想象。牛顿确实将他母亲家树上掉落的苹果与空中的月球联系了起来。他认识到,使苹果落地和使月球以及其他行星保持在各自轨道上运动的力本质上是相同的。亚里士多德认为,天空遵循的法则与地球上的法则是不同的。牛顿对引力的研究和富兰克林对闪电的研究都表明,事实并非如此。

1833 年在剑桥，威廉·休厄尔（William Whewell）向英国科学进步协会提出建议，将他们的会员称为科学家（scientist）。这个词是类比从事艺术工作的艺术家（artist）而来。逐渐地，这个词被广泛接受，开始替代自然哲学家这个称谓。

——亚历山大·埃勒曼（Alexander Hellemans）和布赖恩·邦奇（Bryan Bunch），科学作家，《科学的时间表》

传说中的苹果事件发生于 1666 年，当时牛顿 23 岁。同年，他开始建立描述运动和变化的数学理论——微积分。此后，他建立了三条主宰所有宏观运动的定律（见第 15 页）。他还用太阳光照射棱镜，观察到了光的色散现象（也就是不同颜色的光线发生不同程度的偏折），从这一现象中他得出结论，太阳光是由不同颜色的光组成的。为纪念这一系列的发现，人们将这一年（实际上是 18 个月）称为"奇迹年"。

与此同时，在这两个高产的世纪中（牛顿所处的 17 世纪和富兰克林所处的 18 世纪），缺乏科学性的炼金术师逐渐转变成了化学家。一些"化学家"（Chymists）对空气进行研究，发现它由多种气体组成。另一些则研究了水，发现它是一种化合物，由两种元素——氢气和氧气组成。至此，一度被所有人确信的"物质由土、气、火和水四种基本元素组成"的观点被推翻了。

术语的变化

19 世纪，化学家用原子质量来区分元素。当发现一种化学元素可以有不同的原子质量时，人们开始用原子数来确定元素。

当人类迈向宇宙之后，为了更清晰地表述物体，科学家使用质量（mass）代替重量（weight）。重量表示了作用在物体上的重力大小，比如地球上的重力。

如果你想"减肥"，那就去月球吧。月球上的重力比地球小，你可以体验到失重的感受。但遗憾的是，你的质量，却一点也不会减少。

地球的引力使得宇宙飞船（左）、宇航员和国际空间站（右）能够保持在轨道上运行。

19 世纪初，约翰·道尔顿（John Dalton），一位沉静、努力的年轻人，重新提出了物质由基本粒子组成的观点。他将这些粒子称为"原子"，意思是"不可再分的"。他从古希腊的德谟克利特（Democritus）那里继承了这个词和概念。后来证明原子并不是不可再分的，人们还将发现更小的粒子。但他提出的原子比此前认识的任何事物都要更小、更基本。道尔顿认为，对于每一种元素而言，组成它的原子都是完全相同的，而不同的元素则是由不同的原子组成的。这是对物质认识的巨大进步。

19 世纪后期，俄国教授德米特里·门捷列夫（Dmitry Mendeleyev，1834—1907）将新发现的元素归入一张表格中，这张表格显示出，组成元素的原子性质（如和其他原子结合的能力）遵循明显的规律。元素周期律是一种了不起的科学概念。

然而科学的旅程并非一帆风顺。当爱因斯坦还是一个孩子时（道尔顿之后半个世纪），科学家对原子进行了再思考。没人确定它们真实存在。原子实在太小了，以至于任何倍率的显微镜都无法观测到它们。那么，科学家如何确定它们真实存在呢？

证据是慢慢积累起来的：例如，当元素发生化合反应时——如氢气和氧气结合生成水时，它们总是以确定的比例化合。这暗示元素以基本单位参与化合。它们确实如此！

但对于许多科学家来说，这一证据还不够充分。他们认为，看不到即不存在。他们始终不相信原子的存在。那么，你呢？当你认为永远无法看到一样东西的时候，你还会相信它真实存在吗？

19 世纪初，道尔顿从质量很小的氢开始，列出了一张"元素"清单。（上图，其中一些实际上是化合物。）1869 年，在门捷列夫的第一版元素周期表中，氢元素的序号为 1，按照元素的化学性质按列排序。现代的元素周期表则是按行排序（第 123 页）。

电与磁的激荡融合

光，是我们探索天堂的唯一依靠。星辰之间相距如此遥远，以至于任何其他物质都无法在彼此间相互传递。光，是这些遥远世界存在的唯一证据，它向我们揭示：它们中的每一颗星都是由与地球上相同种类的分子所组成的……因此，就如巴黎（度量衡局中）的米原器是公制（米制）度量系统的基元一样，我们发现从地球直至整个宇宙，每一个分子都是构建它们的基石。

——詹姆斯·克拉克·麦克斯韦，苏格兰物理学家，《分子》演讲，1873

直到电与磁的效应被发现以后，人们才开始思考电与磁的问题。电磁并不是牛顿定律的结果。所以对于那些"尚未被发现的力"，我们要保持开放的心态。

——布赖恩·L. 西尔弗（Brian L. Silver），物理化学家、科学史学家，《科学崛起》

科学总在寻找着事物间的联系和规律。但在很长的时间里，人们没有能够发现电与磁之间的关联。谁能想到，这两种现象竟然是从诞生起就彼此相关，亲如双胞胎般地存在。

19 世纪在意大利，亚历山德罗·伏打（Alessandro Volta）为了研究电现象，做了一个实验。他将两块金属圆盘（分别是锌和铜）用浸泡过浓盐水的硬纸板隔开，构成了一个电解电池。当他将两个或更多个这样的电池连接起来后，就形成了一个电堆，现在称为伏打电堆或早期电池。由此，实验室里终于有了一种能产生电流的化学源。

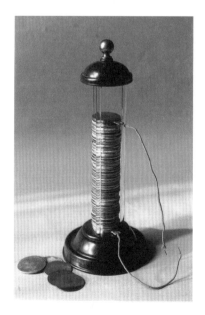

伏打电堆本质上是一个电池。当两根导线接触时，交叉叠在一起的锌片和铜片立刻发生化学反应，使自由电荷在电路中流动起来，便产生了电流。

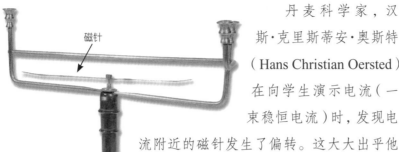

磁针

丹麦科学家，汉斯·克里斯蒂安·奥斯特（Hans Christian Oersted）在向学生演示电流（一束稳恒电流）时，发现电流附近的磁针发生了偏转。这大大出乎他的意料。奥斯特马上意识到，一定是电流通过某种方式触动了磁针，电与磁是相互关联的。他很清楚这一现象具有重大的意义，便立刻将其传播开来。奥斯特邀请了许多当时的学术大家来见证他的实验。那是 1820 年，他振奋了整整一代科学家，掀起一波实验研究潮，由此开启了科学的一个新领域——电磁学。

就在第二年，英国的迈克尔·法拉第（Michael Faraday）建造了一台电动机。十年后，法拉第设计了第一个发电机。在发电机的内部，有一个线圈在磁场中旋转，由此产生了电流。

法拉第痴迷于电磁现象以及它们之间的联系。他观察到，如果将铁屑撒在磁铁周围，铁屑将形成曲线形的纹样，法拉第称之为"场"。电流和磁铁具有同样的效应，电流也能产生场（法拉第又称之为"力线"）。多数人都认为场太过神秘而对其置之不理。但在善于探索的法拉第看来，这个世界没有什么是不能研究的。他提出，力场必然是空间自身的一部分。几乎没有人注意这一论点，除了苏格兰的麦克斯韦。

奥斯特发现小磁针在电流附近会发生偏转。

电解质（electrolyte）是一种化合物，当它溶于水后，溶液具有导电性。所有的酸、碱和盐都是电解质。所有的电解质都包含离子（原子或分子失去或得到电子后形成离子）。

电磁场理论是物理学一次重要的统一：磁、电和光都被融合在了一起。

磁体周围的磁场是看不见的，法拉第通过磁体对周围铁屑的吸引所形成的曲线，展示了磁场的分布，他称之为"吸引球"（sphere of attraction）。

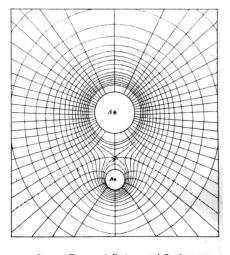

Lines of Force and Equipotential Surfaces.

在《电磁通论》一书中，麦克斯韦想象"力线"在空间织成一个网。

1857年，麦克斯韦致信法拉第，他在信中写道："您的力线可以编织出'笼罩天空的网'，它将使星辰按照各自的轨道运行，而无须与吸引的物体直接接触。"读几遍这段话，并想一想。(爱因斯坦也曾试图理解这段话。)

牛顿认为万有引力可以在一段距离外起作用(超距作用)，但是他没有能够解释其中的原因。牛顿对于引力如何发生作用也深感困惑。法拉第的力线——他的"网"——能否为这项研究提供新的线索呢？是否真的存在超距作用呢？

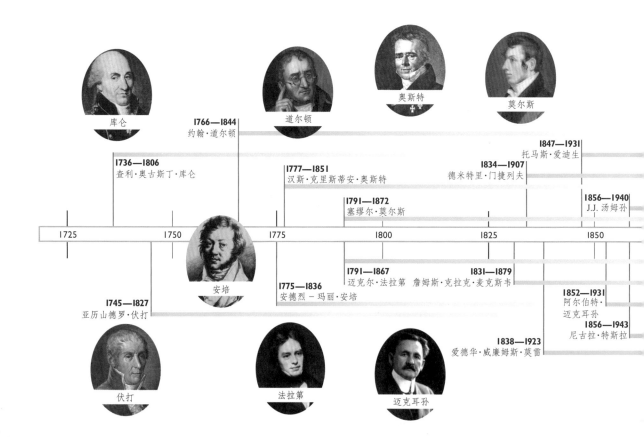

当麦克斯韦继续思考力线时，他了解到两位德国科学家威廉·韦伯（Wilhelm Weber）和鲁道夫·科尔劳施（Rudolph Kohlrausch）的一些实验。这些实验表明，电流在导线中的传播速度与测量到的光速相近。这一结果令麦克斯韦甚感诧异，难道光—电—磁是联系在一起的？

根据牛顿运动定律，只要有足够的力作用，光或任何物体的运动速度都没有上限。从数学上来说，当你的速度达到无穷大时，你将能实现瞬间作用，也就是说，光能同时到达任何不同的位置。但麦克斯韦对这种瞬间的想法提出质疑。他猜想光可能具有确定的、不变的速度。

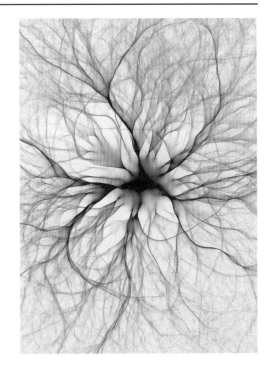

科学家后来发现，电流（定向移动的电子）周围存在磁场。那么，日常生活中的磁铁，比如你吸在冰箱门上的那些磁性冰箱贴，它们的磁场来自哪里呢？你认为呢？

原子内部的电荷围绕原子核运动，并使得物体带有磁性。哈佛大学的物理学家埃里克·赫勒（Eric Heller）发现电子流非常美丽。他建立了科学研究的数字模型，并将得到的图片作为艺术品售卖。当位于细菌大小区域内的 20 多万个电子，从极微小的空气薄层中央流出散开时，便形成了这幅意料之外的花朵图案（上图）。带负电的粒子遇到带正电的粒子被吸引而偏转。深色的线条是大量粒子通过的路径。

门捷列夫

爱迪生

汤姆孙

1875　　1900　　1925　　1950

麦克斯韦

特斯拉

莫雷

牛顿描述的是一个机械世界，麦克斯韦则展示了世界的另一面。宇宙的中心充满能量，电磁能量是其中的一种。

推论（inference）是基于间接事实和观察所提出的论断。如果你在沙地上看到人类的脚印，你可以推断出曾有人在沙滩上行走，即使你没有真的看到这个人。

横波是传播方向和振动方向相互垂直的波。

当麦克斯韦观察磁铁对周围铁屑的作用时，也思考着同样的问题：磁场是否可以像牛顿理论所说的那样，运动得快一些或慢一些？还是磁场具有确定的速度？

麦克斯韦的传记作家马丁·戈德曼（Martin Goldman）曾写道："对麦克斯韦而言，关于磁运动时间的想法，犹如晴天霹雳一般令人震撼。"

麦克斯韦的数学思维能力很强，为了证明自己的想法，他转而从数学入手。他曾写道："所有数学都是建立在物理规律和数学定律的联系之上。"他从实验结果，尤其是法拉第的实验结果出发，开始确定电、磁和光之间的关系。他建立了四个数学方程，这四个方程构成了整个电磁场理论。

麦克斯韦几乎不敢相信他自己的方程所揭示的结果。"我们几乎无法避开这一**推论**：光是介质中传播的**横波**，这种横波也是电磁现象的本源。"换句话说，光是一种电磁现象，光作为一种场，以波的方式传播开去，并在传播过程中不断激发新的场。想象你拿着一小块地毯，摇动它，你将看到波浪起伏的形状。

麦克斯韦发表了一篇论文论述光是一种电磁现象。他同时提出，光在真空中的传播速度是定值。而且，所有的电磁波在真空中的传播速度与真空中的光速都相等。呀！如果这是真的，那真是太令人震惊了。这意味着光只是电磁场的一种形式，和 γ 射线、X 射线以及无线电波类似。这也意味着伟大的牛顿理论并没有描述完宇宙中所有的现象。光无法瞬时传播，在真空中也无法运动得更快或更慢，它并不遵循牛顿运动定律。

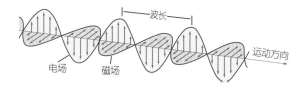

电磁波是相互垂直的电场和磁场一起振动形成的。

数学阐明光的本质

麦克斯韦将法拉第的实验转化为四个著名的方程。当他发现由方程计算出的电磁波波速与光速相同时，他正确地推断出光是一种电磁波。

麦克斯韦认为，虽然光在真空中的传播速度相同，但电磁波一定有很多种类（事实证明他是对的）。不同种类的电磁波，有些紧凑地簇拥在一起，有些则较为松散（他又说对了！）。紧凑的波（称为短波）以快速的振动通过固定点，称为高频。而长波通过固定点则较慢，称为低频。可以这样来记忆：

- 长波频率低
- 短波频率高

大多数的电磁波都是不可见的——比如无线电波、紫外线和 X 射线。我们所说的光只是电磁波谱上很窄的称为可见光的那部分。

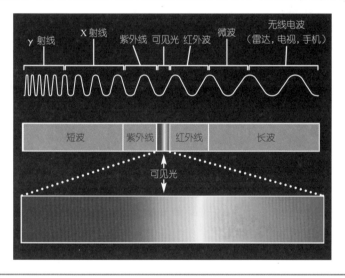

一开始几乎没人相信麦克斯韦的理论，因为这与人们所坚信的理论相差太大。然而，光总是以相同的速度传播，光的运动与其他物质的运动不同，例如与地毯形成的波动就不同。这些确实需要一个解释。

然而，电磁波在空间中是如何传播的呢？它的载体是什么？这是科学家特别希望能够解决的大问题。他们认为波的传播需要介质——如海水。那么虚空中有什么可以承载波呢？天空中无形的地毯是什么呢？麦克斯韦将其称为"以太"。

当我们提到光速时，总是加上"真空中"一词，为什么呢？当光在介质——如在空气或水中传播时，光将与介质分子发生碰撞，因而速度减慢。

热衷电学的立法者

法国人查利－奥古斯丁·库仑（Charles-Augustin de Coulomb, 1736—1806）与富兰克林处于同一时代，他想要测量两个带电球体间引力和斥力的大小。这一电场力实在太小以至于当时的仪器都无法完成测量。因此，库仑发明了自己的装置。他发现，电和磁的引力与牛顿发现的万有引力相似，都遵从平方反比律。这是自然界遵循相同数学规律的一个实例。他的这一发现被称为库仑定律。

今天，电荷量的单位称为库仑，符号是 C。1 库仑的电荷量等于 1 安培的电流在 1 秒内通过导线中某一截面的电荷总量。安培用来描述电流大小，普通家庭电路中的电流大约是 5 安培。也就是说，每秒钟有 5 库仑的电荷通过电线的某一截面。

平方反比律是什么？它是指这样的物理定律：电荷周围的电场大小或物体周围的万有引力大小均与某点到电荷或物体的距离的平方成反比。如果是与距离的平方成正比，则意味着，距离电荷越远的地方电场越强，不过事实正好相反。

查利－奥古斯丁·库仑出身于富裕的家庭，作为一名工程师在法国军队中服务至 1791 年（时值法国大革命高潮）。他在力学方面的实践经验帮助他设计出了扭秤（左图），用以测量极其微弱的电吸引力和排斥力。

麦克斯韦方程组似乎给出了光的传播的完整描述。但是光的波动性只是光的本性的一部分。爱因斯坦将提出另一种有效的描述。你很快将看到，光（包括其他电磁波）具有两面性。

以太？以太是什么？

以太被认为是一种充满空间的、无形的凝胶状物质。以太由古希腊人提出，他们认为天堂不应该是真空的，一定有什么东西充斥其中。如果没有可以扰动的介质，波该如何传播？为了使研究能够继续，科学地来讲，需要有人找到以太并对其进行各种测量。若能发现以太，也将有利于回答牛顿关于引力的问题，因为他未能明确说明万有引力是如何发生作用的。

当爱因斯坦想象自己坐在一束光上时，他意识到从他的角度看到的一切必然是静止的。但电磁学方程表明这是不可能的，这就成了亟待解决的悖论。

骑在光束上会发生什么情形？爱因斯坦用一个独特的想象将科学引进新的方向。

爱因斯坦脑中的想法

爱因斯坦出生的那年恰逢麦克斯韦去世（1879）。通过反复学习麦克斯韦方程组，爱因斯坦意识到了一个困扰着一流物理学家的问题：为什么麦克斯韦方程组与牛顿运动定律不相容？

牛顿定律已经存在将近 200 年，经过了无数实验的检验。

持怀疑观点的科学家断言是麦克斯韦错了，却无人能发现他的错误所在。爱因斯坦是喜欢自己推理的那类学生，他先是不断地阅读，然后凝神聚思，并在与朋友的讨论中完成自己的思考。他是新型的科学家——或者说他是重新回到了古希腊的模式——他在脑海中完成了大部分研究。其他人可能会将思考付诸实验，但爱因斯坦确信，只要他能够骑在光束上——这一想法已经在他脑海里挥之不去——就能解决麦克斯韦方程组与牛顿运动定律之间的矛盾。

解决的第一步就是要理解光如何在空间中传播。年轻的爱因斯坦设计了一个实验来探测以太。虽然利用了苏黎世联邦理工学院先进的设备，但装置发生了回火，他险些被永久烧伤。解决这个悖论是一项真正的挑战，具有科学好奇心与实验技术的科学家前赴后继贡献自己的力量。爱因斯坦不是唯一一个试图解决这一悖论的人。

当一些事物不再神秘时，就无法继续吸引科学家的关注。科学家思考和向往的几乎所有事物，都是充满神秘色彩的。

——弗里曼·戴森（Freeman Dyson），英裔美国物理学家，每周科学（Science Week），2000 年 3 月

三个热情昂扬的美国人

人们对新的电学理论及其带来的技术着迷不已。1844 年，塞缪尔·莫尔斯（Samuel Morse，1791—1872）通过打开和关闭磁铁，将一束电流从华盛顿发往巴尔的摩。当磁铁合上，金属杠杆将滚动的纸带压向墨水轮，较长时间的电流将在纸上留下一个短划，较短时间的电流则会留下一个点。莫尔斯利用这项技术将编码后的信息（由点和划组成）发送出去。电报的出现标志着世界长距离通信技术的诞生。

莫尔斯不仅是一位发明家，更是一位艺术家。但就发明成就来说，他远不及以"发明大王"著称的托马斯·爱迪生（Thomas Edison，1847—1931）。爱迪生在新泽西州的门洛帕克市有一个连续作出发明的工厂，留声机、证券报价机和促使电影发明的装置是他数千件专利中比较出名的三样。不过，他发明的白炽灯真正改变了人类的生活方式，白炽灯的出现使得人类将黑夜变成白昼。

这是用莫尔斯密码发出的第一条信息（上图），意思是"看上帝创造了何种奇迹"。莫尔斯密码用一系列的点和划表示字母，例如，w 用点 - 划 - 划表示。发报员熟练地敲击电报按键，敲击划的时间是敲击点的 3 倍，字母与字母之间稍作暂停。

"天才……是 99% 的努力，"托马斯·爱迪生曾说过。下图中，在持续研究一个留声机 72 个小时后，他停下来思考。他借助显像管，一种早期的动作记录器，逐帧记录下了一个人打喷嚏的过程。

尼古拉·特斯拉（下图）用交流电（AC）取代了直流电（DC）。硬摇滚乐队 AC/DC 在他们的第一张专辑《高压》（1975）中将对电的狂热带到了一个有趣的层次。

尼古拉·特斯拉（Nikola Tesla，1856—1943）是在奥地利出生的塞尔维亚人，他移民去了美国后，在爱迪生手下工作。当时一个主要问题是如何通过电线传输电力。特斯拉的方案是采用高压传输，在目的地再将电压降下来。他的变压器需要使用交流电（缩写为 AC），交流电的方向会发生周期性变化。而当时爱迪生使用直流电输电，他不愿承认，特斯拉的交流电传输方式更为高效。（如今家用电大都使用交流电。）

特斯拉与爱迪生发生不快，离开他独自工作。（爱迪生没有支付给特斯拉所允诺的发明酬劳，这也是诸多原因中的一个。）特斯拉是个隐者，他远离绝大多数的人，只深爱他的鸽子。同时他也是一个记仇的人，两位伟大的发明家从未放下对彼此的积怨。这是一段有趣的故事，值得你自己去查找资料。

名字都以 M 打头的两位科学家

亚历山大·格雷厄姆·贝尔（Alexander Graham Bell）因为发明电话而变得富有，阿尔伯特·亚伯拉罕·迈克耳孙（Albert Abraham Michelson）曾说服贝尔投资，以建造由他自行设计的精巧、灵敏的装置——干涉仪，这个装置能够以极高的精度测量光速。随后，在聪明而又内向的爱德华·威廉姆斯·莫雷（Edward Williams Morley）的协助下，迈克耳孙进行了长达数年的精密测量……直到 1887 年，他们得出结论，并未发现任何预期的结果。

——比尔·布赖森（Bill Bryson），美国作家，《万物简史》

在玻璃缸中放一个响铃和一个手电筒，当玻璃缸中的空气被抽走后，铃声听不见了，但仍能看到光线从里面射出。

——汉斯·克里斯蒂安·冯·贝耶尔（Hans Christian von Baeyer），德裔美国物理学家，《费米解》

爱因斯坦 8 岁那年，也就是 1887 年，两位美国科学家，阿尔伯特·亚伯拉罕·迈克耳孙和爱德华·威廉姆斯·莫雷，尝试回答一个重要的科学问题：以太是什么？

当时几乎所有人都认为，以太是一种充斥着整个空间的看不见的物质。詹姆斯·克拉克·麦克斯韦认为，以太是"我们所知的最为巨大，也可能是最为均匀的物体"。

在一幅法国的宇宙地图中包含了一个"以太区"，这部分外太空区域中充满了神秘的以太。直到 19 世纪，人们都相信存在以太，但却无人能够证实它的存在。

"我们所知的"？事实上，根本没人能够提出以太存在的证据。人们只是认为以太应该存在。法拉第的工作使得电场和磁场真实地展现在人们眼前，而这些场必须通过某种物质进行传播。每个专家都认为，这种物质必然是以太，但却始终没有人能够直接探测到以太的存在。麦克斯韦方程组显示光是一种电磁波，所以光是人们解决以太问题合适的切入点。

曾有一个著名的实验，一个钟被放在玻璃罩内，在罩外能够听到钟发出的嘀嗒声。当玻璃罩中的空气被抽出，形成真空后，嘀嗒声也随之消失。观察者仍然能够看到钟的指针在转动，但却听不到嘀嗒声。

声波的传播需要介质（比如空气或者鼓膜），在真空中没有介质，所以声音无法传播。人们认为光波和声波的传播遵从相同的规律。那么，为什么当我们听不到钟发出的嘀嗒声时，仍然能够看到指针的转动呢？从传统思维逻辑出发，必然认为在真空中存在某种物质，使得光波能够从钟传播到我们的眼睛里。

同样的逻辑还推理出，光从太阳和其他恒星向地球传播时，必然使某些东西发生了振动。在地球大气层外的真空空间中，究竟存在着什么呢？每个人都想知道答案。

两位名字都以 M 打头的美国科学家，迈克耳孙（Michelson）和莫雷（Morley）决定找出答案。

光的行为远比单纯的波要复杂。所以，当我们将光视为波时，不要被这个模型限制住，更大的模型还在后面。

抓紧你的帽子

你可能认为你正静静地坐着阅读，而事实上，你正随着地球一起做着高速运动。地球以大约 107 000 千米 / 时的惊人的平均速度围绕太阳公转，这个速度大约是公路上行驶的汽车速度的 1 000 倍。（这里说"平均速度"是因为地球在公转过程中，时而加速，时而减速。）

此外，地球还在自转。地球表面各处的转动速度与纬度有关。在赤道上，转动速度是 1 670 千米 / 时——这个速度是用赤道周长（约为 40 000 千米）除以 24 小时（地球自转一周的时间）得到的。其他纬度上的自转速度都小于这个数值，在两极处，转动速度为零。

与此同时，太阳系也在围绕银河系中心转动，银河系自身也在运动。为什么我们对此毫无知觉呢？你将在后面章节中找到答案。

大是大，小也是大

当你阅读本书时，请时时提醒自己：这里包含了两个故事。其中一个和宇宙学有关，即研究宇宙，这个最大的事物，迈克耳孙和莫雷正在寻找的以太也在其中。

但是，科学家逐渐意识到，如果想要理解很大的事物，就必须审视很小的事物。他们为此建立了一门新的科学——粒子物理学——它是研究最微小事物的学科。爱因斯坦将同时为两个领域指明方向。他还试图将两个领域结合起来。

迈克耳孙 1852 年出生在普鲁士，童年时去了美国。在那里，他进入了位于马里兰州的美国安纳波利斯海军学院。19 世纪 80 年代时，他已经成为凯斯应用科学院的教授，该校坐落于俄亥俄州的克利夫兰。

莫雷 1838 年出生在新泽西州的纽瓦克，曾就读于威廉姆斯学院，后来进入位于克利夫兰的西方储备大学阿德尔伯特学院成为化学教授。迈克耳孙和莫雷当时都是精密测量领域的世界级专家，不相伯仲。

和麦克斯韦一样，他们坚信空间中充满以太，以太是光传播的介质。他们认为太阳光在以太中传播的方式和波在水中传播的方式一致。

这两位科学家试图确定以太的存在。他们为此设计了一个测量工具，它可以对在空间传播的光进行测量。

迈克耳孙和莫雷从"顺流而下比逆流而上或是横渡河流速度更快"的现象出发，通过类比推理出，当光与地球运动方向相同时，如同在以太中逆流而上，以太将像风或水一样阻碍光的运动，使光的速度略微减慢一些，顺流而下时则会稍快一些。如果他们能够测定光沿地球公转方向和垂直公转方向传播的速度，并且这两个速度之间存在差异——无论差异多么细微——都能帮助他们确定以太的存在。此外，他们还能从这个速度差获得精确的地球公转速度。

他们设计了一个实验，让光分别在与地球运动方向相同、相反和垂直方向上传播，并进行一系列的测量。

为此，他们搭建了一个称为干涉仪的装置，这个装置将光线分为两束，经过不同路径之后，两束光再汇合。迈克耳孙和莫雷的干涉仪由两条相互垂直的金属臂组成（参见下一页的装置图）。之后，他们将该装置置于一块大石块上，再将大石块浮于水银上，以减小环境振动对测试的干扰。

物理学家戴顿·米勒（Dayton Miller, 1866—1941）曾经建造了当时最精准的以太漂移干涉仪。在他曾与莫雷共用的、1903—1905 年的早期模型（左图）中，四条臂上各有一面镜子。分开的光束分别在正对的镜子间往返，增加通过的距离，然后汇合。1926 年，米勒报告了能够验证以太存在的实验结果。然而，他的数据和方法遭到了质疑，在其他地方无法重复他的实验结果。

其中一束光线沿着一条臂在地球公转的方向上传播，另一束则在垂直地球公转方向上传播。两束光线都经过平面镜反射后折回。他们预测，其中一束光将花费更长的时间到达接收器，表现为汇合时一束光将落后于另一束光，但相差不到一个波长。这就是说，两束光的波峰和波谷将会略有错开，这一位差将反映在两束光重新交汇后形成的干涉图样上。干涉仪是非常精准的，它可以测量出千万亿分之一秒的细微差异。

但结果是，两束光总是完全同步的，根本没有产生干涉图样。迈克耳孙和莫雷认定他们犯了重大的错误。也许他们的实验是有缺陷的，他们一定弄错了什么。此后他们不懈地尝试，整整二十年，结果却从未改变。

伽利略认为地球在空间中运动，而迈克耳孙和莫雷的实验结果显示两束光没有时差，这似乎在说明，地球是静止不动的。他们知道这是不可能的。迈克耳孙和莫雷认定他们失败了，但却不知道原因是什么。

即使是失败的实验也可能很重要，他们的这一实验后来被证明是个**里程碑式的**（momentous）。请将他们的实验记在脑子中，我们很快会回来。那时你将明白他们在无意间证明了什么。

下图是有两面镜子的干涉仪的俯视图。光源（左）发射出的光线（1）射到中间的分束器上后分成两束，两束光分别射向两面镜子后反射回来（2 和 3），重新会聚成一束（4 和 5），观察者就能观察到两束光的干涉图样（下方）——由于波峰和波谷的错位而形成的图样。

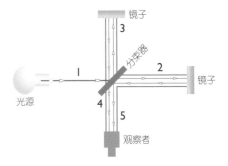

说一些东西 **momentous**，就是指它们很杰出、有重要意义、很关键、有历史意义或是惊天动地的——总之，就是非常重要。而 momentum 是有相同词根的物理名词，指的是运动物体的"活力"大小——等于物体的质量乘以速度（包括速率和方向）。

为理想奋斗

在 19 世纪，只有极少数美国人能进入大学学习，阿尔伯特·亚伯拉罕·迈克耳孙就是其中之一。他想去的是位于马里兰州的美国安纳波利斯海军学院。之所以选择这所大学，是因为其科学和工程专业非常有名，这正是迈克耳孙的兴趣所在。此外，报考美国军事学校的学生不需要支付学费，他的家庭也无力为他提供学费。

迈克耳孙的父亲，塞缪尔（Samuel）从斯切尔诺移民来到美国，斯切尔诺是一座饱受普鲁士和波兰战争之苦的城市，生存环境非常恶劣。此外，迈克耳孙一家是犹太人，这也使得他们在欧洲的生活格外艰辛。于是，1855 年，就在迈克耳孙 3 岁那年，他们举家移民到美国这片新的土地。当他们抵达纽约时，他的父母听说了淘金热，以及他们的一位妹夫在加利福尼亚的发迹史，所以他们决定去往那里。

迈克耳孙的出生地斯切尔诺是中世纪的港口小镇。斯切尔诺原来属于德国，现在归属波兰，在格但斯克附近。

淘金小镇不是为了舒适而建造的，一幅银板照相相片（早期的摄影方法）捕捉了 1853 年夏天墨菲营的景象。这是迈克耳孙一家搬来时的两年之前，也是加州淘金热的高峰期。当地人总爱说，这座新兴都市"富有得惊人"。矿工挖遍了周围的内华达山脉，金、铁、石英、花岗岩、石灰岩、熔岩和碎石，一个也不放过。

去往加利福尼亚有三种交通方式可以选择：一种是乘坐马车横穿国境（费时且危险）；另一种是搭乘帆船绕过南美（这是最贵的一种）；最后一种是乘坐独木舟、驴车、火车和轮船穿越巴拿马。他们选择了第三种方式，到达了位于内华达山脉卡拉韦拉斯县的墨菲营。两位美国作家，布雷特·哈特（Bret Harte）和塞缪尔·克莱门斯（Samuel Clemens）[就是后来的马克·吐温（Mark Twain）]也被这座险要的淘金营地所吸引。

塞缪尔·迈克耳孙开了一家小店，售卖铲子、靴子、毛毯和帐篷。他和这座小镇都越来越富裕。当南北战争打响时，塞缪尔和镇上的多数人一样，通过参加游行和进行操练来支持联邦军队。当林肯被暗杀的消息传来，他为儿子迈克耳孙加了一个中间名，亚伯拉罕（Abraham）。

迈克耳孙 12 岁时被送去旧金山和堂兄弟一起生活，因此他有机会进入林肯文理学校，后又进入旧金山男子高中学习。在此期间，墨菲营的黄金开采量逐渐减少，而在内华达州弗吉尼亚市的卡姆斯托克矿脉又发现了银矿。于是，迈克耳孙一家将家当打包装上一辆驴车，搬迁去了内华达州。

家里的大部分人都很享受矿镇上的刺激和戏剧式的生活方式，但迈克耳孙对此并不感兴趣。他是一名出色的高中生，尤其擅长科学。他想继续学习。他的父亲看到一张告示，国会宣布将在内华达州招收两名男孩进入安纳波利斯海军学院。候选者将参加一场考试。迈克耳孙不仅通过了考试，而且和另外两个男孩并列第一。另外两个男孩被选为海军军校学生。(他们在毕业后将有资格成为海军上尉。)

内华达山脉在西班牙语中是"雪山山脉"的意思，它是内华达—加利福尼亚边界一道令人畏惧的屏障，阻挡着想要穿越的探险者、淘金者和一位未来的物理学家。自然学家约翰·缪尔(John Muir)写道："这雄伟的山脉，海拔数英里，色彩夺目，它看似没有被光照耀，却又似乎本身散发着光芒，就像是天堂之城的围墙一般。"

但迈克耳孙打定主意要去安纳波利斯海军学院。他知道每年除了各州和地区选拔的军校学生外，还有 10 个名额由总统决定。于是，他买了一张横贯大陆的火车票前往华盛顿。一个月之前，也就是 1869 年 5 月 10 日，联合太平洋铁路公司和中央太平洋铁路公司建造的铁路在犹他州的普罗蒙特里市接轨，一枚金色的钉子将两段铁路衔接在一起。迈克耳孙就是第一批横贯大陆的铁路乘客之一。武装警卫坐在每辆车上以应对印第安人或土匪的可能袭击(在迈克耳孙的旅程中并未发生)。

到达华盛顿后，迈克耳孙得知格兰特(Grant)总统每天下午会散步。他决定加入总统的散步(当时百姓是有机会这样做的)。阿尔伯特向总统提出了进入海军学院的请求，遗憾的是，总统表示已经用完了余下的 10 个名额，没有办法帮助迈克耳孙。总统的副官让迈克耳孙去找安纳波利斯的军校生指挥官谈谈。他照做了，等待了三天希望能够有会面机会，但却遭到了拒绝。

失望之极的迈克耳孙，此时身上的钱也花得差不多了，不得不登上火车返回旧金山。他坐在座位上时，听到来自白宫的信使叫他的名字。许多人致信总统，请求他能在迈克耳孙的事情上破例一次。最终，总统批准迈克耳孙和另外两个年轻人为准海军军校生。

数年之后，迈克耳孙还会笑着说，他的事业开始于"格兰特总统的非法行为"。事实证明，这一非法行为是明智的。1907 年，迈克耳孙成为第一位获得诺贝尔奖的美国人。爱因斯坦这样描述他："我总认为迈克耳孙是科学界的艺术家。他的最大乐趣似乎来源于实验本身的优美和实验方法的精湛。"

如果一位诗人能同时是一名物理学家，他就能给别人带来愉悦、满足以及敬意，这些都是物理学所激励我们的。坦白地说，这一学科的美学韵味是最为吸引我的，尤其是与光学相关的分支所表现出的魅力。

——阿尔伯特·亚伯拉罕·迈克耳孙，《光波及其应用》

美国海军学员阿尔伯特·亚伯拉罕·迈克耳孙非常擅长光学（研究光和成像的科学），他也在学校里学习绘画。"对我来说，科学研究似乎就像是画家作画、诗人写诗、作曲家谱曲一般。"他后来说。迈克耳孙还擅长拉小提琴和打桌球。

看不见的电微粒

物理学的魅力在于没有不可突破的边界，每一个发现都不意味着终点，而是通向另一片未知领域的大道。因此，只要科学存在一日，就会有源源不断的未解之谜。
——约瑟夫·约翰·汤姆孙（Joseph John "J.J." Thomson, 1856—1940），英国物理学家，英国皇家研究院讲座，1897

实验是科学向自然提出的问题，测量则记录了自然的回答。
——马克斯·普朗克（Max Plank, 1858—1947），德国物理学家，《科学自传》

约瑟夫·约翰·汤姆孙，曼彻斯特一个书商的儿子，是一位不修边幅、看起来心不在焉的剑桥大学教授。他由于笨手笨脚，在实验室里，他的助手们总是尽力阻止他触摸任何仪器。这是其中一位学生对他的描述：

这个了不起的人总是四处晃悠，**认真思索**（cogitating）后走到他角落里的旧书桌旁边，在其他人的论文背后、旧信封上或者实验室的支票本上，用他整洁的字匆匆画下一些图示或写下几个公式。这些建议如同帽子中变出兔子的魔术，极具**启发性**（luminous）。

每个人，包括他的儿子都称呼他为 J.J.，他所考虑的并不是大的物体，而是很小很小的事物。事实证明，1897 年，从他帽子中跳出的兔子重如泰山。

如果你深入地思考一件事，那么你就是在 **cogitating**。它的同义词是 pondering。如果你的思考非常出色、极富启发性，就可以被称为是 **luminous**。科学上，如果说什么东西 luminous，意思就是它会发光。

汤姆孙称得上是科学明星。"全世界的学生都希望能跟他学习。"物理学家亚伯拉罕·派斯（Abraham Pais）写道。派斯还补充说，汤姆孙不需要操作，就能够理解复杂仪器的原理。这种能力"就像神迹一般，是伟大天才的标志"。

汤姆孙宣称电荷（大多数人称之为电）是由很小的粒子携带的。他将这些粒子称为"**电微粒**"（corpuscles of electricity）（此后它们被称为**电子**）。许多年后，有人把这一论断称为继牛顿之后物理学上最大的革命。虽然有些夸张，但这一论断确实改变了我们看待世界的方式，为科学技术的新纪元奠定了基石，同时引导我们寻找原子的其他内部结构。

当物理学家使用 corpuscle 这个词时，表示的是一个单独的粒子。对医生而言，它意味着一个血细胞。原子是组成元素的最小单位，包含了元素的所有属性。存在 92 种天然元素，从氢到铀。每个原子有一个密度很大的原子核，原子核由带正电的质子和不带电的中子构成，核外环绕着带负电的电子。对于同一种元素，每个原子都有相同的质子数，例如每个铀原子都有 92 个质子。

给它充电!

电荷是一些基本粒子相互作用强度的一种量度。电荷有两种类别：正电荷和负电荷。正电荷与正电荷相互排斥，负电荷与负电荷也相互排斥。18 世纪，本杰明·富兰克林发现并总结出电荷间的作用规律："异种电荷相互吸引，同种电荷相互排斥。"

与富兰克林同时代的查利－奥古斯丁·库仑改变两个带电球体间的距离，用扭秤测量它们之间的吸引力或排斥力。库仑发现电场力和万有引力一样，遵循平方反比律。电荷量的国际单位库仑，就是以他的名字命名的（参见 24 页）。

20 世纪，由于汤姆孙的工作，电与亚原子粒子联系在了一起。我们现在知道，约 600 亿亿个电子的电荷量等于 1 库仑（6.24×10^{18}）。作为电荷量的国际单位制单位，库仑是一个异常大的单位。

在当时，这个想法显得有些荒唐。电流如同河流一般，怎么会是由粒子组成的呢？汤姆孙也感到很疑惑，但他具有天才的发现力并且极为自信。他虽然不知道这些**极其微小**（Minuscule）的粒子为什么存在，如何存在，但他断言：这些粒子是最轻的氢原子的两千分之一——而且运动得非常快。

汤姆孙将当时被视为没有太大前途的物理学发展为主导新世纪的学科领域，他究竟是一个怎么样的人呢？

Minuscule 不是一般的小，而是非常非常小。

汤姆孙成长的 19 世纪 60 年代，是铁路发展的黄金年代。他梦想能够设计机车，就像上面这幅 1870 年代的英国水彩画中画的那种。"铁路机车轰隆作响，动力十足，看着就激动人心，令人畏惧又令人兴奋，它集两者于一身，改变了人类对时间和空间的定义，"约克大学的美国铁路历史学家拉尔夫·哈林顿（Ralph Harrington）写道，"火车的尺度、能量、速度，以及由火与水产生的作用力，深深地融合在一起。"

在汤姆孙成名后，他曾说："我拥有和善的父母，优秀的老师、同事、学生、朋友，以及极佳的机遇、运气和健康。"但他的故事不仅仅是这样的。

小时候，汤姆孙梦想成为一名机械工程师，建造各种机车。每个人都认为火车会是未来的主导。1870 年，当 14 岁的汤姆孙要解决就业问题时，铁路已经在英国和其他先进国家发展到纵横交错的地步。（直到 1903 年，莱特兄弟才让比空气更重的机械飞向天空。即使到了那时，人们也不认为有一天会经由天空运输货物。）汤姆孙的父亲与曼彻斯特重要的铁路人员联系，希望他能雇佣自己的儿子。但是机车工厂的学徒已经满员（需要等待很长时间才能有空缺，同时费用也很高），因此，年轻的汤姆孙不得不等待着成为学徒。与此同时，他在曼彻斯特的欧文斯学院上课，那里有一些非常有才华的教授，尤其是在物理、历史、法律和数学方面很有造诣。

在汤姆孙 16 岁时，他 39 岁的父亲意外去世。他已经不可能成为一名机车学徒了，因为家里没有钱为他提供学徒费用。

他的一位教授帮助他申请到了奖学金，使他可以继续在欧文斯学院学习。此后，他鼓励汤姆孙申请剑桥大学三一学院的入学奖学金。（牛顿曾在那里学习并任教。）

瑞利勋爵提到汤姆孙（图中画圈）时说，"没什么能比看一场精彩的足球赛和三人划艇赛更让他激动的了。"（无论过去还是现在，激烈的划船比赛都是剑桥大学的传统。）

汤姆孙第一次参加考试并未通过，但是 19 岁那年他成功进入了剑桥大学。当时，麦克斯韦是剑桥卡文迪什实验室的负责人，这是英国最卓越的物理实验室。1879 年，麦克斯韦去世（此时汤姆孙还未来得及跟他学习），瑞利勋爵（Lord Rayleigh）接替他负责实验室（J.J. 跟随瑞利进行学习研究）。1884 年，汤姆孙 27 岁，他取代瑞利成为卡文迪什实验室的负责人。

"当他们选择一个男孩子作为教授时，实验室的好时光已经一去不复返了。"一位对此感到不快的老物理学家这样说。然而，汤姆孙和卡文迪什实验室仍都迅速走向鼎盛。汤姆孙的一位学生 F.W. 阿斯顿（F.W.Aston）写道："他有如同孩童一般的无穷精力，他的热情极具感染力……"此后，学生们从世界各地涌向剑桥。

"我从未见过一个实验室，如同这里一般独立，对有想法的人几乎没有任何约束。"他的另一位学生说。还有一位学生写道："汤姆孙大部分的时间都坐在麦克斯韦的扶手椅里，进行数学演算。"

汤姆孙深信数学和深度思考能够使人类理解自然世界及其现象。

剑桥大学卡文迪什实验室的箴言被刻在入口的墙上，"Cavendo tutus"。这句拉丁短语的意思是"小心才能安全"，通俗点来说，就是"保持警醒"。

赫尔曼·冯·亥姆霍兹（Hermann von Helmholtz）（下图左上）是一位杰出的德国物理学家、医生和数学家，精通多种语言，发明了检眼镜（用来检查眼睛）。他最出名的成就是发现了能量守恒定律，也就是热力学第一定律（**系统**及其周围的所有能量形式的变化量之和始终为零）。亥姆霍兹还曾提出"带电原子"（也就是电子）的设想。汤姆孙是为数不多的认真思考这一概念的人。

一个**系统**（system）可以是一盒气体、你的身体或者太阳系中围绕恒星转动的物体。一辆汽车是一个系统——它的各个部分发生相互作用，协同工作组成一个整体。汽车也是更大的交通系统的一部分，这个系统里包含了道路、加油站、油井、交通法规等。科学地来说，系统包含了输入、输出、各部分间的相互作用和作用过程（如能量守恒）。

然而汤姆孙的兴趣并不局限于数学和物理。他不会错过任何一场吉尔伯特和苏利文的轻歌剧，他还打高尔夫球，阅读诗歌，从事园艺，并且着迷于美国政治（汤姆孙在耶鲁大学和普林斯顿大学开设讲座）。当然他也为学生的成就喝彩。（他的学生中有七人，包括他的儿子都获得了诺贝尔奖。）

汤姆孙是如何发现电子的呢？这与一些玻璃管有关。数十年来，物理学家都想弄清当电流通过真空时发出的射线的本质。这一切开始于英国科学家威廉·克鲁克斯（William Crookes，1832—1919）设计制作的一根特殊的密封玻璃管。在玻璃管的一端放置着一个加热过的、带负电的电极，称为阴极；在另一端，放置着另一个带正电的盘作为阳极。（克鲁克斯的阴极射线管和早期电视机中使用的显像管没有太大区别。）

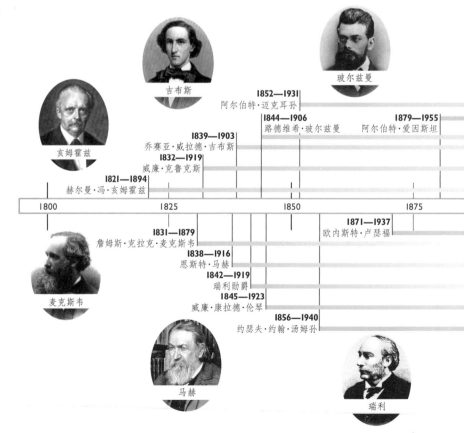

吉布斯

玻尔兹曼

亥姆霍兹

1852—1931
阿尔伯特·迈克耳孙

1844—1906
路德维希·玻尔兹曼

1879—1955
阿尔伯特·爱因斯坦

1839—1903
乔赛亚·威拉德·吉布斯

1832—1919
威廉·克鲁克斯

1821—1894
赫尔曼·冯·亥姆霍兹

| 1800 | 1825 | 1850 | 1875 |

1831—1879
詹姆斯·克拉克·麦克斯韦

1838—1916
恩斯特·马赫

1842—1919
瑞利勋爵

1845—1923
威廉·康拉德·伦琴

1871—1937
欧内斯特·卢瑟福

1856—1940
约瑟夫·约翰·汤姆孙

麦克斯韦

马赫

瑞利

汤姆孙和他的同事们开始使用阴极射线管进行实验。他们将管中的空气抽出，并给射线管通上电流。整根管子会发出荧光，并且颜色随着管内空气抽出、压强降低而改变。当压强足够低时，管中光亮消失，只有靠近阳极处还有荧光。特别地，当玻璃管内涂有硫化锌（或其他荧光材料）时，只要一接通电流，立刻就会发出荧光。是什么导致了荧光的出现？一定有什么从阴极流向了阳极。电（流）怎么可能在真空的玻璃管内流动呢？如果在管中充满气体，现象是否会改变？如果充入不同的气体又会如何？这一切都令人难以理解——却也非常吸引人。这种看不见的、无法解释的流被称为"**阴极射线**"。

威廉·克鲁克斯爵士是伦敦一位裁缝的长子，他还有 14 个弟弟和妹妹。克鲁克斯后来成为著名化学家，担任《化学新闻》主编。他发现阴极射线会投射出一个阴影，并且能够加热障碍物。他认为这些可能是带负电的粒子。但在 J.J. 汤姆孙之前，始终无人重视这个想法。

我们现在知道，**阴极射线**是一束电子（携带负电），它从阴极表面发射出来，经过真空管。在有电子枪的电视机里，这些射线一行一行地描出了电视画面。在使用显像管的电视机里（这种电视没有等离子或液晶显示器），电子以大约 64 000km/s 的速度运动。

克鲁克斯

迈克耳孙

爱因斯坦

| 1900 | 1925 | 1950 | 1975 |

卢瑟福

伦琴

汤姆孙

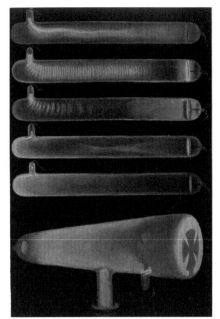

这幅法国的彩色平板画刻画的是汤姆孙的阴极射线实验，题为"电荧光现象 II"（大约作于 1900 年），选自汉斯·克雷默（Hans Kraemer）的系列丛书《宇宙与人性》。

阴极射线是什么？这是汤姆孙准备揭开的谜题。他的一个学生，欧内斯特·卢瑟福（Ernest Rutherford）在写给未婚妻的信中提到，他的教授"当然也在试图找出这种波的真正成因和本质，还要在其他人之前找到关于这种物质的理论。欧洲几乎每一位教授都投入了这场战斗。"

"欧洲的每一位教授？"这意味着，汤姆孙并不是唯一一位利用阴极射线管进行实验的科学家。克鲁克斯管在科学家中非常受欢迎，一些人仅把它当玩具一样玩耍，但也有一些人用它来进行严肃的科学实验。

"德国物理学家基本同意，阴极射线与以太中发生的一些过程有关。"汤姆孙曾说。（换言之，德国杰出的物理学家们认为，这种辐射是神秘的以太中的某种事物，或许是波动行为的结果。）

"另一种观点认为这些射线，"汤姆孙又说，"与以太无关，而完全是由物质产生的。"这也是他赞同的观点。汤姆孙认为，这是某种物质的射线。对此，他提出了两个假设：

假设 1：载体（带电粒子）的大小必然小到与一般的原子和分子尺度相当。

假设 2：无论在放电管中充入何种气体，上述载体都是一样的。

如果他能证实这两个假设，将说明他所称的电的载体（那些微粒 / 电子）是物质的基本组成部分。"这个假设非常令人震惊，因为它宣称物质能够进一步分割成比一种元素的原子更小的状态。"请再读一遍这句话，这只是一种轻描淡写的说法。

汤姆孙着手开始用克鲁克斯管进行实验。他知道放上磁铁射线会发生弯曲，这个现象由巴黎的让－巴蒂斯特·皮兰（Jean-Baptiste Perrin）首先发现。汤姆孙重复并改进了皮兰的实验。

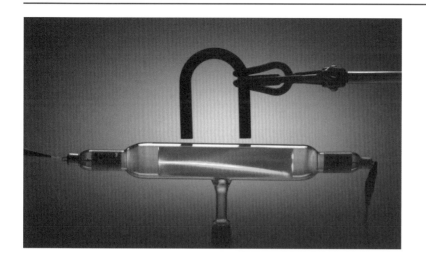

一束电子在接近真空的阴极射线管中从左向右运动，发出绿色荧光。在这常见的物理演示中，马蹄形磁铁使电子束垂直于磁场向下弯曲。

他让一束很细的射线穿过玻璃管射向一块荧光屏。当射线到达荧光屏时，将产生一个亮点，这个亮点将静止在某一位置上。接着，汤姆孙将玻璃管置于一块大磁铁的两极之间，这个亮点将向下移动。波不会与磁场发生相互作用，但是粒子会。这个证据令汤姆孙确信，他所面对的是一种实物粒子。

汤姆孙并未就此停下。他继续比较了亮点的轨迹（由磁场力引起的运动）和炮弹的轨迹（物体受重力作用引起的运动）。利用这一比较，他想要确定一个比值，就是带电粒子的电荷量与质量的比值（e/m，称为荷质比）。科学家已经得到了氢离子的荷质比，他们由此确定氢原子的质量为0.000 000 000 000 000 000 000 001 7克。氢原子是当时所知最小的物体，由于太小，所以很多科学家无法接受原子的概念。

汤姆孙相信原子的存在。如果他现在能够得到这一未知微粒的荷质比，那么，他就可以进一步通过数学计算，将数值与氢原子的数值比较，来确定这种带电微粒的大小。

他下一步的实验是同时加上磁场和电场，使阴极射线发生偏转（弯曲）。仔细调节电流大小，使得磁场和电场引起的偏转相互抵消。然后关闭产生磁场的电源，此时射线的偏转仅由电场引起，汤姆孙能够很容易地测定偏转的角度。打开

汤姆孙用云室来估测电子的电荷量和质量。通过云室的基本粒子会留下可见的踪迹，原理和喷气式飞机在天空中留下轨迹类似。这幅照片（下图）是1911年卡文迪什实验室得到的第一张轨迹照片。（它们是镭元素放出的 α 粒子。）汤姆孙给出的 e 值（元电荷的电荷量）误差很大——大约是实际值的3倍——但这是人类首次测量这一数值。准确的值于1913年由美国人罗伯特·安德鲁斯·密立根（Robert Andrews Millikan）测得。

磁场、关闭电场，重复实验。有了这些信息，他就能够确定所需要的荷质比了。

汤姆孙是一位谨慎的科学家，他持续不断地进行实验。他将气体充入阴极射线管，发现没有影响，射线不发生变化。之后（经过一系列富有创造性的计算），他确定了电子束的速度，大约是 32 000km/s。（比所有已知的物体运动得都要快。）但是——这一点很重要——它的速度与光速相差很远。这意味着，这些微粒并不是如同 X 射线一样的电磁波。

汤姆孙发现了未知的事物——一束携带能量的粒子。根据他的荷质比，汤姆孙能够确定该粒子的质量。他将这一质量与氢离子质量作比较，发现该粒子的质量是氢离子质量的 1 000 分之一（很快他又将数据更新为 2 000 分之一）。

他发现的是一种比原子更小的粒子——而且小很多。他称之为"一种基本物质 X"和"一种负离子"。我们现在知道，那是电子。

1897 年 4 月 29 日星期五，在皇家研究院的一次演讲中，汤姆孙报告说："最近我完成了一些非常有趣的实验。"有趣？是的。不过"惊人的"或许是更为恰当的词，"革命性的"也许更好。汤姆孙的实验解释了什么是电，并且表明原子不是坚硬的实心球体。但他的听众对于这个报告显然没有做好准备。

离子之歌——克莱门的曲调

物理学家谈论优美的实验的方式和艺术家谈论出色的绘画、作曲家讨论美妙的音乐的方式是相同的。汤姆孙的实验非常优美。当他将磁体置于阴极射线管周围时，有时会让射线旋转。因为管内并非完全真空，离子（带电的原子）常会轰击个别原子，从而发出荧光。汤姆孙和他的同事写了一首歌来描述这一切，名字叫"离子矿藏"（Ions Mine），这是其中的一部分：

离子矿藏

在布满灰尘的实验室，
在线圈蜡烛麻绳间，
原子闪耀着光辉，
电离又重组。

（合唱——每节之后）
啊，亲爱的！啊，亲爱的！
啊，亲爱的离子矿藏！
你将永远离去，

在重组之时，
在一个无电极的试管中，
它们在射线周围放电，
留下的余晖，
闪耀多时。

在奇怪的磁路中，
看它们亲密地缠绕，
一个离子一个螺旋，
绕着自己的磁感线。

人人知道 X 射线

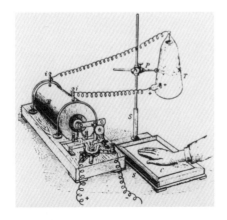

德国物理学家，威廉·伦琴（Wilhelm Roentgen，1845—1923），研究了克鲁克斯管壁上的发光现象。当他用黑纸覆盖住玻璃管时，发现有什么穿过黑纸射到实验室的屏幕上，产生了荧光。之后，他发现当阴极射线射到钨或其他重金属上时，它们会释放出一种能够穿过橡胶、木材甚至他的手指的射线。那是 1895 年，伦琴意外地发现了 X 射线。

三个月后，新罕布什尔州达特茅斯学院的学生埃迪·麦卡锡（Eddie McCarthy）利用 X 射线成像接好了骨折的手臂。你可以想象那种激动。你不必成为医生就能够了解这些射线的潜能，许多人都想看看他们的骨头。这是自 17 世纪伽利略发明望远镜以来，公众第一次对一个科学发现如此狂热。（我们现在知道，X 射线会对人体细胞造成损害，今天，医学上对 X 射线的使用有着严格控制。）

X 射线是阴极射线击中金属靶后，或是重元素内层电子跃迁时释放出的副产品。"它们是一种电磁波形式的辐射。"

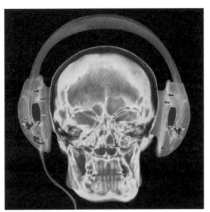

X 射线技术从伦琴早期的仪器（上图）开始，经历了漫长的发展过程。现在，只需要几分钟时间，就能够得到一张彩色 X 射线图，左图中显示的是一个戴耳机的人。

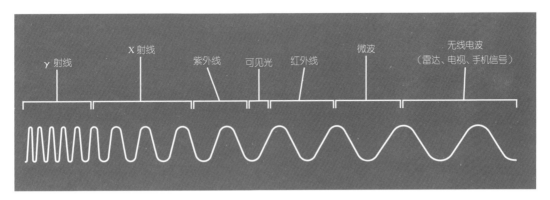

在伦琴发现 X 射线后 17 年，德国物理学家马克斯·冯·劳厄（Max von Laue, 1879—1960）确定 X 射线和可见光一样是电磁波，只是波长更短。因为所有的电磁波在真空中的传播速度相同——大约是 300 000km/s——短波必然比长波振动的频率更高。无线电波的波长能达到几千米，而 γ 射线（在电磁波谱的另一端）的波长则和原子核大小相当。图中的波浪线只是给出了波长大小的大致变化，但无法反映波长大小极其巨大的差异。

阅读本书时，请时刻区分微观和宏观世界，并记住是电磁力将两者联系在一起。Macro 是"macroscopic"的缩写，意思是大到足以被裸眼观察到。Micro 指的是能被光学显微镜观察到。右图中是一幅通过电子隧道显微镜（SEM）观察到的植物花粉的彩色图片。我们把 1 纳米（10 亿分之一米）至 100 纳米范围内的几何尺度称为纳米尺度。

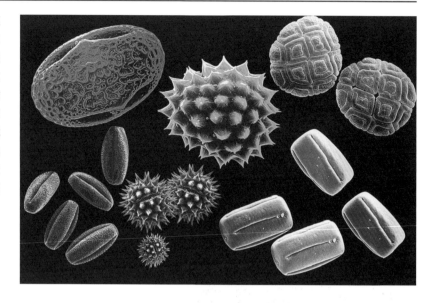

1897 年，汤姆孙在英国杂志 *Philosophical Magazine* 上发表文章，推测原子内部还有其他结构："在不带电的原子内部，负电必然被某些东西中和，它们分散在整个原子空间中，而且所带的总的正电电荷量应该和微粒总的负电电荷量相等。"这意味着原子内部一定有中和负电的带正电的结构。那是什么呢？汤姆孙认为可能有数量相等的带正电的颗粒分散在原子中。他的猜测对吗？找出答案就是对他的新挑战。

他在一开始告诉听众，阴极射线管中的射线是由带负电的粒子或者说是电微粒（电子）组成的。他补充道，这些微粒质量相同，而且是一个氢原子质量的 2 000 分之一。

汤姆孙的电子概念遭到了传统观点支持者的反对。对许多科学家而言，亚原子粒子，或者说比原子更小的粒子实在太匪夷所思了。即使他们相信这些粒子的存在，也不认为这有多重要。大众对此更是兴致寥寥。与 X 射线不同，电子对他们并没有什么惊人的吸引力。你能用电子做什么呢？ 1897 年，18 岁的爱因斯坦在苏黎世联邦理工学院求学期间，物理学史教授海因里希·韦伯（Heinrich Weber）甚至没有将麦克斯韦纳入他的讲座。韦伯将讲授的重点放在牛顿上。所以，他当然没有把汤姆孙的发现告诉学生。爱因斯坦非常善于发现新事物，他自己查找到麦克斯韦和汤姆孙的工作。爱因斯坦比其他人更早地注意到了汤姆孙提出的电子概念。

至于汤姆孙的同事，即使他们找到了电子，也开玩笑说电子永远不会对任何人有什么用处。

比原子更小

发现电子后，汤姆孙打开了通往亚原子世界的大门——事实证明这是一个复杂而惊人的世界。在他之前，没人知道有这样一个世界的存在。他发现原子内部存在着比原子质量小得多的粒子。（注意：事实上，电子云分布在原子内，所以准确地说，不能说电子比原子小。但是确实电子比原子轻很多。汤姆孙当时还不知道电子的运动形态。）

猛地敲击一块特殊的塑料，能够使其内部的电子"喷出"，形成一种可爱的树状结构轨道。

电子不仅真实存在，而且"多才多艺"。它们能够自行穿过空荡荡的空间，也能够在电导体（如导线）中运动形成电流，它们还能存在于原子内部。电流就是电子形成的河流，电流的大小与每秒钟经过某一特定位置——比如墙上的插座——的电子数成正比。

电子携带负电荷。而令人震惊的是电子具有两面性。因为当时人人都认为粒子是粒子，波是波，两者只能择其一。但电子却同时拥有这两种属性——它们存在于一个具有波粒二象性的世界中。

发现这一切还需要一段时间。我们的朋友爱因斯坦将完成许多工作，他将阐明，电子和其他粒子的质量和能量之间是相互联系的。这将是新世纪最大的突破之一。

天哪！他们都错了。大错特错。首先，**电流由移动的电子组成。汤姆孙给我们展示了一个由电子驱动，并由电子控制的世界。**科学家很快发现，电子存在于你身体里的每个原子内，也存在于周围一切事物的每个原子内。1906 年，汤姆孙因为发现电子而获得诺贝尔奖时，对于电子是否存在的怀疑才完全消失了。

向 e 进发

年轻、健壮的罗伯特·密立根在俄亥俄州奥伯林学院求学时，曾想过从事物理教学工作，同时他的希腊语和数学也很出色。最终他决定前往哥伦比亚大学学习高等物理，随后又去了德国深造。

是的，J.J.汤姆孙发现电由带负电的粒子——电子组成，而且，他还确定了电子的荷质比。但是，他并不知道每个电子的电荷量 e，这个电荷量很重要吗？

当然。当原子和分子间发生相互作用时，主要发生的是电相互作用。所以，知道每个电子的电荷量是研究的基础。这个电荷量能确定吗？并不容易。美国科学家，芝加哥大学教授罗伯特·密立根（1868—1953），用一个香水喷雾器（原子化器）测定了它。

密立根一开始用喷雾器喷出细小的水滴，并让它们在电场中下落，以进行测量。但却失败了，之后他改用油进行实验。他将细小的油滴喷入电容器中。（电容器是存有大量电荷的装置。）他描述道："这些油滴在从喷雾器喷出的过程中，由于摩擦，它们普遍都带上了大量电荷。"（摩擦可以使油滴获得或者失去电子——使它的一些原子变为离子——从而使油滴带电。）

密立根油滴实验常被称为最伟大的实验之一。这幅来自加州理工的照片展示了实验的装置，包括一个圆柱形容器，油滴悬停在其中。实验测量电子电荷量的原理是，使电场施加在带电油滴上的电场力与其重力（数值已知）平衡。

这样就有两个力作用在油滴上：向上的电场力和向下的重力。密立根通过显微镜观察油滴，通过改变电容器两极的电压控制油滴下落的速度。当调节到两个力大小相等时，油滴将悬浮在半空中，"如同黑夜中闪亮的星辰一般"。

密立根喷出并观察一滴又一滴的油滴，改变电压并记录下观察结果。无论所检测的油滴有多少，它们所带的电荷量总是某个数值的整数倍，他将这个数值称为 *e*。他意识到，*e* 就是单个电子的电荷量。(*e* 的数值大约为 1.602×10^{-19} 库仑。所有的电荷，无论是正电荷还是负电荷，我们观察到带电体的电荷量都是这个数值的整数倍。)

密立根写道："我观察了上万个粒子（带电的原子），没有发现任何一个的电荷量比这个最小数值小，或者不是这个数值的整数倍。"

阿尔伯特·迈克耳孙是一个毕生都在钻研开发高精度测量工具的科学家，受他训练的罗伯特·密立根，也成为一位技艺精湛的实验家。

比原子更小？亚原子？开玩笑吧

> 讽刺的是，最先发现的亚原子粒子竟然也是最基本的粒子之一。在成百上千的所谓基本粒子中，只有电子是很少的不可再分割的粒子之一。它是真正的基本粒子。
>
> ——汉斯·克里斯蒂安·冯·贝耶尔，德裔美国物理学家，《驯服原子：可见微观世界的诞生》

> 导线中的电流不是别的，只是一束电子。电子参与了使太阳源源不断产生热量的核反应。更重要的是，宇宙中每一个正常的原子都有一个致密的核（原子核），电子云环绕在其周围。
>
> ——史蒂文·温伯格（Steven Weinberg），美国物理学家，《亚原子粒子的发现》

与汤姆孙同时代的还有德国的路德维希·玻尔兹曼（Ludwig Boltzmann）和美国的乔赛亚·威拉德·吉布斯（Josiah Willard Gibbs），他们都坚信原子论可以解释关于物质的许多问题，但并不是每个人都与他们持相同的看法。原子的概念听起来不像是可靠的科学。极具声望的恩斯特·马赫（Ernst Mach）总是愤怒地问："你真的见到过原子吗？"所以，当汤姆孙宣布自己发现电子时，许多科学家都笑了——特别是那些始终坚信分子和原子并不存在的人。

没有切实的证据证明原子的存在——尽管 19 世纪的一些科学家提出了一些统计学上的证据断言原子一定存在。统计学是看待科学的一种新的方式，但是许多物理学家还不承认它是一种科学研究方法。他们也不接受原子论。那么电子呢？哪个头脑清醒的人会相信存在着一种小到永远不可能见到的东西？

你能看到番茄酱——因为它属于宏观世界。有了扫描电子显微镜（SEM），你甚至能看到它的细胞结构和果胶纤维（下图）。但你如何能确定番茄酱（和其他一切事物）是由原子和分子组成的呢？连扫描电子显微镜都无法看到它们。

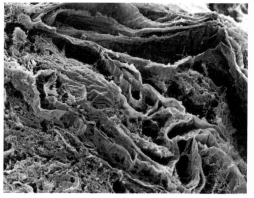

证据在数字中

　　统计学就是用数字来预测可能的结果，回想一下本书第一章第 7 页所提到的。那么，数字是如何预测原子的存在的呢？

　　在本丛书的前面几册，我们曾详细地回答了这个问题。这里简要复述一下：19 世纪，路德维希·玻尔兹曼和其他人计算出了在容器中四处碰撞的气体分子的动能。（动能就是物体因运动而具有的能量。）他们发现，如果承认原子和分子的存在，并且不同的原子和分子质量不同，那么下面这个公式就成立：

$$动能 = \frac{1}{2}\, mv^2$$

　　式中的 v 表示速度（或者更准确地说，是速率）。利用这个公式，科学家计算出了气体分子的平均速度，尽管他们看不到这些气体分子。换句话说，原子和分子存在的证据并不是靠肉眼观察到的，而是隐藏在数字中。

　　即使是汤姆孙本人一时也很难接受自己的实验结果。"当确信实验本身无可非议之后，我才发表了自己的观点，认为存在比原子更小的粒子。"

　　大多数物理学家认为汤姆孙提出的电粒子是一种疯狂的猜想。但事实上，它不仅仅是**猜想**（conjecture）。

> **Conjecture**（猜想）是一种猜测，但是可靠的猜想是基于事实提出的。

　　后来，汤姆孙回忆道："最初根本没什么人相信存在比原子更小的粒子。很久之后，一位出色的物理学家来参加我在皇家科学院的讲座时，还曾对我说，他认为我是在'戏弄他们'。我对此并不意外，我本人一开始也是极不情愿接受这个实验解释的。"

　　当科学界意识到汤姆孙并不是在开玩笑时，他们感到无比震惊。那些带负电的粒子——电子——足以震撼每一个人，我们甚至也不能精确描述电子的大小。一个氢原子的内部空间只有一个电子，电子在狭小的空间中散开如同云朵一般。**需要 400 万个氢原子才能覆盖住英文字符中的句号。**

> 一个电子很小，非常非常小。一个质子大约是电子质量的 2 000 倍。但电子在空间尺度上要大得多，因为它们能够四处游走。（此后会再提到。）

对电子的行为了解越多，就越觉得它们奇特（又神秘）。所以，如果你觉得亚原子世界很难想象，请放心，感到这种困难的绝非你一个人。汤姆孙的同事也如此。

当汤姆孙被问到他认为原子是什么样子的时候，他把它表述为"一个海绵球"或者一个"葡萄干蛋糕"。他认为电子就像是均匀分布在蛋糕上的水果粒。它们是怎么待在那里的呢？没人知道。（是电磁力将它们固定住，在原子内部，电磁力比万有引力强许多。这些当时都还不知道。）

原子是否有内部结构？是不是像水果蛋糕那样的？任何一台光学显微镜都没办法看到原子（当时和现在都不行）。科学家还需要花费数十年的时间做实验，才能回答这些问题。当他们回答了这些问题后，他们才知道，原子具有复杂结构。

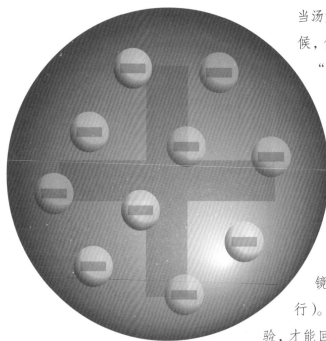

在汤姆孙的原子结构模型中，带正电的物质（很大的＋）均匀地分布在原子中，带负电的电子（－）均匀地镶嵌在其中。

原子如同自然界的砖石，它们是物质的细小碎片。把足够多的原子堆积起来，你就有了一堆可以看见、砸碎，或是用来敲击他人脑袋的东西。从元素开始，原子构成了自然界中的一切。当你将元素组合起来，你就得到了世间万物——你、我、苹果、石头以及巍峨的高山。

当科学家开始猜测电子与原子有关联时，一个问题就出现了：电子带负电，但是原子不带电……那么在原子内部必然存在正电荷，只有这样才能中和电子的负电。

——艾萨克·阿西莫夫（Isaac Asimov），美国科幻小说家，《亚原子世界探秘》

（阿西莫夫的意思你理解了吗？）

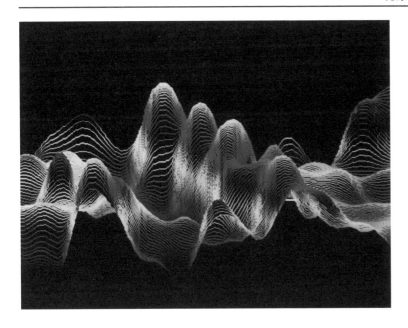

光学显微镜（我们熟知的那种）利用透镜将物体反射的光线会聚起来，使物体看起来变得比实际要大。你透过显微镜直接看到了变大的物体，你所看到的东西确实在那里。但是通过非光学显微镜看到的东西，更像是一幅地图或是一系列数据点或是扫描图。扫描电子显微镜（上图）通过发射电子逐行扫描物体，获得黑白图像。如果你想"看到"单独的原子，那就需要一个扫描隧道显微镜（STM）或者一个原子力显微镜（AFM），它们有一个极细的探针在物体表面上移动。上面左图是一幅用 STM 获得的图像，是上了色的放大 1 500 000 倍的 DNA 分子片段。那些橘色的峰就是著名的 DNA 双螺旋结构。

电子是另一回事，它是构成原子的基石之一，但你不可能收集到无数的电子，然后拿在手里尝一尝或是闻一闻。它们都带负电，彼此间会相互排斥，如果堆在一起，立刻就会散开。你可以利用电子，却不能只用电子来构造真实的事物。然而，当这些带电粒子在原子核外做环绕运动时，它们确实为原子增加了质量。（后面将提到更多关于原子的事。）

既然汤姆孙的同事对原子的存在也有所怀疑，那么当汤姆孙描述电子时，他的同事认为他在开玩笑这件事是完全可以理解的。在当时，包括汤姆孙在内的所有人，都没有想到，这些小小的粒子将会产生如魔法般的、深刻地改变了人类文明进程的电子技术。那时，即使是科幻小说家也想象不出会受他们曾孙辈喜爱的计算机、手机和电子游戏机。

获得诺贝尔奖的玛丽

生活对每个人来说都不容易。但那又怎样？我们必须有所坚持，最重要的是对自己有信心。坚信自己对某件事具有才能，对此，无论需要付出多大的代价，我们都要努力去实现。

——玛丽·居里（Marie Curie, 1867—1934），波兰裔法国物理学家、化学家，摘自写给兄弟的书信

她的力量、纯粹的意志、严格的自我要求，她的客观性、不被左右的判断力——所有这些品质都罕见地集聚在同一个人身上。

——阿尔伯特·爱因斯坦，《想法和观点》（ideas and opinions）

1867 年，玛丽亚·斯克洛多夫斯卡（Marya Sklodowska）在波兰出生。这是被众人认为充满希望的一年。

在壮观的巴黎世博会上，世界各国纷纷自豪地展示着各种珍宝和发明。许多欧洲人第一次看到日本的艺术作品，被深深震撼。

在德国，政治哲学家卡尔·马克思（Karl Marx）发表了《资本论》的第一卷，这本书主张终结大多数生产方式中的私有制。

在英国，迈克尔·法拉第去世，举国哀悼。

玛丽亚·斯克洛多夫斯卡出生在波兰华沙，波兰后来处于俄国沙皇亚历山大二世的压迫之下。

在美国纽约，架设起了由巴特里（位于曼哈顿南端）到 30 街的单轨高架铁路。缆车在马车的上方匆匆超过。同年，美国从俄国手中买下了阿拉斯加（用价值 720 万美元的黄金）。在美国国会，一些激进的共和党人空想家，在灾难性的南北战争之后，试图通过《重建法》赋予奴隶同等的权利，以此为国家带来公正。

但在波兰，情况并不好。早些年，俄国攻占波兰，并将其改名为"维斯杜拉河区"（"VistulaLand"），并宣布波兰的学校必须用俄语教学。他们妄图抹杀波兰的过去，用俄国文化取而代之。

但俄国的做法适得其反：波兰人民因此爱国热情高涨，玛丽亚的妈妈在家里开办了一所学校，她偷偷地教授学生波兰历史和其他学科。玛丽亚的父亲在高中教科学。

斯克洛多夫斯卡家有五个孩子——四个女儿和一个儿子。在玛丽亚八岁时，一个姐姐不幸死去了。两年后，她的母亲也去世了。父亲在经济上陷入困境，但他深爱自己的孩子，教育他们互相鼓励、互相支持。几个孩子后来都成了出色的学生。

玛丽亚长着卷卷的棕色头发、灰色的眼睛、高高的颧骨和宽阔的额头。15 岁时，她以班级第一的成绩高中毕业。但她不能进入大学深造，因为波兰大学不收女生。

之后她进入了一所"飞行大学"，一群爱国的波兰学生在其中互相教学。由于他们这样上课是违法的——尤其是用波兰语上课——所以他们总是从一处"飞"到另一处以躲避俄国当局的监视。（那时还没有飞机，所以"飞"一词只是一个比喻。或许这也是一个美好的愿望。）此外，教授农民子女学习也是违法的，但玛丽亚还是这样做了。

在玛丽亚的母亲和姐姐索菲亚去世后，斯克洛多夫斯卡一家紧紧地团结在一起。照片中（约 1885 年），18 岁的玛丽亚站在父亲身后。她成为一名家庭教师，工作是替人照顾孩子们，由此支持布罗尼亚（Bronya）（中）从医学院毕业。右边是她的姐姐赫拉（Hela），唯一的哥哥约瑟夫（Joseph）不在照片中。玛丽亚是五个孩子中最小的，是家里的宝贝。

1891 年秋天，玛丽亚——后改名为玛丽——来到巴黎，急切地想要开始在索邦大学的求学生涯，那时的巴黎是什么样的呢？这座灯光之城刚刚拥有一座新的铁塔，埃菲尔铁塔［建于 1888 年，第二年被乔治·修拉（Georges Seurat）画成油画］。这座铁塔是新兴的、充满争议的科学与技术的象征。巧合的是，修拉于 1891 年春天去世。他用大小、明暗、色彩不一的点创造出线条和形状。

玛丽亚和姐姐布罗尼亚约定：玛丽亚用当家庭教师（照顾小孩子）赚的钱供姐姐去巴黎的医学院上学（女性在巴黎可以上大学）；之后，姐姐用做医生赚的钱还给玛丽亚，并把她接去法国。这一切真的发生了。

1891 年，玛丽亚走下火车来到世界上最令人兴奋的大都市——巴黎。新造好的埃菲尔铁塔高耸入云，一览其他的建筑。用电的路灯照亮了宏伟的街道。称为无马车辆的汽车行驶在路上，吓坏了真的马。一些艺术家——印象派——可能是受到了新的电磁学成就的影响，正在用新的方式描绘光。

快要 24 岁的玛丽亚，为成为一个大学生已经等待了九年。她比班上的其他同学年龄都要大，而且法语也不太好，但是她立志潜心学习。她为自己起了一个法国名字——玛丽。她租了一间六楼的小房间，没有供暖和电梯，吃的也很少。尽管条件非常艰苦，但在那里她可以不受干扰地学习。

两年后（1893 年），她获得了物理学学位，是班里的第一名。又过了一年（1894 年），她获得了数学学位，这次她是班上的第二名。之后，玛丽遇到了皮埃尔·居里（Pierre Curie）。

皮埃尔身形消瘦，有着红褐色的头发，留着修剪整齐的胡须，他个性腼腆，处事周到。他还是一位颇有才华的科学教授，发明了一个装置能够测定矿石释放出的难以测量的微弱电荷量。当皮埃尔向玛丽求婚时，玛丽有些犹豫。她想回到波兰，帮助波兰人民推翻俄国的统治。皮埃尔写情书告诉她，如果她成为一名科学家，为世界作出的贡献可以远比成为一个政治活动家要大，最终皮埃尔说服了玛丽。

35 岁的皮埃尔和 27 岁的玛丽·居里于 1895 年 7 月结婚。第二年，玛丽毕业，再过一年女儿伊雷娜（Irène）出生。皮埃尔放弃了对晶体的研究，和玛丽一起研究放射性。

1895 年，他们两人结婚，并且骑着自行车开始了蜜月旅行。玛丽现在是居里夫人了。当他们旅行归来时，他们认识的每一个人都在谈论伦琴新发现的 X 射线。但几乎没有人注意到法国物理学家安东尼－亨利·贝克勒耳（Antoine-Henri Becquerel, 1852—1908）在 1896 年意外地发现了一种奇特的、出乎意料的射线。

贝克勒耳把一块铀放在一张照相底片上，并用黑纸包好。他原本打算把这包东西放在太阳下来捕获电磁波，但是那阵子一直下雨，他就把这包东西塞进了抽屉。令他震惊的是，在黑暗中，一种神秘的射线在照相底片上留下痕迹。它们不是 X 射线——X 射线和可见光一样是一种电磁波。这些射线一定来自于铀。

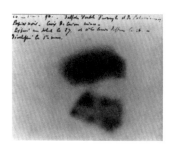

当贝克勒耳在放着铀矿石的底片上发现两个黑斑的时候，感到非常惊讶，因为他将铀矿和底片一起放进了没有光的抽屉。如果没有光，底片怎么会曝光呢？他认为一定是铀矿中放出了一些不知名的射线。

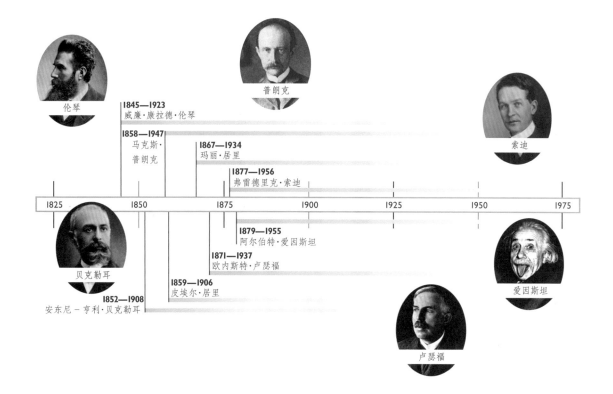

神秘射线

（居里夫妇）对放射性的研究，对内涉及原子的奥秘，对外引向了时间和空间的玄机。放射性是理解恒星能量来源的钥匙；它为确定地球年龄提供了天然时钟，放射性现象表明地球存在的时间比 19 世纪最乐观的估计还要多 100 倍；同时，放射性还帮助天文学家大致了解了控制宇宙演化过程的粒子与力。

——劳伦斯·A.马歇尔（Laurence A. Marschall），美国天文学家、科学作家。《科学》，1999 年 3 月 /4 月刊

古代的炼金术师注定会失败，因为利用化学能是无法实现元素转变的（化学能是参与原子间化学键形成和断开的能量）。19 世纪末放射性发现后，一切都发生了变化。

——菲利普·鲍尔（Philip Ball），英国科学作家。《探索元素之旅》

J. J. 汤姆孙的学生欧内斯特·卢瑟福，用希腊字母中的第一个字母为贝克勒耳的神秘射线命名，称其为 α 射线。

α 射线是一个谜，没人知道它是什么。铀——一种金属——似乎在放出能量！这完全是意料之外的事情，还没有人能给出科学的解释。与从太阳发出的射线不同，它们是从元素内部放射出来的。

玛丽·居里决定继续求学以获得科学博士学位。（她是法国所有领域里第一位攻读博士学位的女性）。在决定研究课题时，居里选择研究贝克勒耳的射线，看看能从中发现什么。

这幅 1886 年的画作描绘的就是索邦大学，玛丽·居里从这里毕业，第一学位是物理，第二学位是数学。在攻读博士期间，她催促皮埃尔也抓紧完成博士学位。

玛丽·居里认为 α 射线来自铀原子。如果是这样，那么原子辐射——从原子内部放射出射线——必然会以某种方式改变原子。这意味着原子内部会发生一些变化，这些变化比任何人所能想象到的变化都来得有趣。如果她能够弄清 α 射线，就能帮助人们认识原子的结构。（在第十三章中将提到，大多数接受原子概念的科学家，都认为原子是坚硬的、不可穿透的，或是如同松软的葡萄干蛋糕。）

她的猜想正确吗？ α 射线是从原子内部放射出来的吗？如果是，那么它们是什么呢？所有人都摸不着头脑，这是一个崭新的领域。在图书馆里找不到答案，必须借助实验，而实验是玛丽·居里喜欢的工作。

她很快发现，铀不是唯一能够自发放出射线的元素。另一种化学元素钍也能放出射线。她把这种现象称为"放射性"（radioactivity）。

之后，她找到一种矿物——沥青——其中含有铀，而且这种矿石能比纯铀放射出更多的 α 射线。为什么会这样？在沥青中是否还存在其他放射性元素？这种矿石的放射性比铀强许多。她确信在沥青中一定有某种未知的元素，但她却不知道自己在找什么。要怎样才能找到这种元素呢？

她所面对的是大多数科学家都认为不可能的寻找。几乎没有人愿意花费数年的时间去寻找可能根本找不到的神秘事物。

后来，物理学家欧内斯特·梅里特（Ernest Merritt）这样描述居里夫妇的工作：

当粒子或 γ 射线离开原子后，原子会发生变化。我们称这个过程为衰变。正在或将要发生衰变的原子核是"不稳定的"。（参见第 66 页的"可以分裂？"）

放射性是某些元素（例如铀）的性质，原子核在分裂过程中会自发地放出 α 射线和 β 射线，有时还有 γ 射线。元素会自发地放出粒子？原子核可以分裂？谁能想象出原子内部的这些变化？

沥青是铀的氧化物，在天然的沥青矿中还夹杂着铋、钋、铅和一种未知的放射性元素——玛丽·居里对此相当肯定。1898 年，居里夫妇宣布他们从中分离出了两种新元素。

居里夫妇发现镭的实验室，就是"介于马厩和土豆棚之间的简陋场所，"一位化学家这样说。俄国艺术家瓦莱里安·格里巴耶多夫（Valerian Gribayedoff）用一幅黑白照片捕捉下了这严酷的环境。

Consecrate 通常的意思是"将某物放置一边作神圣之用"。亚伯拉罕·林肯在葛底斯堡演讲中也用到这个词。居里夫人用法语写作，英文翻译者用到的是这个词的第二个意思"献身给某一个目标"。

玛丽·居里尝试从沥青中分离一种未知的元素，这项任务如同一个侦探在拥挤的街道上寻找嫌疑犯。沥青是最复杂的矿物之一，含有 20 或者 30 种不同的元素，并且这些元素以极为多样的方式化合。而对这一未知元素的化学性质却一无所知。事实上，除了知道这种元素具有放射性，其他什么都不知道。这是极其艰难的寻找，但也充满了探索未知领域的魅力。

玛丽和皮埃尔去一个老旧的、没有供暖的棚屋里工作。他们只有很少的经费购买器材，而家里还有一个刚出生的孩子，名叫伊雷娜。"有时候我必须用和我一样大的铁棒搅拌混合沸腾的物质。一天下来筋疲力尽。"玛丽后来回忆那些年时写道。"如果我们能有一间更好的实验室，应该可以做出更多的发现，我们也会少遭些罪。"

"然而，就是在这样一间糟糕透顶的旧棚屋里，我们将自己**奉献**（consecrate）给工作，度过了生命中最好、最快乐的岁月。"

关于皮埃尔，在给亲戚的信中，玛丽写道："他比结婚时我所预想的还要好得多。我对他非凡品质的赞赏与日俱增。"

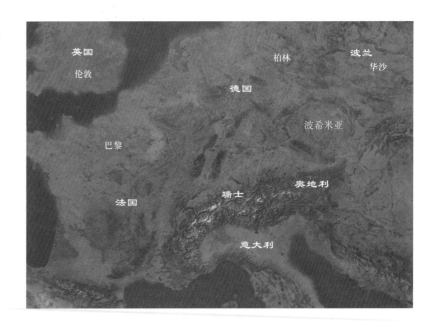

英国
伦敦
柏林
波兰
华沙
德国
波希米亚
巴黎
法国
瑞士
奥地利
意大利

他们认为，无论这种新物质是什么，都应该占到沥青总量的1%。但他们想错了，玛丽说："这个比例甚至不到百万分之一。"

换言之，他们需要海量的沥青才能提炼出一点点这种放射性元素。沥青非常贵，不过凑巧的是，在波希米亚一个矿场，人们从沥青矿里提炼铀盐，余下的残渣则丢弃在一片松树林里。政府同意给这两位年轻的科学家一吨残渣。（有人认为他们俩疯了，没人知道为什么他们想要这种东西。）暗褐色的矿石混杂着松针运抵巴黎。居里夫妇在他们的旧棚屋里清理并处理这些残渣。

1902 年的诺贝尔物理学奖授予莱顿大学的亨德里克·洛伦兹（Hendrik Lorentz）和阿姆斯特丹大学的彼得·塞曼（Pieter Zeeman），以表彰他们在"研究磁场对辐射现象的影响"所作的贡献。洛伦兹认为光波是带电粒子（电子）往复运动的产物。磁场会影响电子的振动，进而改变光的频率。塞曼用实验证明了这一点。洛伦兹以一组数学方程而闻名，也就是洛伦兹变换，这为爱因斯坦的狭义相对论铺平了道路。

你无法看到 α 粒子，但能借助云室找到它们的踪迹。在这幅照片中，从钋中放射出的粒子穿过水蒸气和酒精蒸汽时，形成了液滴。

最终，在 1898 年他们发现了一种新元素——钋（他们用玛丽的祖国波兰为它命名）。钋的放射性比铀强 400 倍。还不止如此。他们发现在沥青中还藏着另一种放射性更强的元素——尽管他们还没有成功地把它分离出来。在发现这种元素之前，他们就给它定名为"镭"。

从沥青中提炼镭比提炼钋要困难得多。这甚至比玛丽和皮埃尔所设想的还要困难得多。事实上，镭只占沥青矿石的千万分之一。

镭来源于拉丁语 radius，意思是射线。

许多年后，居里夫妇的二女儿，伊芙（Eve）这样描述父母的奋斗经历：

居里夫人在家中教导两个女儿，伊雷娜（左）追随父母的足迹学习核物理学。伊芙（右）热爱音乐，成了一名作家。

> 玛丽一千克一千克不停地处理着成吨的沥青残渣……凭借着极大的耐心，她在四年中每一天同时扮演了物理学家、化学家、专业工人、工程师和实验员的角色。多亏了她聪明的头脑和强健的身体，棚屋里那些桌子上堆起了越来越多的浓缩样品——这些样品中含有越来越多的镭……然而，由于贫困而只能使用杂乱的设备，这些设备比以往任何时候造成的阻碍都要更大。现在，她迫切需要一间一尘不染的工作间、完美的恒温和防尘设备。但是他们的棚屋四处串风，铁屑和煤灰到处飞扬，混杂在好不容易提炼出来的纯净样品里，这令玛丽非常绝望。每天面对这些"小意外"，玛丽身心俱疲，处理这些事耗费了太多的精力和体力。

皮埃尔想过放弃，但是玛丽不同意。她坚信他们能够找到这种新元素。他们白天讨论它，晚上做梦梦到它。他们常常畅想镭的样子。皮埃尔希望它能有漂亮的颜色。

伊芙·居里这样回忆着发生过的事：

> 1902年，在居里夫妇宣布可能存在镭之后45个月，玛丽终于成功赢得了这场消耗战：她成功地提炼出0.1克纯净的镭，并且测定出这种新物质的原子量为225。

> 那些对此持怀疑态度的化学家不得不在事实面前低头，不得不在这个顽强、非凡的女性面前低头。

> 镭的存在得到了公认。

女儿的回忆

伊芙·居里在她的作品《居里夫人传》里这样描写她的父母发现镭的那一天：

门吱呀一声打开，如同此前千万次的吱呀声，这扇门是通往他们的王国，他们的梦想的入口。

"不要点灯！"玛丽在黑暗中说。然后她笑着说："还记得那天你和我说'希望镭有漂亮的颜色'吗？"

镭实际上比很久以前的简单愿望更加令人神往。镭不仅有漂亮的颜色，还会自动发光。在这间黑暗的棚屋里，没有柜子，这些珍贵的颗粒装在很小的玻璃容器里，放在钉在墙上的桌板或架子上，它们带着蓝色荧光的轮廓在黑暗的夜里闪耀着。

"看，快看！"这个年轻的女人小声地说。

她小心地走上前，找到一把草编的椅子，她静坐在黑暗中，他们两个的脸转向微弱的荧光，转向神秘的辐射源——镭，他们的镭。

同甘共苦的伙伴伸出手轻轻地抚摸她的头发。

她将永远铭记这个充满荧光、充满魔法的夜晚。

这个烧瓶中盛放着居里夫人提炼的镭盐。放射性使曾经透明的玻璃变成紫色，并散射出光芒。

居里夫妇坐在黑暗的棚屋里，欣赏着镭发出的蓝色荧光。镭的放射性被证明比铀强 200 万倍。

他们猜测，但无法确定，这种闪耀着蓝色光芒的元素不久后将在工业、医药和科学领域发挥重要的作用。他们拒绝为他们的发现申请专利。如果这样做了，或许会为他们带来财富，但他们坚信，科学发现属于每一个人。玛丽说："如果这一发现未来具有商业价值，我们也不应该从中获利。镭将被用于治疗疾病，对我来说，利用它获得财富是不可想象的事。"

1903 年，玛丽在巴黎索邦大学获得博士学位，成为最早获得博士学位的女性之一。同年，玛丽、皮埃尔和贝克勒尔共享了诺贝尔物理学奖。

为了纪念皮埃尔和玛丽，放射性强度的单位定为居里。1 居里等于 1 克镭的辐射量。但是这个单位现在已经不常使用。现在放射性的国际单位制单位为贝克勒尔。（你应该知道这是以谁的名字命名的。）

一小颗放射性镭向各个方向发射出数量惊人的 α 粒子。在这张经特殊处理的底片中，α 粒子显示为一大簇黑色的射线。

就在那时，贝克勒尔（身形消瘦，头发有些秃，留着短尖胡须）作出了另一个惊人发现。除了 α 射线，还有一种射线从铀原子中放射出来。卢瑟福称其为 β 射线。但他不清楚 β 射线是什么。卢瑟福说："从铀和铀盐中不断放射出的辐射的成因和本源至今还是一个谜。"接着，他说这种辐射"很像伦琴射线"（X 射线）。他将发现自己犯了一个大错，但是当时没人知道 X 射线是电磁波。

居里夫妇发现的新元素钋和镭，开始被用于实验。钋和镭辐射出很强的 α 和 β 射线（辐射强度比卢瑟福和贝克勒尔在早期实验中使用的铀要强许多），这为研究带来了新的转机。

他们发现一块正在衰变的镭向各个方向都放射出 α 和 β 射线。在可控实验中，希望能够得到某一方向上的射线。为此，他们将镭块放在铅盒中，在盒子上开一个小孔，就得到了一束射线。然后，他们让射线束进入磁场。

射线束进入磁场后，β 射线发生了弯曲，哇——真是意料之外。只有带电粒子才会在磁场中发生偏转。这只能说明一件事：β "射线"并不是射线，而是粒子。卢瑟福指出 β 射线其实是电子——带负电的粒子——和他的导师 J.J. 汤姆孙在阴极射线管中发现的粒子是相同的。但 β 射线中的电子来自于原子内部。这些 β 粒子（电子）和 X 射线完全不同。

镭的历史相当精彩。射线的性质已经被仔细地研究。我们知道，从镭中放射出的粒子速度接近光速。我们还知道，镭原子在放出这些粒子后被改变，其中一部分粒子就是氦原子。目前已经证实，放射性元素不断分裂，最终生成普通的元素，其中主要是氦和铅。

——玛丽·居里，瓦瑟学院的演讲，1921

那么 α "射线"呢？皮埃尔·居里发现从镭中放射出的 α 射线在空气中运动 6.7 厘米后似乎就消失了。他知道，它们不可能真的消失了。玛丽·居里发现它们与空气中的离散电子结合变成氦原子。所以，α "射线"也必定是粒子。所有这些都相当令人意外，并且值得再强调一次：α 和 β 都是粒子，而不是射线。

科学家将会发现，α 粒子是氦核（含有两个中子和两个质子），β 粒子是高能电子。

在此期间，卢瑟福前往加拿大的麦吉尔大学从事研究工作，在那里他建造了一个能产生超强磁场的装置。利用这一磁场，他成功地令 α 射线偏转，这意味着 α 射线必定是粒子流。卢瑟福通过研究散射图样，测量和分析了 α 射线。最后，他发表了关于这些粒子的惊人发现，它们曾经被认为是连续的波！

粒子物理学中的 ABGs

α、β、γ 是希腊字母的前三个。以这三个字母命名的粒子都是在原子中被发现的。如果你在放射线的周围放一块磁铁，α、β 和 γ 三种粒子将会被分开。

α 粒子（Alpha parficle）带正电，是高能氦核流，每个 α 粒子含有两个质子和两个中子。你可以把 α 粒子想象成裸的氦原子。它失去了两个带单位负电荷的电子，由于质子的存在，它带两个单位正电荷。α 粒子以超过 16 000km/s 的速度从铀原子中射出。能够放出 α 粒子的元素都具有放射性，它们都不稳定。随着时间推移，它们又将变成不同的元素。

β 粒子是高速电子，和阴极射线管中的电子相同，只是携带了更多的能量。它们带负电。

γ 射线是光子——高能的光粒子，或者说是频率很高的电磁辐射。它们不带电。γ 射线和 X 射线类似，只是波长更短、频率更高。与 α 和 β 射线不同，γ 射线不是实物粒子。对科学家而言，将光子理解为一种粒子比接受 α 粒子和 β 粒子要难得多。本书后面还会再作解释。

1986 年 4 月 25 日，乌克兰的切尔诺贝利核电站发生爆炸，放射性物质飘散到整个北欧地区。数月后，由于残留辐射污染的影响，这头刚出生的小猪有一只畸形的眼睛。

记住你的 ABGs

• α 粒子是氦粒子。它们能被几张纸挡住。

• β 粒子是电子，它们能穿过纸张，但却不能穿过铝箔。

• γ 射线是电磁辐射的光子，它们能够穿透铅。

可以分裂？半衰期？那是化学！

自然界中存在 92 种天然元素（原子序数 1—92），其中有 81 种是稳定元素，其余的具有放射性。当原子核的能级发生变化时，原子核就会放射出粒子（称为衰变）。原来的放射性原子核，称为母核（parent），经过衰变成为另一种元素的原子核，称为子核（daughter）。有时候，子核也具有放射性，在这种情况下原子核将继续衰变，直到变成一个稳定的核（这个核将不再发生衰变）。

卢瑟福在蒙特利尔大学担任教授时，为放射性元素释放出的粒子命名为 α 和 β。他还发现了 γ 射线——高能电磁辐射。

在放射性元素的样品中，两次分裂的间隔时间是随机的，但是衰变过程由元素的一半原子核发生衰变的时间所支配，这个时间称为半衰期。它可能是百万分之一秒，也可能是亿万年。然而，衰变过程不会结束，总是会有一些残余的辐射。每经过一个半衰期，一半原子核发生衰变。再经过一个半衰期，剩余原子核的一半发生衰变，如此不断地重复下去。因此，我们只测量半衰期，而非衰变的总时间。

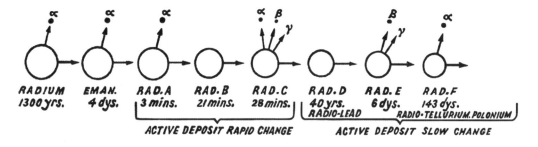

1906 年，卢瑟福画出了镭 226（左）的衰变图示，在这一过程中放射出一系列的粒子，变成不同的元素，最终变为铅。

我们碰巧生存在一个为数不多的、聚集大量物质的空间里。鱼环顾周围的环境可能会认为，宇宙是由水组成的。同样，直觉告诉我们，我们所生存的特殊环境是普遍存在的。但事实并非如此。大多数的空间中没有物质，但是辐射却无处不在。

——劳伦斯·M. 克劳斯（Lawrence M. Krauss），
《一颗原子的时空之旅——从大爆炸到生命诞生的故事》

这意味着必须放弃过去的一些想法。这也代表着科学侦探又有新的谜题要解开。原子曾经被认为是最小的实体，但事实并非如此，原子内部有电子。电子带负电，而原子是电中性的（没有多余电荷）。

这意味着原子的内部一定存在什么——某些带正电的东西——来中和电子的负电。那是什么呢？找出这种带正电的粒子是其中一个挑战，但并不是唯一的挑战。

什么是辐射？

"辐射"有不止一种意思。

1. 如果你看到一块指示牌上写着："请勿靠近，辐射危险。"你能猜到那里存在电离辐射。电离的意思是，辐射能够将原子中的电子分离出来（使原子电离，生成离子），包括你身体里的原子。正常的衰变过程都会放出电离辐射，但如果你过于靠近辐射，你体内的一些细胞可能会发生破坏性的变化。

2. 辐射用来描述穿越空间的能量。（光描述的是电磁辐射，热描述的是红外线在空间中的传播。声音是在空气或其他材料中辐射的一种能量形式。）对于大多数物理学家而言，辐射意味着释放出粒子或波形式的辐射能量——比如热、光和 α 粒子、β 粒子、γ 射线。

3. 当生态学家使用"辐射"一词时，他们指的是某些东西从中心点向周围区域扩散。比如说，细菌能够从一个人传播到另一些人。

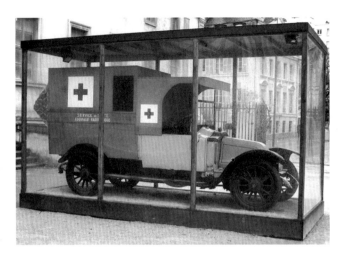

第一次世界大战期间，居里夫人为战地医院的 20 辆救护车配备了 X 射线装置。"她爬上副驾驶座，这个位置暴露在风中，很笨重的车子就全速开了出去（大约 20 英里／时），"伊芙·居里写道。在检查前，"她准备好荧光屏，"然后，"她用带来的黑色窗帘把房间弄暗。"在暗室里"放着用于冲洗底片的化学药池。半小时后，居里夫人就把一切准备就绪了"。居里夫人还在 200 家法国医院设立了 X 射线室。超过 100 万伤者曾在这些移动和固定的 X 射线站接受检查。

从铀、钍、镭中放射出的粒子表明，在原子内部发生了一些在当时无法解释的过程。放射性元素似乎自发地创造能量。根据已有的科学法则，这是不可能的。能量守恒定律表明，能量不可以被创造或消灭。那么，这里究竟发生了什么呢？

原子的内部是什么样的？如何解释从原子中释放出的能量？辐射是否会改变原子？为什么大多数原子不具有放射性？居里夫妇为科学探究提供了一条新任务：确定原子的结构，并回答上述问题。

用钍和镭做的放射性面霜？这在今天简直是不可想象的事情。钍－镭面霜 1933 年在闪耀着神秘光芒的广告中首次登场，广告宣称产品"促进循环，使肌肤紧致有光泽，摆脱油腻困扰，还能抹平皱纹"。这件非常危险的商品直到 1960 年才从市场上淡出。

居里夫妇所不知道的，或许是不愿面对的，是放射性元素的危害。他们把装有镭的试管放在口袋里，用手指直接接触它们。玛丽把镭放在她的床头以便欣赏它的幽幽蓝光。他们还在封闭的房间里研究镭。他们总是生病，与他们合作的一些人都去世了。制造商们对新元素的出现非常兴奋，很快就要将镭涂在钟表和门把手上，令它们能在黑暗中发出光亮。在放射性的危害被确认之前，镭还被添加在了一些"包治百病"的专利药物中。

不久之后，另一个悲剧发生了。1906 年，皮埃尔在开完会回家的路上发生了交通意外，他被一辆马车撞倒后不治身亡。他与玛丽之间的伟大合作终结了。

玛丽继续从事她的研究，抚养两个女儿长大，同时还写书。1911 年，她获得了第二个诺贝尔奖。她是索邦大学 650 年历史上第一位女性教授——并且是国际名人。

多年后仍在闪耀

罗伊·利斯克（Roy Lisker）是 Ferment Magazine 的一名编辑，他描述了参观巴黎居里博物馆的经历，认为极有意义：

屋子里所有的东西都是仿制品，因为它们在居里的办公室和实验室存放了数十年后，上面仍然残留着大量的辐射。只有一张纸被放在墙上的一个玻璃罩中，它是笔记本中的一页。向导将一个盖革计数器放在纸边来说明，尽管四分之三个世纪过去了，但是辐射的威力几乎丝毫没有减弱。

科学攀登者

1912年，维克托·弗朗茨·赫斯（Victor Franz Hess，1883—1964）将测量辐射的仪器放入热气球，并将气球升至5 300米的高空。他发现在此海拔高度上的辐射强度是地球表面处的四倍。"我的观察结果可以被一个假设很好地解释，这个假设认为有一种携带着大量能量的辐射从宇宙中穿越进入大气层。"这种高速辐射被称为"宇宙射线"。赫斯因为这项发现赢得了1936年的诺贝尔物理学奖。

在那之后，物理学家发现，大多数的宇宙射线是质子或氦核，还有一小部分是电子、γ射线和高能中子流。它们可

1912年8月7日，赫斯正在准备气球中的装置。为了探测地表上方数英里处的放射源，这样的放飞进行了10次。

深置于日本一座山中的圆柱体俘获了一束μ子宇宙射线——一种来自太空的亚原子粒子。在120纳秒内，它穿出容器壁。

能来自于太阳或者宇宙深处，因此辐射的强度各不相同。当它们到达地球后，与外部大气层中的原子核发生碰撞，碰撞会产生出亚原子粒子（特别是μ子）。

这些亚原子粒子在到达地球表面前就发生了衰变。大气层通过这样或那样的方式，保护人类不受宇宙射线及其产物的危害。

如果我们希望成为星际旅行者，就必须首先了解宇宙射线。

1934年，玛丽·居里死于白血病，几乎可以肯定是由于过度暴露在辐射中引起的。她一生所做的已经远远超出她最初的设想。她不仅为女性在科学界争得了一片新天地，而且发现了原子内部的一个新世界。

白血病是由于缺少血细胞引起的严重疾病，患病者体内红细胞数量严重不足，白细胞数量则大大增加。（这张扫描电子显微镜呈现的图像中，蓝色的就是白细胞。）

再起波澜

> 我的本性倾向于平和，拒绝一切怀疑的冒险……然而，无论付出多大的代价，我都必须找到一种理论的解释……我已经做好准备——牺牲对物理规律的所有固有观念。
>
> ——马克斯·普朗克，德国物理学家，写给美国物理学家罗伯特·W. 伍德（Robert W. Wood）的信

破碎的浪花不能解释整片大海。
——弗拉基米尔·纳博科夫（Vladimir Nabokov, 1899—1977），俄裔美国作家，《骑士塞巴斯蒂安传》

宇宙具有一些自己的常量，它们以不变的数值不断地在自然界和数学中重现，这些确切的数值为科学研究提供了重要的导航……无论何时，当一个因果规律反复展现在宇宙中时，背后或许就有一个（数字的）常量在起作用。
——尼尔·德格拉斯·泰森（Neil deGrasse Tyson），"常量的重要性"，《自然历史》杂志

马克斯·普朗克是德国最保守的科学家之一。他是一位物理学教授——处事周到，谦和而不失威严——他总是穿着正装、刻板的高领和三件套西装。每个认识他的人似乎都一致认为：马克斯·普朗克是个很好的人。但他的思想中似乎没有什么革命性的、大胆的或是激进的东西。他是典型的保守派人士——属于德国文化精英团体——是不喜欢掀起波澜的那类人。

普朗克的大儿子在第一次世界大战中为德国牺牲。他还有两个女儿早早夭折。在一个女儿去世后，"当我见到他时，完全无法抑制住我的眼泪，"爱因斯坦这样写道，"他看起来如此勇敢，但所有人都看得出来，他已经被悲伤吞没了。"

但是在 1900 年，当 42 岁的普朗克解决了一个核心的科学谜题时，他却着实掀起了大波澜。当时没有人知道为什么随着炉火温度升高，火焰的颜色会从红色转向橙色，再转向黄色（意味着波长变得越来越短）。这与经典力学的预测相悖。普朗克用一个公式找出了答案，这个公式假设，光以很小的、分立的能量包的形式被发热物体放出或吸收。普朗克把这样的能量包称为"量子"（quanta），源自希腊语和拉丁语的"多少"。（quantum 是它的单数形式。）

颜色和温度有什么关系？在上图的炉窑中，黄色部分温度最高，暗红色部分温度最低。

他并不相信量子确实存在，其他知名的科学家也不相信。每个人都"知道"光和其他形式的电磁辐射以波的形式连续传播。托马斯·杨（Thomas Young）在 1803 年通过著名的实验判定光是一种波。之后，麦克斯韦建立方程组再次确认光的波动本质。

光怎么可能同时既是连续的波，又是分立的能量呢？对普朗克本人和任何在经典物理中学习成长的人来说，这个观点都太难接受了。在经典的牛顿物理学中，某个事物要么是这样，要么是那样，但不可能同时是两种东西。所以，普朗克起初拒绝接受他的计算结果：电磁能量以某一特定大小的能量包形式存在（那些量子）。他确信还存在其他大小的能量（从而创造出连续的波），但他始终无法找到。他追踪的光的能量居然是以量子化的形式存在的！但普朗克知道他的公式是有效的，最后只能极不情愿地接受了这一结果。

经典物理指非量子物理。经典物理中的牛顿定律是确定的、清晰的，因果关系明确。量子理论是令人困惑的，我们知道是怎么样，却不知道为什么是这样的。

事实上，故事比听起来更神奇，它大约开始于 1900 年，新世纪的开端，它将为世界带来一个崭新的物理学理论。只有少数科学家意识到确实需要一种新的物理学理论。但大多数人都认为有了牛顿运动定律、麦克斯韦的电磁学方程组和热力学定律，就可以解释宇宙中的所有现象了。

普朗克起初并不相信存在量子。量子只在方程中起作用，似乎这样就够了。爱因斯坦相信粒子是真实存在的，并且以量子化的方式出现。他的研究就从这里开始。

一个新的概念出现在物理学中，这是牛顿时代之后最重要的创新，这个概念就是"场"。需要极强的科学想象力才能理解，不是电荷或者粒子，而是充斥在它们之间的空间里的场，才是描述物理现象的关键。

——阿尔伯特·爱因斯坦和利奥波德·因费尔德（Leopold Infeld），《物理学的进化》

水波和声波不是物体，它们是物体在介质（如水和空气）中的扰动。但电磁波不同，它们能够在真空中传播。下图是一位艺术家用计算机创作出的美丽波形。他将一个正弦波（基本的周期波）禁锢在一个盒子里，这个波在各个面上不断反射、叠加，形成了这个波形。

但是有些物理学家意识到，有时候牛顿和麦克斯韦的理论是矛盾的。有些问题无论如何都得不到正确的结果。这些矛盾看似很小，但是却很烦人。

其中一个问题被物理学家称为"黑体辐射"。一些表面会反射辐射（比如可见光），另一些则会吸收辐射。一面镜子就是很好的光的反射装置，这也是你能在镜子里看到自己的原因。黑体近似于一个完美的辐射吸收器或发射器。

想象一下在院子里烧烤。木炭在室温下几乎不发出辐射。（它发出的那点辐射是看不见的。）到800K时，炭变为深红色，1 300K时变为亮橙色，到1 800K时将迸发出黄色的火焰。现在想一想窑炉，当温度升高时，（从一个小孔向内观察）内部会逐渐从红色变为橙色，再到黄色。无论窑炉的内壁涂有什么，相同温度下总是呈现出相同的颜色。1900年，物理学家意识到，从一个封闭空腔内放出的辐射反映了辐射体自身的某些性质，而与空腔本身或是其材料无关。科学家为此感到困惑，他们把加热的窑炉放出辐射的强度和波长的关系称为"黑体辐射光谱"。为什么温度升高辐射的颜色和频率会改变？（在当时）没人知道其中的原因。这是物理学的重大危机，没有人能够推导出温度和辐射波长的关系式。

这正是普朗克所要解决的问题。在多次尝试后，他找到了一个公式能够准确地描述黑体辐射的强度与光的颜色之间的关系。但为了得到这个公式——让它能够起作用——普朗克不得不假设黑体辐射出的能量不是连续的（不像波那样）；能量以量子的形式存在。普朗克不相信公式背后的物理意义，因为他深信光是一种波。

他痛恨这个结果，因此一次次尝试用其他方式解释黑体辐射，但都失败了。只有认为能量是以确定大小的形式——即量子——出现时，他的公式才能解释黑体辐射。

如果你把摄氏温标的所有数字变化一下，0℃（水的凝固点）变为273，你就得到了热力学温标。在此温标下，水的沸点约为373K（100℃）。

黑体不是黑洞

不要把黑体和黑洞混淆起来。我们将在第42章讨论黑洞，它们如同天空中的窨井。至于黑体和黑体辐射，让我们回到19世纪，光谱学的先锋人物，德国物理学家古斯塔夫·基尔霍夫（Gustav Kirchoff），将黑体定义为能够吸收所有外来电磁辐射的物体，并且它的辐射谱只与温度有关。基尔霍夫意识到不存在完美的黑体。太阳是一颗表面温度接近6 000K的黄色恒星，它已经非常接近黑体了，它的辐射谱与黑体辐射相似。在实验室里，将封闭腔体的内壁涂成黑色，再开一个很小的孔，这样的腔体就可以作为黑体使用。

基尔霍夫认为他能够从数学上找到黑体辐射的规律，可惜失败了。他假设辐射流是连续的——这是他以及所有人失败的原因。普朗克公式清晰地显示出，辐射是以量子的形式发出的，虽然令人很震惊，但事实确实如此。请记住：一切黑体在任何温度下都会发出辐射，没有真正意义上的"黑"。黑体是电磁辐射完美的接收器和发射器，但它不能反射光。

喷发中的火山不能看作黑体，因为它没有完全吸收来自外界的辐射，但是你可以根据岩浆的颜色来估测温度。上图中，著名法国火山学家卡蒂娅·克拉夫特（Katia Krafft）脚下的红色熔岩温度比背景中的橘黄色熔岩要低。类似地，通过研究恒星光谱，我们能够确定恒星的表面温度。红色恒星（右图左上角）的温度相对较低（表面大约2 000～3 000K），蓝色恒星温度则超过12 000K。恒星的温度越高，寿命越短。

量子是一个描述性质的词

"什么是一个量子？"我问一位物理学家朋友。他顿了一下，"不能说'一个量子'，不要把它说得好像是一样东西似的。相反你应该把它看成是微观世界行为的一个形容词。你不会说'一个美丽'，只会说'一幅美丽的图画'。没有美丽们，同样也没有量子们。"

没有量子？这无疑令我困惑。这位一贯好脾气的物理学家，深深地吸了一口气。

首先，他向我阐明量子不是什么。

"量子不是一样东西。"

"那它是什么？"我问（仍然很迷惑）。他告诉我量子描述某种性质。"它起始于一个观点，当一个原子发生变化时，它将从一种能量状态变为另一种，以（分立的）能量包形式放出或吸收能量。"

"啊，这就是普朗克的发现，"我说，这样可使自己显得机智一些。朋友继续说："一些人将光子称为'光量子'，说实话，我不太喜欢这种叫法。光子的能量只能以量子化的形式存在。一旦光子被放出，它要么作为一个能量包被吸收，或者不被吸收。不可能出现半个光子被吸收的情况。"

好了，这就像是在说，我能把这间房间加热到 $60\,^\circ\mathrm{F}$ 或者 $70\,^\circ\mathrm{F}$，但不可能加热到中间的 $65\,^\circ\mathrm{F}$。这个规则太奇怪了，好在我不是一个电子，这不是我关注的重点。我们要做的是给出"量子"这个词的定义。

"电荷是量子化的。它以一定的数量存在，就是这样，"我的朋友继续说，"角动量也是量子化的。"

"所有的粒子都是按照它们量子化的角动量数值进行区分的。**在量子世界，是以性质来命名的。**"

（只是为了提醒自己，我在科学词典上查找了角动量这个词，它的意思是，对于做圆周运动的物体，它的角动量等于物体质量、运动半径和速度三者的乘积。）

我想进一步弄清这些，这位物理学家朋友帮了很大的忙。"不要把原子称为量子。"他接着说，"原子是实物，它们的性质是量子化的。那么，亚原子粒子呢？它们的性质也是量子化的。弄清楚这些语言，你自然就明白了。"

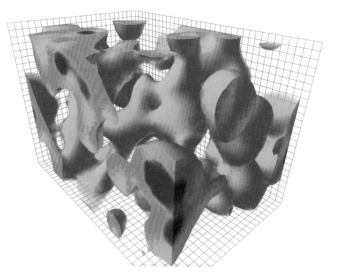

你正在看的是计算机模拟的量子色动力学（Quantum Chromodynamics，缩写 QCD）图像，Chromo 表示颜色，dynamics 涉及运动，色动力学解释了熔岩灯的原理。加上定语量子，这一理论讨论的就是古怪的原子和亚原子粒子。在左图所示的模拟中，盒子的大小仅仅能容纳几个质子。根据设计它的澳大利亚研究者描述，QCD"描述了夸克和胶子间的相互作用，它们组成了质子和中子"。

普朗克这样解释，黑体内部的谐振子（指原子或电子）以分立的数量吸收或发出能量。他认为不是光本身，而是这些谐振子的能量是量子化的。由于这些谐振子以不同的频率振动，导致黑体辐射出的光的能量是量子化的，最终形成了具有量子化能量的波。

谐振子的概念使普朗克能够接受他的实验结果。他不想走得更远，整个科学界也没有准备好。（最终他们会发现，谐振子的概念是多余的，光既是量子化的，也是波。）

普朗克公式还表明了其他一些令人很不安的事情，尤其是对谨小慎微的普朗克而言。和许多数学家一样，普朗克热爱音乐，他总是把光波比喻成小提琴弦的振动。但是想象一下，如果只能用小提琴演奏出全音（如 B 和 G），却不能演奏出中间的音调（如降 B 或升 G），那该怎么办。这就是普朗克要解决的问题。

为了使公式正确，普朗克揭示了一个常量。常量就是一个不变的数值。（宇宙中一些不变的量和数字反复出现，我们称之为常量。）普朗克常量——用 h 表示——将成为物理学的基础之一。这是一个非常非常小的数——等于一个电磁辐射量子的能量除以其辐射频率。**世界是由具有量子化能量的原子组成的。**一旦产生，电磁波量子只能被整个地吸收（无法继续拆分）。

h 有多大？$h=6.626\times10^{-34}$J·s，或者说 h=0.000 000 000 000 000 000 000 000 000 000 0 000 662 6J·s。重要的是，要注意 h 确实是一个很小很小的量。

根据他非常有用的公式，普朗克能够得出 h 的数值，并且得出了更精确的玻尔兹曼常量和阿伏伽德罗常数。普朗克极不情愿地花了很长时间才意识到，他的公式令一些经典观念失效了。

你可能觉得奇怪：既然普朗克这么谨慎，他为什么会把自己的大发现写在一张明信片上呢？稍有一点物理头脑的邮递员不都能看到吗？1900 年，只有极少数人还在关心物理学。许多科学家都认为物理学已经终结——所有重要的东西都已被发现。

小而强大

根据普朗克公式 $E=h\nu$，物理学家可以把一个电磁辐射量子单位的能量 E 与其经典的频率 ν 联系起来。把两者联系起来的普朗克常量 h，表征了可能存在的最小的能量值：光在某一频率 ν 下，这个能量值就是 $h\nu$，能量子 $h\nu$ 不能再分。

普朗克公式令人惊叹。它将事物的粒子本性和波动本性联系了起来！注意，h 是一个小得惊人的量，也正因如此，我们才不会在日常生活中感受到波粒二象性。

1900 年的时候，还没人理解这些。要再过数十年，普朗克和其他物理学家才真正理解这个公式的意义：能量以难以置信的小份形式存在。

普朗克还没有准备好接受他的计算结果。他渴望有人证明他是错的。他一点也不喜欢量子的概念，虽然他的方程确实解释了一些过去无法解释的现象，例如黑体辐射。

一个方程看起来好像没什么大不了，但事实并非如此。普朗克公式描述了光的本性，为此普朗克赢得了诺贝尔奖。这个公式还为量子力学以及近代物理奠定了基础。

在普朗克提出重大的量子思想时，年轻的西班牙画家巴勃罗·毕加索（Pablo Picasso, 1881—1973）来到巴黎。这两位都在各自的领域掀起革命，相比之下，毕加索热情更高。在立体主义运动高潮时期创作的《带小提琴的男人》（1911）中，他极具开创性地将现实对象解构为抽象点的多重面视图。

1900 年 10 月 7 日，普朗克在给他的朋友海因里希·鲁本斯（Heinrich Rubens）的明信片中描述了量子概念。普朗克知道，如果他是对的，这将是一个重大的发现，但是普朗克天性谨慎。

12 月 14 日，普朗克向柏林物理学会会员介绍了他的理论。当时在座的

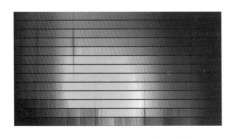

上图中，每一条代表了一种恒星的可见光谱（彩虹色），自上而下按照恒星的表面温度由高到低排列。最上面的恒星温度最高，肉眼看起来是蓝色的；最下面的恒星看起来则是红色的。

读懂一个重要公式

方程中光速用小写字母 c 表示。

普朗克常量用小写字母 h 表示，它等于光子的能量除以光的频率。

能量用大写字母 E 表示（电子的电荷量用小写字母 e 表示）。

频率的符号是 f 或 v。（有时候你也会看到频率用希腊字母 v 表示，读作

在这张伪色图中，一个新生的明亮星团（红色）出现在银河系致密的中心（白色）和附近恒星（蓝色）之间。星团被尘埃环绕，不过哈勃望远镜还是通过红外线观测到了它的存在，红外线的频率比可见光低一些（因此波长更长）。

nu 或者 "new"，但我发现这个符号很困惑人，看起来太像速度的符号 v 了。）频率表示物体每秒钟振动的次数。**波长较短的电磁波振动得比较快，也就是说它们的频率比较高。波长长，则频率低。**

如果你想计算出生成某种光所需的最小能量，那么你首先要确定光的颜色，也就是确定光的频率（比如，红光和蓝光的频率不同），然后用这个频率乘以普朗克常量。**核心公式是 $E=hv$。这是量子力学——20 世纪最重要的理论——的基础。**所以不要对这个公式的反复出现感到厌烦——$E=hv$ 应该被印入你的大脑。

物理学家有礼貌地安静听着，不时打打哈欠。（普朗克之前的一些理论当时已经被证明是错误的。）这些听众都没有意识到他们正在经历一个历史性的时刻。几年以后才有人真正理解普朗克理论的重大意义。这个人就是我们年轻的朋友爱因斯坦。

五篇论文

> 牛顿力学研究了物质——有质量的物体被释放后会下落，放好后将保持静止，如果掷向太空，它会一直翻滚下去……（爱因斯坦）看到的是，最具有革命性的秘密与光、热和能量有关——物理学家将所有这些非物质的谜题统称为辐射。

——埃德蒙·布莱尔·博尔斯（Edmund Blair Bolles），美国科学作家，《固执的爱因斯坦》

> 我有时候会问自己，怎么会是我建立了相对论呢。我想，理由是普通人不会停下来思考空间和时间的问题。这些问题是他们还是孩子时才会想到的。但我的智力发育比较迟缓，因此只有当长大后才开始思考空间和时间。所以，我能够比正常的孩子思考得更加深入。

——阿尔伯特·爱因斯坦，引自《纪念阿尔伯特·爱因斯坦》

1900 年，21岁的爱因斯坦已经被可见光的问题困扰了五年。可见光并不总是遵从已知的规律。他还没能想出，当他骑在一束光上前进时会发生什么。但根据汤姆孙发现的电子以及居里夫妇的放射性实验，他已经知道存在比原子更小的粒子。现在，普朗克关于黑体在辐射过程中能量以分立的量改变的观点又为爱因斯坦提供了新的思考线索。好问之心将使他的思考超越黑体辐射的概念。

快点忘记爱因斯坦那张最出名的老年照吧，在那张照片里，他穿着宽大的毛衣，顶着好似出自恐怖片的发型。在他硕果最丰的几年里，他大大的棕色眼睛和一头黑色卷发令他极具魅力。他似乎很在意自己的外表，女性都为之倾倒。

光是否真的以量子的形式存在？如果是，是否存在实际的光的粒子？所有人都认为光是连续的波动，但是，为什么光不能既是波又是粒子呢？对经典物理而言，这简直是无稽之谈。受人尊敬的科学家都认为某个事物不可能同时是这两种东西。但爱因斯坦始终认为这是有可能的。他具有超常的想象力，能够在脑海中刻画出光量子。他对普朗克的观点进行了认真的思考。

1900 年，也就是普朗克发表论文的这一年，爱因斯坦刚好从苏黎世联邦理工学院毕业——但他的大学记录不太好。他激怒了好几位老师，没有拿到博士学位，所以没有办法从教。他住在一间小房间里，时常挨饿。即便如此，他还要结婚。

爱因斯坦致信给一些他欣赏的科学家，希望能得到一份工作，但都没有回音。因此，他在瑞士伯尔尼的报纸上刊登了一则广告，为学生做物理家教，为了增加吸引力还承诺提供免费试教。后来来了两个学生，每人每学期支付 2 个瑞士法郎（几乎算是免费），但他从这份工作里得到的，远比想象的要多。他们称自己为"奥林匹亚科学院"（以此嘲笑古板的学术圈），他们三个人平等相处，共同学习，并不像是老师和学生的关系。他们阅读

当爱因斯坦在 1902 年 2 月 5 日的伯尔尼报纸上刊登这则广告时，他离 23 岁还差一个月，是一个女婴的未婚父亲，无业。在这则广告里，他提供数学和物理私人家教服务，"可以免费试教"。四个月后，爱因斯坦在专利局找到了一份工作。

一位哲学专业学生莫里斯·索洛文（Maurice Solovine）（中）回应了爱因斯坦的广告（上图）。很快，康拉德·哈比希特（Conrad Habicht）（左）也加入进来，他后来成为一名数学家。他们三人成立了以爱因斯坦（右）为首的团体，取了个具有讽刺意义的名字"奥林匹亚科学院"。

同样是一名物理学家和数学家的妻子米列娃，在爱因斯坦的工作中究竟起到过怎样的作用？史学家为此争论不休——有时还相当激烈。我们知道这对夫妻曾一起工作，爱因斯坦将米列娃称为"合作者"。

哲学、科学和文学作品——共享严肃思考带来的兴奋。爱因斯坦的一些邻居确信他们是因为喝酒才如此欢乐，但这三个人喝的只是冰咖啡而已。"我们很简朴，"三人中的一个后来说，"但我们的快乐却无穷无尽。"爱因斯坦把挥之不去的思考告诉了他们：如果骑着一束光，会发生什么。

最后，在 1902 年 6 月，爱因斯坦找到了工作，在伯尔尼的一家专利局做三级技术专家。七个月后，他与米列娃·玛丽克成婚，不久，他们便有了一个儿子。（结婚前还有一个女儿，但被遗弃了，她的命运始终成谜。）很快，他们的第二个儿子也将要出生了。

专利局对于 23 岁的思考者而言是个不错的地方。据爱因斯坦说："我的上司是一个严格但公正的人，比我的父亲还要严厉——他教会我如何正确地表达自己。"爱因斯坦每天审查着发明专利的申请书。根据法律，每份申请都需要附带一个发明的模型，他的工作就是快速地判断一项发明是否有价值，是否应该授予专利。因此，爱因斯坦必须以尽可能少的语言描述发明，并给出决定的理由。这是一项很好的思维训练，尤其他的上司只接受精确、认真的报告。

爱因斯坦不仅仅是一个思考者，还喜欢修补和制作东西。在柏林担任教授时，他听说有一户人家因为冰箱故障冒烟而死亡，就和一位朋友、匈牙利的物理学家利奥·齐拉特（Leo Szilard）发明了一款冰箱（右图），这款冰箱没有可移动的部件——不会产生有毒气体。（但是由于内部有噪声很大的磁泵，他们的设计从未成为商品。）记住齐拉特这个名字，他在等待红绿灯的时候，萌生了一个很有用的想法。（我们很快就会看到。）

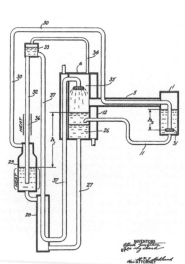

爱因斯坦很享受这份工作，并且做得很好。他喜欢发明家和发明，后来他回忆起在专利局的日子，认为这是他一生最快乐的时光。这段时光也确实是最具有创造力的。

尽管爱因斯坦有了妻子、孩子、全职工作和有活力的朋友们——他仍然有大把的时间思考周围的世界，这也是他真正想做的事。他思考骑在光上旅行，思考原子，以及 α、β 和 γ 射线。他还思考"失败的"迈克耳孙－莫雷实验（如果你已经忘记了这个实验，可以复习一下第四章），这是学术圈热议的话题。当然，他还思考麦克斯韦方程组，他可是麦克斯韦的粉丝。此外，普朗克为他的思考提供了能量包的概念以及一个用于计算的数学常量。不过，仅仅思考对爱因斯坦而言是不够的，他还需要说出他的观点。幸运的是，他拥有米列娃、奥林匹亚科学院和专利局的一位好朋友作为听众。

1905 年，这位默默无闻的专利局员工发表了五篇科学论文。四篇发表在同一本物理学杂志上（Annalen der Physik）——其中三篇在同一期上。（该杂志第 17 卷 9 月刊的原本，现在非常稀有而珍贵。）

想象一下，如果你身在 1905 年，也对物理很感兴趣，你会关注一个还没有取得博士学位的年轻人的文章吗？几乎没有人注意到这些文章。只有两个人发表了评论，这两位都是杰出的教授，一位是普朗克，另一位是赫尔曼·闵可夫斯基（Hermann Minkowski），就是那位曾骂爱因斯坦是懒鬼的老师。闵可夫斯基立刻意识到这些论文出自一位天才之手。

爱因斯坦在苏黎世联邦理工学院的教授是赫尔曼·闵可夫斯基，他是最早理解狭义相对论的人之一。"从此刻开始，"闵可夫斯基说，"独立的时间和空间已经消失不见，只有两者的结合才是唯一的真实。"之后，他像所有优秀的教授一样，帮爱因斯坦做了一些数学上的修改，把代数转化为几何，令其可视化程度更高。

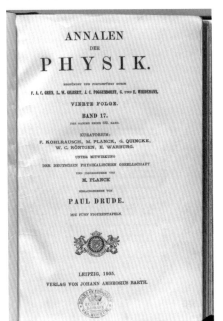

经典科学有一个奇迹年，即 1666 年，这是牛顿最丰产的一年。现代科学同样有一个奇迹年，即 1905 年，这一年爱因斯坦发表了他的 5 篇论文。

· 第一篇文章解释了神秘的"光电效应

在密苏里州堪萨斯城的琳达·霍尔科学图书馆，收藏着珍贵的 1905 年的第 17 卷 Annalen der Physik 原本（左图），里面包含了爱因斯坦的五篇划时代论文。

现象"。这一现象令科学家们十分困惑。当光射到一块非常干净的金属表面时，会有电子从金属中逸出。为什么会这样呢？人们希望用波动理论来解释。波的变化电场能够使金属中的电子松动。但是实验与理论不相符，波的振幅应决定松动的程度（以及释放的电子数目）：振幅越大，松动得越厉害，就会有越多的电子从金属中逸出。令人惊讶的是，实验表明，当波的频率低于某一特定数值（称为极限频率）时，无论波的振幅多大，

都没有电子逸出；大于或等于这个特定频率值时，任何振幅的光入射，都会有电子逸出，即使振幅非常小。这实在太奇怪了，当时没人知道发生了什么。爱因斯坦为了解释这一现象，将普朗克的能量公式（$E=hv$，h 是普朗克常量，v 是频率）用于光：当 hv 达到电子从金属中逸出所需要的能量 E 时，电子才会飞出。光量子不仅仅是数学公式的需要，它们确实存在。几乎没有人同意他的观点。（需要一段比较长的时间，物理学家才会改变他们的看法。详见后文。）

事实上，是五篇

在给康拉德·哈比希特（奥林匹亚科学院的成员）的信中，爱因斯坦写道："我许诺你四篇文章……第一篇很快会给你送去……这篇文章是关于辐射和光的能量特性的，非常具有革命性。"

爱因斯坦是对的：他所建立的光具有量子二象性（既是粒子又是波）的概念，是他所有观点中最难被科学家接受的。这意味着，光不必像麦克斯韦所说的那样在介质中传播。一位专利审查员质疑了伟大的麦克斯韦。这是出于爱因斯坦的无礼与狂妄，还是出于他的勇气和惊人的洞察力呢？

• 有两篇文章是关于原子的。爱因斯坦告诉康拉德·哈比希特，奥林匹亚科学院的同伴之一，"第二篇文章讨论了确定原子直径的方法……第三篇根据热的分子动理论，证明了直径约为 0.001mm 的物体悬浮于液体中时，会表现出明显的随机运动。"（这是从爱因斯坦的德语原话翻译而来。请确定你真的理解他所说的"物体……约为 0.001mm……表现出明显的随机运动"，他是在谈论悬浮于液体中的颗粒。他知道原子比这些颗粒要小得多得多，但是悬浮颗粒的运动表明它们受到了更小的粒子的撞击。）

分子动理论认为分子在四处运动，热是分子运动的动能。在此之前，许多科学家认为热是一种物质。"热"的专业术语是内能。

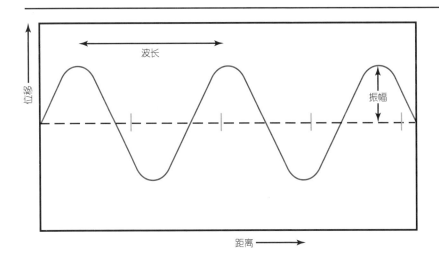

位移

波长

振幅

距离

在波动中,振幅是波峰或波谷到平衡位置的距离。波长是相邻波峰间的距离。频率越高,波峰与波峰之间的距离就越小。

"看见"原子的技术还没有出现,爱因斯坦就已经找到了一种显示水分子运动规律的统计方法。只是他尚未意识到,他的工作使得统计学此后成为现代科学中的重要组成部分。(后期,他反而不太喜欢统计方法。)通过比较从爱因斯坦的数学公式中得出的预测与实验的结果,科学家证实了他的结论。自此,**原子和分子的存在是确定无疑的了。**

•"**第四项工作……改写了空间和时间的理论,**"爱因斯坦在给哈比希特的信中写道。改写了空间和时间!这可不是一件小事,这就是后来所说的**狭义相对论**。这个庞大的想法源于爱因斯坦试图骑在光束上的设想。

狭义相对论非常丰富,但是核心很简单。**相对论认为,物理定律在宇宙中任何一处都是完全相同的——在地球上、其他行星上或是失去动力的火箭上。(物理学家将这些地方称作是惯性参考系或非加速参考系。)**在这些参考系中,狭义相对论描述了物体的匀速运动或加速运动。

有一个量在整个宇宙中保持不变:(真空中的)光速。在每一个惯性系中,测得的(真空中的)光速都是相同的。(真空中的)光速是一个基本常量。无论你是在上升的火箭中还是端坐在地球上的椅子里,测出的光速都是同一个结果。这就导致了一个惊人的结果:如果光速对每个人都是一样的，其他的一些东西就必须是不同的，比如时间。对不同地方的人来说，时间是不同的。

因为束缚于地球上的低速运动之中，我们从未注意到时间的不同。但是在高速运动的火箭中的人和地球上几乎不动的人，他们时钟的走时节奏会不同。（这种差别非常小，但是可以测量。）当你高速运动时，记录你年纪的生物钟将比你留在地球上的兄弟走得更慢。

时间和空间是联系在一起的，而不是独立的。并且，两者都不是确定的、绝对的——和墙上的钟所呈现的不同。只有光速才是不变的。

这些观点以麦克斯韦的理论为基础，但意味着牛顿是错的，他将物理规律建立在"绝对时间"上——对每个人都相同的时间。（这个专利审查员是谁？胆敢质疑伟大的牛顿？）

• 最后一篇文章在 11 月发表，是第四篇的拓展。这篇文章提到"光携带着质量""物体的质量是它具有的能量的量度。"这意味着质量和能量是等价的，在某些情况下可以互相转化。能量和质量是同一个事物的两面？这可能吗？爱因斯坦很快将用他著名的方程重新阐述这个观点。（如果你不知道这个方程，请稍微等一下。）

这位很有想法的专利审查员正向在他之前的大多数科学思考挑战。他提供了一个全新的视角。

对每个人都一样

再重复一次，因为这很重要：常量是自然界存在的一些数字，每个人对这些常量的测量结果都是相同的。就像上帝传于摩西的十诫一般，从不改变。

一些常量属于次要角色，只在特定场合重要。但有三个常量似乎构成了宇宙的基础——现在你已经全部知道了。第一个是牛顿的万有引力常量 G；第二个是普朗克常量 h，是量子力学的基础；第三个就是真空中的光速 c。近代科学就是在这三个数字的基础上建立起来的。

在爱因斯坦的奇迹年之前，科学学习是基于地球的。时间是绝对的，每个时钟都显示出时间以相同的速度流逝。物质是明确的、不可毁灭的。只要我们以地球上的各种速度运动时，这些都能说得通。但是，爱因斯坦关于骑在光束上的设想，令他思考接近光速运动的事物，他的思绪很快就脱离了地球。当他假设物理对于宇宙各处的观察者都是相同的，他开启了一种新的思考方式，以宇宙公民的视角开始思考。

这犹如哥白尼认为地球绕日运行一样具有革命性。奇迹年的 100 年后，物理学家艾伦·莱特曼（Alan Lightman）在比较爱因斯坦和牛顿时写道："这些观点已经超越了科学理论，它们是哲学，是交响乐的主题，是存在于世的不同方式。"

但是在 1905 年，这个理论实在太出人意料，而且与直觉相去甚远。大多数人看完之后只是耸耸肩，把狭义相对论留给专家去思考。他们都错过了一次机会。在接下来的章节里，我打算向你展示，你有能力理解狭义相对论以及爱因斯坦的其他观点。当然，你必须做一些思考，有时还不得不抛弃你的常识，就像我的朋友爱因斯坦一样，把自己当作宇宙公民来思考。这是值得你花工夫的冒险活动。

1905 年，爱因斯坦用五篇论文处理和解决了宇宙中一些最深奥的秘密。接下来会发生什么？爱因斯坦回到专利办公室继续工作。他申请成为大学讲师，但被拒绝了。

这是爱因斯坦写给朋友哈比希特的信件摘录：

> 由电动力学的那篇论文我还想到了另一个结论。相对论的规律……要求质量是物体所含能量的直接量度……这个论点很有趣，也很有魅力，但就我所知，上帝可能会嘲笑我，并且要牵着我的鼻子走。

1900 年，爱因斯坦开始撰写博士论文。他的第一篇论文被苏黎世大学拒绝了，此后两篇（关于相对论的）论文都是同样的命运。之后，他又提交了一篇关于液体分子和原子大小的论文。他的教授认为文章太短。于是爱因斯坦又加了一句话。最终在 1905 年，论文通过，他成为爱因斯坦博士。

看见光（光子）

> 我还是学生的时候，最激动人心的主题就是麦克斯韦的理论。这个理论最具革命性的就是将超距作用（如牛顿的引力概念）转变为场，并将场视为基本变量。将光学纳入电磁场理论……如同天启。
>
> ——阿尔伯特·爱因斯坦，《爱因斯坦自传》

回顾这个（20）世纪的历史，我们会发现那些政治事件——尽管造成了巨大的生命和财产损失——但并不是最具影响力的事件。最主要的是人类第一次与看不见的量子世界接触，以及随之而来的生物学和计算机革命。

——海因茨·R.帕格尔斯（Heinz R. Pagels），美国物理学家，《宇宙的密码：作为自然语言的量子力学》

1909年，爱因斯坦在萨尔茨堡参加了人生中第一次重要的物理学会议，并发表演讲。参加这次会议的有许多著名人物，包括普朗克……爱因斯坦的讲话是历史上第一次清楚地阐述了这样一个概念……光具有双重属性，既是一种波，如麦克斯韦在19世纪所提的，也是一种粒子，如同牛顿所说的。

——加来道雄，美国物理学家和广播节目主持人，《爱因斯坦的宇宙》

爱因斯坦着迷于光长达十年，他不能停止关于光的思考。光是什么？它如何传播？这些思考最终形成了1905年的那些论文。

古代希腊思想家曾注意到，光从一个光滑的表面反弹时，类似于球从墙面反弹。于是他们断定，光必然是由微小的、看不见的粒子组成的——他们称之为光粒子。17世纪，牛顿同意希腊人的观点，认为光是一束像子弹一样的粒子。

与牛顿同时代的荷兰数学家克里斯蒂安·惠更斯（Christiaan Huygens）持不同的看法，他认为光是一种波。很快，科学家之间爆发了激烈的争论。是波，还是粒子？每个人都认为只能择其一，那么是哪一个呢？

在《光之创生》中，古斯塔夫·多雷（Gustave Doré，1832—1883）提出了这样的科学问题：光是什么？它是为何以及如何从太阳传到地球的？

英国物理学家托马斯·杨在 19 世纪初做的优雅实验似乎给出了定论（参见 88 页"择其一路"）。许多人重复了杨的实验，结果总是相同的。由此得出结论：光是一种波。

于是，光是粒子的观点被抛弃了。"我们现在知道光是一种波。"实验者宣称。

但是，事情有些复杂了。太阳光是如何到达地球的？粒子可以在虚无（真空）中运动，但是光波难道不应该在某种介质中传播吗？是该如此，19 世纪所有重要的思想家都认同这个观点。这也是希腊人称为"以太"的、看不见的物质被重新提起的原因。在爱因斯坦还是学生的时候（19 世纪后期），寻找以太是重要的科学探索。这也是迈克耳孙和莫雷的实验初衷（第四章的测量专家）——确定以太。

他们不是唯一进行尝试的。英国的科学巨星威廉·汤姆森（William Thomson）（后来的开尔文男爵）花费数年尝试捕获以太。"我们能够确定的是，"汤姆森在 1884 年告诉一位费城的听众，"传播光波的以太是确实存在的。"

择其一路

托马斯·杨的光的双缝实验是科学史上的一个转折点。他让单一频率（颜色）的光通过双缝，分开的两束光产生了互相重叠的波的图样，如同在池塘中投掷两块石子产生的涟漪一般（见下图）。

实验证明了他的结论：光是一种波。杨并不知道，光不仅仅是一种波，它还具有粒子的本性。

量子科学家做了另一个双缝实验来证明波粒二象性。他们不断重复实验，因为结果实在令人难以置信。

将电子射向刻有单缝（或圆孔）的障碍物，观察它们到达与障碍物平行的光屏的情况。你会发现电子随机地落在缝或孔后的一小块区域中，就像雨滴一样。一段时间后，这块区域被均匀覆盖。改变缝的宽度，电子仍将在缝后的区域中不间断地散开。

现在，如果你让电子通过刻有双缝的障碍物，情况将完全不同。与单缝实验相比，光屏上的图样将发生巨大的变化。电子撞击光屏形成了明暗相间的干涉图样——就像波一样。仿佛每个电子如同波一般同时穿过了两个狭缝。

电子怎么"知道"在单缝情况下应该怎么做，在双缝情况下又应该怎么做呢？科学家并不知道其中的原因，只知道现象如此。

他们进一步设计实验，一次只让一个电子通过狭缝，结果仍然相同。当通过单缝时，电子表现得如同一颗子弹；通过双缝时，则表现得像波。当实验者在电子运动的过程中改变狭缝数量时，电子的表现也立刻发生改变。

在到达光屏前，电子（和其他基本粒子）似乎尽可能地不做抉择，一直保持波粒二象性。难以想象？的确如此，但这就是事实。

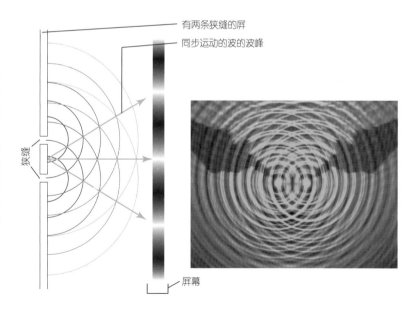

托马斯·杨是干涉图样研究的先锋，当两个或更多个波相遇时，要么彼此加强（同步运动），要么彼此削弱，这时就会出现干涉现象。类似地，当两个水波相遇时，波峰与波峰叠加会形成更高的波峰，波峰与波谷叠加则会互相抵消。

狭缝

有两条狭缝的屏

同步运动的波的波峰

屏幕

爱因斯坦 16 岁时也加入了这场探索，他写了一篇关于以太的文章。在大学时，他曾进行实验试图找到以太，可惜他并不擅长实验，结果以失败告终。（爱因斯坦理解实验证据的重要性，但他并不擅长于此。）

迈克耳孙和莫雷是非凡的实验者（参见第四章），或许是（当时）世界上最出色的实验者。然而，无论他们如何改变测量装置，始终无法找到以太存在的任何效应——（几乎）每个人都认为应该存在的效应。这说不通，难道所有的科学家都错了？爱因斯坦始终保持着开放的态度。

他知道，如果麦克斯韦是正确的，那么**宇宙中有一个量——真空中的光速——对所有的观察者必然是相同的，无论他们如何运动。这就意味着，你可以用真空中的光速作为量度来比较所有其他的事物。**几乎没有人发现这条信息的重要性，但爱因斯坦做到了。

之后，他做了一些天才（和其他聪明人）才会做的事情：他将两样看似毫无联系的事物联系了起来。如同牛顿将天空中的月球轨道和母亲家中树上苹果的下落联系在一起，建立了万有引力定律。

爱因斯坦将麦克斯韦方程组中真空中的光速 c 和处理能量子的普朗克常量 h 联系了起来。（这很重要，记下来。你能发现这种联系吗？一开始，除了爱因斯坦，谁都不能。）

爱因斯坦明白了：**光必定是具有特殊性质（量子）的粒子，（在真空中）总是以相同的速度传播。**发现这一点时，爱因斯坦的感受，应该和奔跑在锡拉库扎街道上，高喊着"我发现了（Eureka）！"的阿基米德（Archimedes）很相似。他现在意识到普朗克的量子并不仅仅是数学工具。普朗克将辐射源量子

由于宇宙中绝大多数都是真空，所以任何新目标的发现都特别激动人心。这些橘色的管状结构在 1983 年首次被观测到，它们是从猎户星云射出的神秘气体"子弹"。它们每一个都和我们的太阳系差不多大，末端闪耀着蓝色，这些蓝色是气态铁。是什么引发了这些喷射？没人知道。

光子：发现与命名

爱因斯坦将"光子（photons）"（他称之为光量子"light quanta"）视为"能量的原子"。如今，它们是电磁辐射（可见光、X 射线、微波等）的基本单位。

1926 年，美国化学家吉尔伯特·路易斯（Gilbert Lewis，1875—1946）将光量子重新命名为"光子"。灯泡每秒钟放出大约 10^{20} 个光子（也就是 10 000 亿亿）。光子的速度极快，一个光子大约只需十亿分之一秒就会击中某样东西或是飞出窗外。光子的寿命很短，它们产生后很快消失。光子没有质量（但有动量）。你不能用光子组成分子。它们的数量在自然界中似乎不守恒，但却真实存在。它们能对实验作出反应。

此外，光子和电子不可再分。它们都是量子化的粒子，你没有办法得到半个光子或是四分之一个电子。

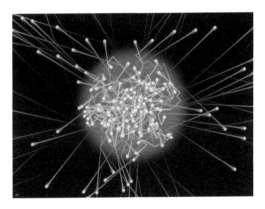

对于电子，需要同时考虑质量和能量，但对于光子则只需要考虑能量。光子是运动的粒子，一旦被吸收，它们就失去能量，消失了。法国的巴黎综合理工大学创造了这张发光的图示（上图）。这是系列作品"太阳发出的光子的无规则行走"中的最后一幅。

化，爱因斯坦说，这意味着辐射（光）本身也应该被量化为没有质量的能量包。

因而，光是粒子，光也是波。光既是波又是粒子，但两者不会同时都表现出来。杨的实验只说了故事的一部分。

光波在什么介质中传播？什么介质也不需要。它在真空中以自身激发的场的方式传播。一个变化的磁场产生变化的电场，这个变化的电场又产生一个磁场，如此循环。能量由此交替向前传播，从而形成了光波。

存在没有质量的粒子吗？是的，确实存在。

当你观察一束光，你看到的是纯粹的、没有质量的能量。

当光在空间中传播时，它具有波的性质；当它与物质发生相互作用时，它的行为像粒子。光能在真空中传播，以太的存在是多余的——爱因斯坦就此解决了以太问题。

这实在太令人咋舌，一开始大多数人都无法相信。**以太不存在！空间是真空的！光既是波，又是粒子！**

爱因斯坦超越了普朗克。普朗克并不相信在数学之外那些粒子或量子是真实存在的。爱因斯坦的天才体现在，他认为它们存在。他非常确信，光量子是真实的。

当爱因斯坦发表关于光的粒子本性的论文时，大多数科学家认为他走得太远了。他意识到了他们的怀疑。1905 年关于光量子的文章是唯一被他本人描述为"革命性的"一篇。普朗克在给普鲁士科学院的推荐信中写道，"（爱因斯坦）的思考有时会偏离目标，比如他的光量子假设，不过没有必要因此对他产生偏见。"

回过头来，用两种方式思考

栖息于十二月与一月之间，罗马的两面神雅努斯（Janus）同时望向两个方向：过去与未来。光更加奇特，它具有两种性质：它既是波，又是粒子（虽然不同时是两者）。事实上，一切事物都是如此！电子也具有波的性质。从根本上说，高尔夫球也是如此，但是物体的质量越大，它的波动性就越难被察觉。

光则不同。现代技术使得光的波粒二象性很容易被发现，这种双面的本性使其行为难以预测。你做一组实验，其中光将在某种情况下表现为粒子。你也可以做另一组实验，光将始终表现为波。

和雅努斯一样，光也有两重性。

爱因斯坦的第一任妻子米列娃·玛丽克师从菲利普·莱纳德，可以确定的是，是她让爱因斯坦注意到了光电效应问题。至于莱纳德，在 20 世纪 30 年代，他变为狂热的纳粹分子，成为爱因斯坦和所有犹太科学家的敌人。

但爱因斯坦是正确的。光量子（光子）的确存在。它既是粒子又是波，这是他在解释光电效应的论文中提出的观点。

光电效应现象一直困扰着科学家。英国的 J.J. 汤姆孙和德国的菲利普·莱纳德（Philipp Lenard）发现，当特定频率的光照射到金属上，会有电子逸出。这就是光电效应现象。

爱因斯坦为量子化辩护

普朗克常量的符号是 h，电磁波频率的符号是 f。普朗克将两者相乘——得到了 hf——结果令他震惊。当你用 f 乘以 h，你就得到了一些由分立的单一粒子组成的连续事物，像波一样。太奇特了！［这是从普朗克的德语原话翻译过来的："（能量）是一个分立的量，是一个有限相等的数值的整数倍。"］

爱因斯坦接受了这个抽象的观点并且认为它们真实存在，然而即便是他也对这个结果感到惊讶。物质——比如岩石——是一块一块存在的；非物质——比如能量——看起来是连续流动的。但如果你用 f 乘以 h，你就得到了一些小的能量包 hf，这些能量包像具有特定频率的波一样流动着。

物质和能量之间有关联吗？爱因斯坦在解释光电效应之谜的论文中提出了这个观点。

他用 hf 来表示光量子的能量。他认为这些量子化的粒子是真实存在的事物。几乎没有科学家同意这个观点。直到 20 年后他们仍在反对。

阿尔伯特·爱因斯坦警告说："所以技术工作者最关注的，永远应该是人类的命运……这一条应始终存在于你的图示和方程中。"

许多科学家会用 hf 来分析光、求解方程，但并不认为光子真实存在。其中也包括年轻的丹麦物理学家尼尔斯·玻尔（Niels Bohr, 1885—1962）。爱因斯坦和玻尔针对 hf 展开了旷日持久的辩论。如爱因斯坦所想那般，它代表了一种实物——具有波的频率的粒子？抑或如玻尔所想，光是一种波，而 hf 只是一个有用的数学工具？你认为谁将赢得这场论战呢？（详见下文。）

但在光电效应实验中还存在一些当时无法解释的现象。比如，有些光能够让电子从金属中逸出，有些则不能。这是光电效应现象最令人困惑的地方。当爱因斯坦意识到光是粒子（光子）以后，他就明白了其中的原理。

他指出，低频辐射（如红外线）由能量较低的光子组成，这些低能光子不能将电子从金属中释放出来。当这些光子入射到金属后，被吸收转化为热（你能感觉到金属表面在发热）。随着光的频率升高，光子的能量也随之增大。高能光子（如紫外线）很容易将金属中的电子释放出来（一个光子可以释放一个电子）。光子的能量越高，释放出来的电子的能量也越高。这样神秘的光电效应就得到了解释。

爱因斯坦把这些想法变成了方程式，这些方程令他的同行赞叹不已。至于光的粒子（光子）真实存在的观点，科学界的大多数人将其视为胡言乱语。很长一段时间里，在这个观点上，爱因斯坦是孤独的。

罗伯特·密立根对爱因斯坦的理论感到非常恼火，决定做实验来证明他是错的。密立根是一位出色的美国实验家，他花费了十年时间尝试证明光子观念是荒谬的。但恰恰是他的实验，证明爱因斯坦是正确的。"爱因斯坦的方程似乎为我们准确预测了所有观察到的现象，"1916 年他这样写道。即使如此，密立根仍然拒绝接受这个观点："虽然爱因斯坦的方程取得了完全的胜利，但由此构造出的物理理论……实在站不住脚，我相信，连爱因斯坦本人很快也会放弃它。"

事后再看

1949 年（记住这个年份），罗伯特·密立根写道："我用十年时间检验爱因斯坦 1905 年提出的方程，结果却始终和我的预期相悖。1915 年，我不得不提出证明这个理论的证据，尽管理论本身看似毫无道理。"

爱因斯坦由于解释光电效应的工作而获得了诺贝尔奖（1921 年），而不是因为相对论。密立根也获得了诺贝尔奖（1923 年），为了表彰他完成了证明光子存在的实验。但还需要一些人再次给出证明，使密立根和其他人真正相信实验的结果：光子是光的粒子，同时以波的形式存在。

来自印度的信

玻色先后与爱因斯坦、居里夫人和德布罗意合作，后来成为享誉极高的物理学家和数学家。

印度物理学家萨蒂延德拉·纳特·玻色（Satyendra Nath Bose）证明，如果将光视为粒子而不考虑波的属性，那么普朗克方程仍是有效的。他还意识到，在数学上，你用波或粒子任何一种方法都是正确的——就如同在"真实"的量子世界里一样。

玻色 1894 年出生在加尔各答，是家里七个孩子中的老大，也是唯一的男孩。就读于加尔各答的印度教高级中学时，他创造了数学成绩的新纪录。之后进入院长学院学习，许多有名的科学家都是从这所学校毕业的。

1924 年，玻色在达卡大学任教期间，用英语完成了一篇关于普朗克定律的文章。他将文章寄给爱因斯坦。爱因斯坦那时会收到许多准学者的论文。他尽力阅读全部的文章，即使大多数都只是在浪费时间。但爱因斯坦发现玻色是一位真正的研究者。他被玻色的文章深深吸引，亲自将其翻译成德语，并在德国发表（当时的世界科学中心）。这篇文章论述了科学的统计学方法，这就是今天所知的玻色－爱因斯坦统计。

玻色来到德国，见到了爱因斯坦和其他重要的科学家。后来，他自己也成为杰出的物理学家和数学家。为了纪念他，亚原子粒子的一族被称为玻色子。1926 年，玻色返回印度，成为达卡大学物理系系主任（达卡大学现属于孟加拉国）。

密立根这次又错了。爱因斯坦从未放弃过光量子。在写给一位朋友米歇尔·贝索（Michele Besso）的信中，他写道："光量子的存在是确定的。"

密立根只是无法接受他的实验结果。他说："实验超越了理论……实验发现的关系看起来有趣至极，也重要至极，但是这种关系背后的原因仍然不清楚。"

罗伯特·密立根证实了光子确实存在——但他却不愿相信。几乎所有人都不相信。直到 20 世纪 20 年代，许多物理学家承认，爱因斯坦提供的光量子概念，能够在数学方程中起作用，也使基于光电效应的技术成为现实（比如今天的自动门）。然而，就光既是粒子又是波这个事实，大多数科学家仍未被说服。

爱因斯坦却从未自我怀疑过。他写道："早前我已经尝试说明，我们应该放弃目前辐射理论的基础。"他希望找到一个"融合了波和粒子的理论"。他说："波结构和量子结构……不是……不相容的。"

不管他写了什么，波粒二象性的概念看起来太古怪了。（一个年轻的异见者提出了一个观点，这个观点几乎被所有的杰出教授拒绝，你会选择相信他吗？）在爱因斯坦提出理论的 15 年后，大多数科学家仍难以接受光有两重本性。

你每次在超市结账时，都用到了光电效应。一束高频光越过传送带照射到对面的金属盘上，电子从金属盘上逸出。逸出的电子产生电流使传送带运动。如果有东西挡住了光束——可能是一盒麦片——传送带就会停止。这就说明了光既是粒子又是波（但不同时是两者），爱因斯坦是正确的。

为什么小即是大？

众所周知，大的事物由小的事物组成。大多数人会想到原子的重要性。但很少有人真正理解发现光子和其他微观粒子的重要性。让我来告诉你：如果没有量子理论，你就不会有电视机——是不是很重要？这还只是冰山一角。

量子理论（关于亚原子粒子的理论）是现代科学——也可能是有史以来——**最重要的思想之一**。理解这些具有波粒二象性的粒子，处理它们，利用它们，人类由此改变了居住的世界。还会有更多的改变出现，很多很多，但现在我们还是要回到 1905 年，了解爱因斯坦的另一篇文章。一些人仍然不相信原子的存在，爱因斯坦证明了，他们是错的。

蓝天的微笑

约翰·威廉·斯特拉特（瑞利勋爵）童年时身体非常羸弱，大家都认为他可能活不了多久。但是他最终成为一位著名的物理学家。（J.J. 汤姆孙是他的学生之一。）月球上的一座环形山就是以他的名字命名的。

你是否想过，为什么天空是蓝的？爱因斯坦也想过这个问题。1910 年 10 月，他在一篇论文中用统计物理给出了答案。他在研究瑞利勋爵工作成果的基础上发展了此理论。英国的瑞利勋爵是一位英俊、富有的男爵，原名约翰·威廉·斯特拉特（John William Strutt, 1842—1919）。他在埃塞克斯的家中建造了一个科学实验室，但他酷爱旅行。他在尼罗河的游艇上完成了关于声的杰作。之后，他同意前往剑桥大学接替麦克斯韦的工作。（但只做了五年，在此期间物理系学生从 6 人升至 70 人。）瑞利因对气体密度，特别是氩气的研究荣获诺贝尔奖。

但是，大多数人会把瑞利勋爵和蓝天联系起来。1871 年，他解释了为什么我们仰望天空时，看到的是蓝色。

彩虹（左图）是一种可见光光谱，光按照频率高低排列。在英文中，你可以根据 Roy G. Biv 这个人名来记忆：红（red）、橙（orange）、黄（yellow）、绿（green）、蓝（blue）、靛（indigo）、紫（violet）。不过有些科学家坚持认为靛蓝（一种深蓝色）并不是独立的颜色，所以光谱应该跳过它，直接从蓝色到紫色。

来自太阳的可见光包含了彩虹中的各种颜色：红、橙、黄、绿、蓝、靛、紫。当这些颜色的光互相组合时，我们看到的是白色。在太空中，没有大气层的地方，宇航员（透过保护眼睛的黑色滤片）看到的太阳是一个白色球体。

但太阳光到达地球前需要穿过大气层，光在大气层中与物体发生碰撞：主要是氮分子和氧分子。这些分子的电子如同悬挂在弹簧上的小物体，在光波中四处弹跳。当光波扫过直径小于光波长的分子，分子中的电子开始振荡，如同电荷在天线上激发电火花一般，由此激发出电磁波－粒子辐射。在某一个方向上吸收光，然后向各个方向辐射光的过程被称为散射。上述特殊的散射就是"瑞利散射"，这是光和物质的相互作用。

如你所知，光波并不是完全相同的。在光谱上可见光的部分中，每种颜色光的波长不同。蓝光的波长比红光短，意味着蓝光频率更高。频率越高，分子振动就越剧烈，光的散射越明显。短波长的光（蓝光）持续地与分子相互作用，发生散射。在白天，散射的蓝光主导了我们头顶的风景。黄昏时分，光需要穿过更厚的大气层，蓝光被烟、尘和其他污染物散射掉——我们看到的就是红色的晚霞。

当然，如果没有黑暗的背景，也很难看到散射的蓝光。黑暗的太空为我们提供了这样的背景。

瑞利勋爵给出了这个解释，而我们的朋友阿尔伯特在此基础上，定量地证实了这一解释。

分子运动

19世纪的科学家给出了布朗运动的解释……是悬浮颗粒受到分子撞击后的结果。但是给出理论计算则是完全不同的一件事情，而这正是爱因斯坦所做的工作。他对大量分子碰撞悬浮颗粒的统计性质进行计算，并且利用计算预测了曲折行进的布朗运动的准确性质。一个好的科学理论必须能够给出定量的预测，并且这些预测可以被测量和实验检验。

——迈克尔·怀特（Michael White）和约翰·格里宾（John Gribbin），《爱因斯坦：一位旷世奇才的一生》

那段日子，许多化学家和少数物理学家仍将原子视为理论上的虚构。爱因斯坦为原子的实在性提供的证据基于统计思想，这一思想是由奥地利人路德维希·玻尔兹曼发展起来的，他是一个大胡子……爱因斯坦有时会想为什么不是（玻尔兹曼）首先发现了这些证据。只有谦虚之人才会如此提问。

——埃德蒙·布莱尔·博尔斯，美国科学作家，《固执的爱因斯坦》

我们所谓的物理学是那样一门自然科学，它将概念建立在测量之上……据此得出数学公式。

——阿尔伯特·爱因斯坦，《科学91》（1940年5月24日）

1827 年，那时的美国总统约翰·昆西·亚当斯（John Quincy Adams）对科学非常着迷。他认为政府应当支持科学研究并建立国家天文台。但他的设想没有得到支持。亚当斯是美国第二任总统的儿子，也是一位学者，他有一个强劲的政治对手：安德鲁·杰克逊（Andrew Jackson）。此外，亚当斯是一位坚定的废奴主义者，这个议题将全国分裂为两大阵营。后来亚当斯连任失败。此后，在任国会议员期间，他推动建立了旨在帮助进一步发展科学的国家组织：史密森学会。

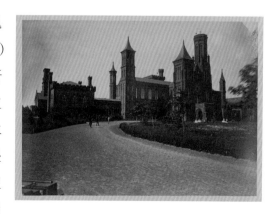

这张早期照片中的是史密森研究所，昵称是"城堡"。1865年，一场大火烧毁了大部分的主要建筑。

　　同年，在苏格兰，一位内向的植物学家罗伯特·布朗（Robert Brown），通过显微镜观察悬浮在水中的花粉颗粒时，注意到了一个奇怪的现象：虽然水看似是静止的，这些花粉却在不停地运动。是什么令花粉运动起来的？难道花粉是活的？布朗不这么认为，但却无法确定。作为一位严谨的科学家，他又尝试将其他颗粒悬浮于水中，包括沥青粉末、磨碎的砷粉以及其他确定没有生命的颗粒。所有这些颗粒都很有活力地运动着。这种运动如同吉特巴舞或是霹雳舞，颗粒从这里跳到那里。布朗称之为"塔兰泰拉舞"，这是一种意大利民间舞蹈。是什么导致了这种运动？没有人知道。

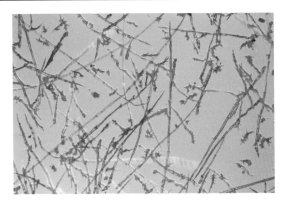

植物学家罗伯特·布朗将花粉颗粒在水中的运动描述为塔兰泰拉舞，这既是一种快速旋转的舞蹈，也是一首生动的乐曲（下图）。上图中，花粉形成了一种无花果树的形状。

　　之后许多年，科学家一直对这种随机运动感到迷惑不解——这种运动被称为"布朗运动"。1865年，这一年适逢南北战争结束，一组科学家将颗粒悬浮于液体中，用玻璃封存，进行了为期一年的观察。他们发现这些颗粒永不停息地运动着，然而依旧无人知道其中的原因。

　　他们没有意识到，如果持续观察，这种运动将永不停息地进行下去。若是样品保存得足够好，今天的我们也能看到同样的布朗运动（我的孙辈也是）。这种运动是永无止境的。为什么呢？是什么让这种运动持续下去的呢？

　　自布朗首次观察到这种运动后，又过了78年，爱因斯坦解决了这个难题。在1905年的其中一篇文章里，他这样解释，在充满水的玻璃容器内，存在着数不清的水分子。它们都在高速运动，与花粉随机地发生碰撞。

艺术家安东尼·科伊贝尔（Antoine Coypel, 1661—1722）把德谟克利特描绘成一位快乐的哲学家。

19 世纪末，物理学家分为两大阵营：一个阵营拒绝相信原子的存在；而另一个则认为，原子可能永远观察不到，但是这个概念是有意义的，它为实验提供了有效的假设。第二个阵营将元素的最小单位称为"原子"，两个或多个原子结合在一起形成"分子"（和我们今天的看法一致）。

恩斯特·马赫始终不承认原子的存在，认为它不过是一种图方便的虚构。

水分子无法被直接观察到，因为对当时的显微镜来说，水分子实在太小了。爱因斯坦在脑海中描绘出这样的画面——但不全是他独立完成的。原子的概念可以回溯到 2 500 年前希腊的德谟克利特。他认为自然界是由基本的物质微粒组成的，这种微粒称为"原子"。他还指出这些原子做着永不停息的运动，即使在静止的物体内部也是如此。

爱因斯坦对古代的原子理论非常熟悉（德谟克利特不是希腊唯一的原子论者），他也了解道尔顿、玻尔兹曼以及 19 世纪相信原子论的科学家的工作。同时，他也知道同时代的一些科学家仍然没把原子论当一回事。

对于无法捕获的物体，如何能确信它们的存在呢？许多科学家认为分子和原子是虚构的工具，仅仅是有助于求解方程——但是相信你无法找到的事物的存在，是不科学的做法。持怀疑观点的恩斯特·马赫始终在追问："你曾经看到过原子吗？"

爱因斯坦非常崇拜马赫（他有很多贡献，其中之一是写过一本非常有名的科学教材），但他选择无视马赫的提问。而且，他要用数学的方式指出，如果水分子确实存在，它们的行为将是怎样的。

爱因斯坦构建了一个方程，表明花粉颗粒运动的距离随时间的平方根增加。也就是说，在 4 秒钟内花粉颗粒（平均来说）运动的距离将是 1 秒钟内运动距离的 2 倍。你可能直觉地认为，4 秒钟内运动的距离应该是 1 秒钟的 4 倍。然而，事实却不是这样的！

他是对的：数万亿看不见的水分子激烈的运动导致了看得见的花粉颗粒的运动，正如爱因斯坦的数学计算表明的那样。记住，水分子并不是从各个方向上均匀地撞击花粉颗粒的。如果是这样，那么花粉就不会运动了。一群水分子随机地撞击花粉颗粒，一侧的撞击比另一侧更猛烈时，花粉就运动了。这就

可能性？平均？不！这意味着什么？

请注意文中提到的"平均来说"——这是理解原子的重要突破口。科学家没有办法指出一个原子或是十个原子会怎么运动。他们不得不从平均的角度来看问题，依靠统计学来研究大量原子。科学家并不钟情于此。不过一旦掌握了平均方法，他们就能用概率（基于统计学）来表示，从而可以预测大量原子可能的集体行为。

对于习惯了对单个物体进行精确测量的科学家而言，这种方法接受起来十分困难。爱因斯坦在 1905 年解释布朗运动的论文中使用了这种方法，但他本人对于这种方法引领的方向却不太欣赏。其他人进一步发展了概率的思想（基于统计和平均），并宣称概率是描述单个原子中单个电子行为的唯一方法，爱因斯坦对这一论断感到很恼火。但无论喜不喜欢，这似乎确实是处理原子和量子世界的必要方法。

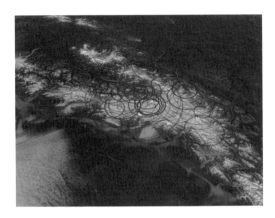

萨尔瓦多·达利（Salvador Dali）将这幅 1937 年（左图）的作品命名为《普通的异教景物》。这里的"普通（average）"指的是什么？这个意思可以由你决定——在艺术领域这完全不成问题。但是在科学和数学领域，平均（average）一词经常出现在需要精确回答的类似问题中：阿拉斯加南部平均多长时间发生一次强烈地震（上图）？图中的圆圈标注了一年内发生地震的位置和范围。用强震的次数除以年数，就能够得到平均值。统计的时间越长，数据量越大（上右图），得到的平均值就越精确。

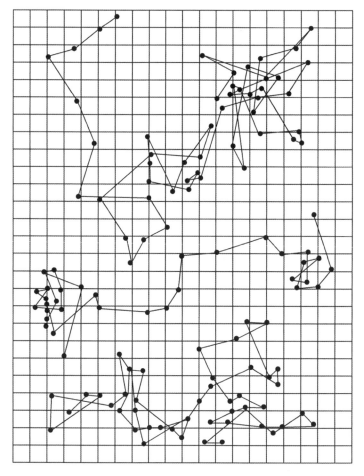

为什么颗粒在 4 秒钟内（平均）运动的距离不是 1 秒钟的 4 倍？因为这种运动是随机的。当颗粒向右运动一步后，下一步继续向右或是向左退回的概率是相等的。

1908 年，让－巴蒂斯特·皮兰通过一台显微镜，费力地观察并描绘了一颗藤黄颗粒（一种植物颜料）的运动。2006 年，他的布朗运动实验在哈佛大学被重复，此次使用了一台 CCD 照相机（用一块电子晶片取代胶片成像）。计算机分析了藤黄颗粒的运动，结果和皮兰的观测结果一致。左图记录的是三个小颗粒的随机运动情况，每 30 秒记录一次它们的位置。

是这种曲折行进运动的成因。但在爱因斯坦的理论被实验检验前，没有人能确定这种解释是对的。

"到 1908 年，法国实验物理学家让－巴蒂斯特·皮兰测试并确认了爱因斯坦的方程，"物理学家、作家杰里米·伯恩斯坦（Jeremy Bernstein）说，"不仅如此，通过实际观察布朗颗粒运动的距离，（皮兰）能够估计出悬浮颗粒所通过的液体中每立方厘米的分子数目。"

"20 年前被质疑的分子和原子的实在性，如今终于能成为一条规律，" 1926 年获得诺贝尔奖时，皮兰这样宣布。

爱因斯坦的推理不仅回答了布朗运动的相关问题，还为原子和分子的存在提供了统计证据。科学作家埃德蒙·布莱尔·博尔斯说："他的理论是如此精确，以至于一个人只要拿着秒表测量颗粒的运动，就能够计算出水分子的数目。"

爱因斯坦的工作表明了统计学在科学理论建立过程中的重要作用。他的解释以及随后的检验使持怀疑观点的科学家终于相信：原子是真实存在的。原子论打了一场漂亮的胜仗。

"不过，"皮兰说，"如果我们能够直接对分子进行观察，那将是巨大的进步。"

这一进步会到来的。

我们认为世界中大多数物体的表面是光滑的，这是由于我们的视力有限。我们无法看到原子结构。如果可能，我们就会意识到世界处处都凹凸不平，玻璃、丝绸和睫毛（经由电子显微镜放大，如左图）都是由无数个小颗粒组成的。

大数的力量

当物理学家开始计算物质中原子和分子的数目时，他们发现这些数字大得惊人。那有多大呢？

好吧，首先我们来想象一个很大的数：十亿，也就是 $10 \times 10 \times 10 \times 10 \times 10 \times 10 \times 10 \times 10 \times 10$，用科学记数法表示就是 10^9。

现在考虑一茶匙水的分子总数：大约是 1.67×10^{23} 个。确定这个数字有多大是很困难的，不过我们可以一试。想象全世界的人（大约 65 亿或者说 6.5×10^9 个）全部变成水分子装进茶匙里，水分子的数量将超过总人数的 10^{14} 倍，因此，这些人放在茶匙里根本找不到。换句话说，茶匙中能容纳如此巨大数量的水分子，意味着每个水分子都是极小的。

1905 年，当时还没有人能充分理解这些信息。

本文主要阐明了，根据热的分子动理论，悬浮于液体中并能用显微镜观察的物体，将发生用显微镜很容易观测到的运动，这是由于分子的热运动导致的。

——阿尔伯特·爱因斯坦，1905 年关于布朗运动的论文

探明真相

在原子世界中，牛顿定律是错的……（因为）小尺度物体的运动和大尺度物体的运动是完全不同的。这使得物理变得很困难——也很有趣。

——理查德·费曼（1918—1988），美国物理学家，《六则短文》

一根金条看起来是固体，但其中大部分都是空的：原子核相对于原子而言非常小，如果把原子放大 1 000 万亿倍，当其外层电子壳层的尺寸和洛杉矶相近时，其原子核的大小也只不过和一辆停在市中心的小汽车差不多。

——蒂莫西·费里斯（Timothy Ferris），美国科学作家，《银河系简史》

在地球上漫步时，我们经常感觉到力是某种看不见的实体，在周围推拉着我们。但在原子层面，物理学家更倾向于将力比喻成网球游戏：两个粒子间的相互作用力源于它们不断地交换另一种粒子——一类亚原子网球。在电磁相互作用中……充当这种网球的是光子。

——马西娅·巴图夏克（Marcia Bartusiak），美国科学作家，《透过黑暗的宇宙》

原子内部是什么样子的？道尔顿模型认为原子是坚硬的固体，但这种说法并不正确。原子具有内部结构。那么，它会像汤姆孙所说的那样，是一团软绵绵的物质吗？上面散布着带电颗粒（电子），如同蛋糕中撒着的葡萄干（如右图）？当时还没有人知道答案。不过汤姆孙的第一位研究生卢瑟福（留着海象胡须，非常自信）正在寻找破解谜题的关键。

圣诞节、汤姆孙和葡萄干蛋糕

　　葡萄干蛋糕是英国传统的圣诞甜点，但里面其实没多少葡萄干。事实上，它是一种松软的面包布丁，通常里面会混有一些葡萄干和其他的水果粒。这是从 1851 年英国流行的烹饪书《莱斯利的烹饪指南》上摘录的食谱，这本烹饪书很可能曾出现在汤姆孙的家中：

制作葡萄干蛋糕的食谱

　　把一个六分面包完全揉碎；将一夸脱的全脂牛奶煮沸，直接浇在面包碎上；让牛奶浸没面包碎，放置一小时；然后将其冷却。同时，准备半磅干果，拣选、洗净、晾干；半磅葡萄干，去核，对半切开；1/4 磅圆佛手柑（柠檬）切成大条；两个肉豆蔻磨成粉；将一汤匙肉桂皮和肉豆蔻皮磨碎后混合。

　　用擀面杖碾碎半磅糖，切碎半磅黄油。面包和牛奶冷却后，将黄油、糖、香料和柠檬放入后搅拌；加一杯白兰地和一杯白葡萄酒。将八个鸡蛋打碎，等牛奶充分冷却后，将鸡蛋慢慢倒入并搅拌均匀。根据口味加入葡萄干和葡萄干肉（之前必须撒上面粉），用力搅拌。将其放入涂了黄油的盘中，烘烤两个小时。趁着温热上桌，可以蘸红酒酱或是配红酒和糖食用。

在 1961 年埃利奥特·霍奇金（Eliot Hodgkin）提供的图片食谱里，展示了烘焙葡萄干蛋糕所需要的材料。烘焙的过程都是化学反应，那些鸡蛋发生了什么呢？当你吃蛋糕时，根本不会注意到鸡蛋。牛奶和黄油又怎么样了呢？这些原料的分子和原子进行了重新组合，化学可以让它们变得很好吃呀。

　　回到 1895 年，当 24 岁的卢瑟福收到剑桥大学奖学金通知的时候，他正在父亲位于新西兰的农场里挖土豆。"这是我挖的最后一个土豆，"他说，之后便借钱买了船票前往英国。

　　他师从汤姆孙，此后前往加拿大的麦吉尔大学任教。在那里，他和化学家弗雷德里克·索迪（Frederick Soddy）合作，对放射性衰变展开研究。除了居里夫妇，大多数科学家都不关心这个问题。但是卢瑟福和索迪痴迷于放射性元素——如镭和铀——释放 α、β 粒子和 γ 射线的方式。学校教育宣

　　卢瑟福初到英国时，他写信给在新西兰的未婚妻，信中这样描述汤姆孙："我和他长谈了一次。谈话中他表现得很愉快，一点也不古板。外表上，他是一个中等身材的人，皮肤黝黑，看起来还很年轻：胡子拉碴，头发很长。"

一粒钍盐放在照片感光乳胶中，显示出了衰变过程中 α 粒子的轨迹。如卢瑟福和索迪在 1900—1902 年间指出的，钍在衰变过程中引发了一连串的衰变。钍衰变首先生成一种放射性元素，然后这种元素也发生了衰变，如此继续下去。这就是为什么感光图片中从同一点会发射出两条甚至更多的 α 粒子轨迹：这是一个核连续衰变的产物。

当我们无法确切知道某件事时，知道这件事的概率或者可能性——利用统计方法——也是很有用的。爱因斯坦并不喜欢用统计方法来理解原子的构成，但他懂得变通，能够用现成的方法来解决问题。

称所有的元素都是固定的、不变的，因此，需要一个理论来解释这些现象。

卢瑟福和索迪正是在寻找这样的理论。他们尝试在实验室中操纵辐射过程，但是失败了。无论是加热或者冷冻，或是振动原子都没有用，放射速率始终保持不变。放射性原子依照自己的方式和时间表放出辐射，这些过程都是随机的。

不过，卢瑟福 - 索迪实验确实显示出，**经过一段确定的时间，会有一半放射性元素发生衰变**。问题是：没人能确定是哪一半。因而无法指出哪些原子即将发生衰变。由于卢瑟福和索迪无法确切地知道哪些原子会衰变，他们只能使用统计方法处理。

他们所做的事，和保险公司建立所谓的"精算表"是一样的，这种表格显示了各种概率和预测。保险公司知道，在某一个人群中，将会有多少人在 50 岁时去世，多少人在 60 岁时去世，等等此类的信息。但他们并不知道究竟哪些人会去世。他们根据统计学得出的比例来制定保险条款。

卢瑟福和索迪将这种方法引入到科学研究中。他们相信这只是权宜之计，最终将有办法精确地预测每一个原子的衰变。（但这并未发生。我们现在仍然不知道哪个原子会在何时衰变。）这是看待物理世界的全新方法。统计学将成为科学的

在理解放射性之前，原子都如同麦克斯韦 1873 年认为的那样，是宇宙不变的基石。两种最重和最复杂原子的自发破裂的发现，打开了通往新世界的大门……从镭中放射出氦核，从铀中生成镭，这些发现中的任何一个都足以令过去任一世纪的化学家瞠目结舌。这些发现如今能够自然而然地从原子蜕变的理论中被导出，被事先预测，就像是出色的台球手在出手前就知道会击中一般。

——弗雷德里克·索迪，英国物理学家，卢瑟福的实验室搭档

重要组成部分，即使很多科学家不希望这样的事成真。

卢瑟福在加拿大期间的工作是富有成效的，不过之后他很快回到了英国，这次去了曼彻斯特大学。他在那里的发现令他名扬世界。

概率

你有五条狗，总有三条在睡觉。

为避免别人认为你的故事是虚假的，请始终把可能性放在其中。

——约翰·盖伊（John Gay，1685—1732），《寓言》第一卷，"令所有人高兴和不高兴的画家"

1909 年，卢瑟福用 α 粒子轰击金箔。金箔是 $\dfrac{1}{50\,000}$ 英寸（1 英寸 =2.54 厘米）的薄片，实际上，实验是由卢瑟福的助手欧内斯特·马斯登（Ernest Marsden）和汉斯·盖革（Hans Geiger）完成的。

α 粒子径直穿过金箔，击中一块金属屏，金属屏上会出现细小的闪光点，实验人员探测和标记这些闪光点。实验结果与卢瑟福的预期一致。此后，马斯登和盖革做了进一步的核实。他们都认为不会发现什么

卢瑟福所用的 α 粒子是从放射性元素中自然释放出的，如铀和镭。居里夫妇给卢瑟福提供了珍贵的镭样本。他们是友好的竞争对手。

记住(从第八章开始): α 粒子是氦原子核——两个质子和两个中子由很强的核力聚合在一起; α 粒子极其稳定,行为如同一个粒子。早在卢瑟福指出 α 粒子的性质之前,他已经用它来研究原子。从放射源中释放出的 α 粒子以大约 16 000km/s 的速度运动,将它们射入原子内部,就有可能击碎原子核。

新东西,不过他们都是接受过良好训练的科学家,好的科学家都会不断重复实验。令人震惊的是,他们发现一些 α 粒子没有径直穿过金箔(大约每 8 000 个中有一个),有一些甚至被弹回。

这相当有趣。"就像是你向一张薄纸发射一枚 15 英寸的炮弹,而炮弹却被弹回来并且打中你一样,"卢瑟福说。(想象一下向一块松软的蛋糕发射 BB 弹,其中一些 BB 弹击中蛋糕后反弹了回来。)这些粒子撞到了什么,才使得它们从金箔上被弹回? 不可能是电子(当时,这是原子内部已知的唯一事物),一定是某种很坚硬、很密实的东西——并且带有大量电荷,足以使 α 粒子靠近时被弹回。

卢瑟福的金箔实验

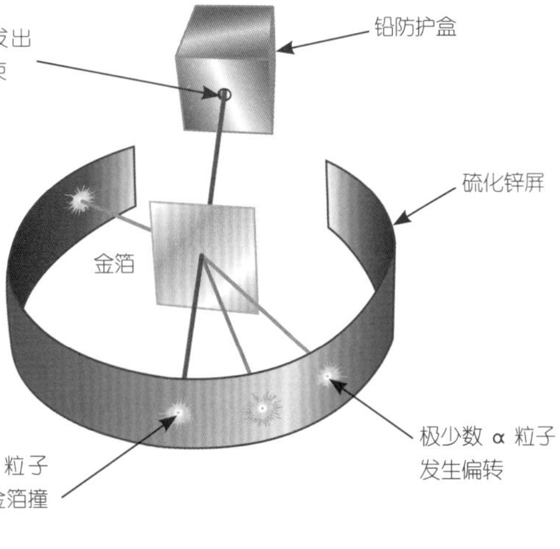

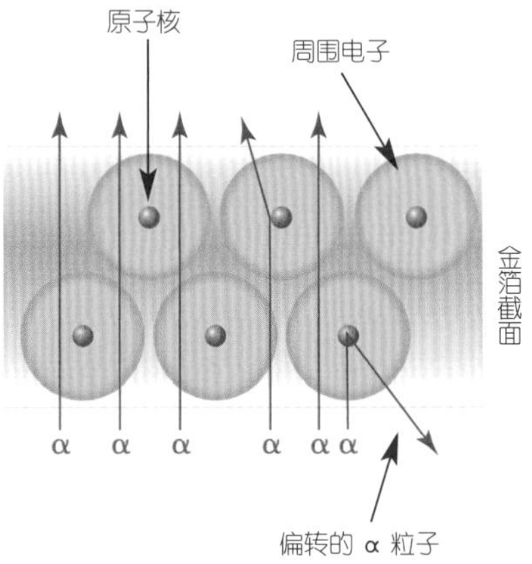

当卢瑟福用 α 粒子轰击金箔时,大多数 α 粒子如预期的一样径直穿过。但有极少数粒子发生了意料之外的大角度偏转。卢瑟福由此推论,原子内部有一个小而致密的核(右上图)。

广受赞誉的导师

马斯登和盖革(左)在剑桥首次完成了金箔实验。不过是卢瑟福(右)建议他们做这个实验,并且让他们懂得如何利用得到的结果。

"有一天,"马斯登回忆道,"卢瑟福走进我们计数 α 粒子的房间,(说)'看看你们能不能观察到从金属表面弹回的 α 粒子。'"

与卢瑟福一起工作,有可能是改变一生的经历。卢瑟福的助手中超过 12 位后来都获得了诺贝尔奖。其中之一的詹姆斯·查德威克(James Chadwick)写道:"他对物理过程有着惊人的洞察力,几句论述就能让整个问题变得清晰……和他一起工作始终充满欢乐和惊奇……在我看来,他是继法拉第之后最伟大的实验物理学家。"

卢瑟福起先设想原子如同葡萄干蛋糕一般,里面分布着电子。他预测 α 粒子将会穿过原子,将质量很小的电子"葡萄干"散射出去。不过,如果 α 粒子非常接近一个很小但质量和电荷量都很大的核,就会被弹回,这也正是实验有时会发现的现象。所以原子内部必然有一个很小的核,这个核带的正电恰好平衡电子的负电,从而使原子呈电中性。这个核在原子内部所占的空间是极小的。

卢瑟福给出了原子的新模型!

原子的大部分质量(但不是全部)集中在原子核中。原子内部其余部分几乎都是空的。既然你、我以及我们所知的一切都是由原子组成的,那就意味着我们以及万物中的绝大部分是空的。电子存在于这些近乎是空的空间中。

高大、健硕的卢瑟福第一次得到了近似正确的原子模型。原子既不是坚硬的球体,也不是松软的葡萄干蛋糕。它们比所有人猜测的都要有趣得多。**在卢瑟福的模型中,每个原子都有一个核,电子围绕着核高速运动。**当放射性元素的原子衰变时,原子核会放出 γ 射线——高能光子——这意味着原子失去了一部分能量。也可能放出的是 α 粒子(氦核)或者 β 粒子(电子),这使一种元素的原子变为另一种元素的原子。稳定的元素不会释放任何东西。

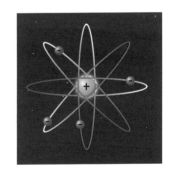

在现已过时的卢瑟福核式结构模型中,原子有一个带正电的核,包含了几乎所有质量(上图)。后来发现,原子核中除了质子外还有中子(参见第 129 页)。

为什么炼金术士注定失败

约瑟夫·莱特（Joseph Wright）这幅 1771 年的画作题为《炼金术士寻找哲人石》。

古代和中世纪的炼金术士注定是要失败的。他们妄图用化学方法转变元素——比如将铅变成金。尽管他们自己并不知道，他们实际上只是在重新安排电子。（这就是化学变化中发生的事。）用这种方法，你无法将一种元素转变为另一种元素。

现代核物理学家知道关键在于质子。元素是根据原子核内的质子数来区分的。改变质子的数量，你就能将一种元素转变为另一种。有时，这一过程是自然发生的。

一些元素具有放射性——经过一段时间后，它们会自发地转变为另一种元素。这是如何发生的呢？一些放射性元素释放出 α 粒子，也就是氦核。（每个氦核含有两个质子和两个中子。）释放出 α 粒子使得母核减少了两个质子，变成另一种不同的元素。

在 β 衰变中（另一种放射现象），中子转变为质子的过程中放出电子—— β 粒子——以及另一种现在被称为反中微子的粒子。在这种情况下，质子会增加一个，从而变为新元素的原子。

直到 1932 年，中子才被发现，但在 1903 年，卢瑟福和索迪就意识到，放射性现象会释放能量，这种能量"可能是任何（化学）变化的 100 万倍"。卢瑟福开玩笑说，如果核能可以被释放，"那么实验室里的一些笨蛋就可能一不小心炸毁整个宇宙"。索迪说："任何人把手放在这个操纵杆上……里面储存着大量的能量，就如同拥有了一个可以肆意毁灭地球的武器。"

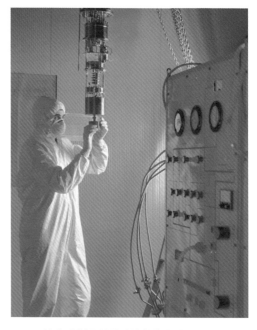

核物理学家就是现代的炼金术士，他们能够将一种元素转变为另一种元素。意大利的格兰萨索国家实验室的一位研究人员正在研究碲 –130 衰变为氙 –130 的过程。

把这些都弄明白是非常不容易的。

后来，卢瑟福这样描述早期研究原子的努力："尽管对于原子的可能结构只存在一些模糊的想法，但更具哲学思考力的人大多有一种普遍的信念，那就是原子不可能是简单的、毫无联系的。对于阐明这些模糊的想法而言，1897 年提出的证据极为重要，它证明了电子的存在，电子是可以移动的带电体，它的质量比最轻的原子更小。"

卢瑟福是说，汤姆孙发现电子推动了原子科学的发展。此后，居里夫妇发现放射性元素的原子不稳定——它们会转变——促使卢瑟福和索迪展开了深入的研究。"我们对原子的全部认识都被放射性研究颠覆了，"卢瑟福说。原子核的发现为原子建立了新的形象。但还有许多问题亟待研究。卢瑟福打算鼓励他的一位学生对氢原子进行研究。

一位同事把卢瑟福形容为"自然之力"。他的科学成就使他获封爵位。（令他成为英国爵士，能在名字前冠以"爵士"。）和汤姆孙一样，卢瑟福也获得了诺贝尔奖。

"一个瘦小的男孩走进房间，"卢瑟福的传记作家，阿瑟·斯图尔特·伊娃（Arthur Stewart Eve）这样描写卢瑟福第一次与尼尔斯·玻尔见面的场景。不过"瘦小的"形容不太准确，玻尔是一位运动员。只是他的举止令他显得踌躇、犹疑。

一位诗人的比喻

英国剧作家汤姆·斯托帕德（Tom Stoppard）在他的作品《蝶变》中，将氢原子比作伦敦的圣保罗大教堂（右图）：

如果原子核和你的拳头一样大，那么原子就如同圣保罗大教堂。如果这恰好是个氢原子，那么就会有一个电子快速地运动，如同空旷教堂里的飞蛾，一会儿在圆顶下，一会儿在祭坛边……每个原子都是一座教堂。

汤姆·斯托帕德作了一个非常形象的比喻，不过记住：你的拳头（代表原子核）将比整座教堂（代表原子的其他部分）还要重几千倍！

现在已经知道氢原子核只占原子直径的 $\dfrac{1}{100\,000}$，由于几乎所有的质量都集中在原子核内，因而原子核的密度大得惊人。一颗全部由原子核构成的豌豆质量将达约 133 000 000 吨！难怪 α 粒子能够被金原子核弹回。

这是 1902 年尼尔斯·玻尔（右）和他亲密无间的弟弟哈拉尔德（Harald）的合影。"（玻尔）重视生活的全部，完全不受体力劳动不如脑力劳动的学者型妄想的影响。"科学作家蒂莫西·费里斯说。

在给未婚妻的信中，玻尔写道："我现在正准备阅读一些有关电子的书，之后如果有空我想再读一下《大卫·科波菲尔（David Copperfield）》。"他特别喜欢狄更斯（Dickens）这本书里的一句话："我只是说了我必须说的话。"玻尔读这部小说，一是由于这是一个出色的故事，二是能够提高英语。这幅 1924 年的平板画（上图）是《大卫·科波菲尔和小艾米丽》。

玻尔从丹麦的哥本哈根来到英国，他和他的兄弟是足球场上的国家英雄。他滑雪、骑车、驾驶帆船样样在行，乒乓球更是没有敌手。他走楼梯时总是一步两级台阶。他有一头乌黑、不羁、向后梳起的头发，脑袋和双手都很大，长脸，下颚突出。

玻尔一直与阅读障碍症抗争——读和写对他而言是很困难的事——但这没有击倒他。他对物理非常着迷，尤其惊叹于电子的发现。所以他申请加入汤姆孙领导的卡文迪什实验室。他到那里之后，这位 25 岁的研究生做的第一件事，就是向汤姆孙指出，他的葡萄干蛋糕模型是不正确的。玻尔的英语不太好——他常常无法准确地表达自己的意思——加之他说话声音很轻，要听清他的话非常费力，但是，他很有主见。所以，汤姆孙有意避开他。

幸运的是，友善的卢瑟福出现了。他和玻尔保持联系，玻尔提出了一些令他十分好奇的问题，于是卢瑟福邀请玻尔前往曼彻斯特大学，看看他们能否一起建立更好的原子模型。由于将电子视作绕原子核运动，原子因此被描述为小型太阳系。这个模型并不准确。和行星不同，电子可以改变轨道。（想象一下金星突然跳进地球轨道。）卢瑟福提醒道："原子常常被比喻为太阳系，其中原子核被比作太阳，电子被比作行星……然而，这个比喻是经不起推敲的。"（卢瑟福还不知道，电子之后将被视作充满原子内部空间的概率波，如同风琴管中的共振声波一般。虽然轨道模型不太准确，但在当时，行星模型仍然有助于作出预测，相对于葡萄干蛋糕模型而言，它已经是巨大的进步。）

狩猎原子

当卢瑟福返回卡文迪什实验室接替汤姆孙时，物理学家们创造并演唱了一首歌送给他（借用了吉尔伯特和苏利文的曲）。这是其中的一部分：

原子里有什么，
最隐秘的存在？
这是他今天探寻的问题。
后来他发现了，
像啄木鸟一样击落它们，
可怜的家伙再也逃不了。
在狩猎的征程中，
他的武器，
是来自辐射源的 α 粒子。
这是最令人惊讶的，
因为需要想点办法，
击中飞翔的原子。

合唱：
他是继承者，
继承伟大的前任。
他们传奇般的功绩不应被忽视：
他们是良师益友，
都被我们推崇，
汤姆孙和卢瑟福。

卢瑟福在剑桥的昵称是"鳄鱼"，他的同事彼得·卡皮察（Peter Kapitza）将这幅图刻在实验室的墙上，作为永恒的纪念。

根据即将建立的玻尔模型，电子绕原子核在哪个轨道上运动是由量子规则决定的。（玻尔关注到了普朗克公式。）一般情况下，电子处于最低能量轨道。当受到激发时，它将跃迁到能量更高的轨道上去。这有点像在梯子上跳上跳下。你不能停在梯子的横杆之间，同样，电子也不会出现在轨道与轨道之间。

在跃迁时，电子会做一些在宏观世界不可能发生的事。它们从一个轨道跃迁到另一个轨道，但不需要跨越轨道间的空间。它们只是从一个轨道瞬移到了另一个轨道。（有些人称这为"量子跃迁"或者是"量子怪诞"的一个例子。）主导量子世界的规则是什么？玻尔试图找到它们。

如今，**量子跃迁**这个词有了新的含义，表示尝试一些新的事物，或者不同于现有经验的方法。

重塑原子

敢于求知!

——昆塔斯·霍雷修斯·弗拉库斯（Quintus Horatius Flaccus，公元前65 年—公元前 8 年），罗马诗人、批评家

1913 年，尼尔斯·玻尔建立了一个异常成功的理论……他将爱因斯坦的光子方程 $E = hv$ 和牛顿的电子绕核轨道联系在了一起。

——A.P. 弗伦奇（French）与埃德温·F. 泰勒（Edwin F. Taylor），《量子物理学导论》

与正确论述相对的是错误论述。但与一个复杂的真实相对的，可能是另一个复杂的真实。

——尼尔斯·玻尔，丹麦物理学家

卢瑟福和玻尔结成了一支出色的团队。思维严谨、有主见的玻尔是一位出色的理论家（思考者）。兴致高昂、充满活力的卢瑟福是一位出色的实验家。"科学用两只脚向前迈进，理论和实验。"美国科学家密立根说。所有人都赞同这句话。

玻尔想弄清楚是什么令原子保持稳定。当原子不断向外释放能量时，它们为什么没有坍塌？如果遵循经典物理（非量子化的）规则，它们应该会坍塌。绕核运动的电子不断向外辐射能量，从而会越来越靠近原子核，直到最终与原子核相撞，原子被毁为止。但这从未发生过。实际发生的情形尚未弄清。玻尔隐约意识到，他将要开启一个完全不同的世界。这个世界就是最近才被发现的量子世界。

许多物理学家还没有接受量子概念，量子论认为存在比原子更小的粒子，这些粒子的行为遵循独有的规则。根据这

导线中的电子和原子中的电子都是一样的。（电流如同自由流淌的电子河。）

玻尔和卢瑟福的疑问

伽利略的惯性定律表明,做圆周运动的物体(如月球)都必须不断加速,否则将沿直线飞离。麦克斯韦的电磁学理论表明,加速电子必定辐射能量。广播天线发射电视、广播和手机信号时,就是电子在辐射能量——如预期一样。但是原子内部的电子不遵循任何一条经典物理规律。

想象一下,如果原子内部的电子像经典理论认为的那样不断辐射能量。那么,当能量越来越低时,电子的轨道半径会越来越小,速度会越来越大。如此下去,运行速度将不断增加,轨道半径将不断减小,直到电子坠入原子核。如果量子世界按照这样的方式运作,电子与原子核碰撞后,会发生什么呢? 在远小于 1 秒的时间内,我们和我们所知的宇宙都将不复存在。

些规则,量子世界中的大部分事物都以分立的小块形式存在(即使在我们看来是连续的)。普朗克提出了量子化的概念,爱因斯坦将这一概念用于光的研究。

玻尔很认真地对待量子概念。他猜测,爱因斯坦的光量子能量与原子内部的电子轨道能量之间存在联系。这是一个巧合,还是这些量确实存在联系?

1912 年,玻尔返回哥本哈根结婚,那时他正在研究这个问题。他和未婚妻玛格丽特(Margrethe)计划去挪威度一个很长的蜜月。但现在玻尔深陷在实验和计算中。他该怎么办呢? 他成功地说服妻子取消了蜜月,他们出发前往英国的曼彻斯特,好让他继续研究原子的问题。(这是一段长久而幸福的婚姻,玛格丽特经常帮助玻尔阅读和写作。)

在卢瑟福的模型中,原子包含一个带正电的原子核,周围环绕着微小的、高速运动的带负电的电子,这些电子像行星围绕恒星转动一般,围绕原子核转动。玻尔和卢瑟福都清楚行星模型,他们也都知道电子的运动不该是这样的。

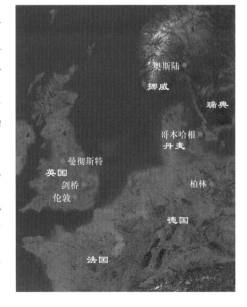

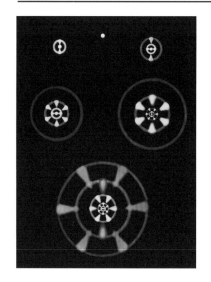

你能够通过电子云（已经进行过艺术处理）识别出这些是什么原子吗？最上面的亮点很容易，那是氢原子——只有一个电子。第二行的是碳和硅，第三行是铁和银。那么，最大的、色彩最丰富的那个是什么呢？艺术家选择的是钷，一种稀土元素。

电子落向低能级壳层的同时向外放出光子。光子是从哪里来的？就是这样立刻产生的！很神奇吧？只有量子世界外的我们才觉得奇怪而已。

玻尔直觉地认为，绕核运动的电子并不都处于同一能级——他也有能力确认这个猜想。这需要用到数学——主要是代数——以及电荷的知识、牛顿运动定律、麦克斯韦方程组和爱因斯坦的光子方程。同样重要的还有玻尔的形象思维，他能想象自己置身于原子之中。

玻尔悟出——这是一项突破性的发现——原子中的电子处于一个三维的通道中，他称之为"壳层"。不过不要把它想象成硬壳。壳层仅指电子可能出现的空间层。在不受扰动的情况下，电子如云一般弥散在壳层的空间中。

一些壳层中需要电子具有较高的能量，另一些要求电子的能量比较低。令人疑惑的是，电子似乎能在壳层间来回跳跃。

玻尔意识到，如同汽车需要汽油，电子需要吸收能量才能跃迁到更高能量的壳层。当它跃迁回较低能量的壳层时，将释放出多余的能量。

电子并不是逐渐失去能量的，而是突然间释放出一定量的能量，这个能量值恰好等于跃迁的两个能级的能量差。这部分能量以光子（光量子）的形式被释放。

反过来，来自外部、具有相同能量的光子被原子吸收，光子的能量将使电子从低能级跳到高能级。所以，光子是两种跃迁的关键。

爱因斯坦的光量子方程（$E=h\nu$）令玻尔能够理解这一切。借助这个公式，玻尔能够解释原子中电子的运动。（变换到不同能级的壳层，而不是坠入原子核。）这也帮助解释了原子辐射的能量问题。如果电子确实被限制在分立的壳层内，这就解释了为什么原子不会坍塌。当玻尔弄清这些以后，他可以进一步研究细节。

铜原子的电子

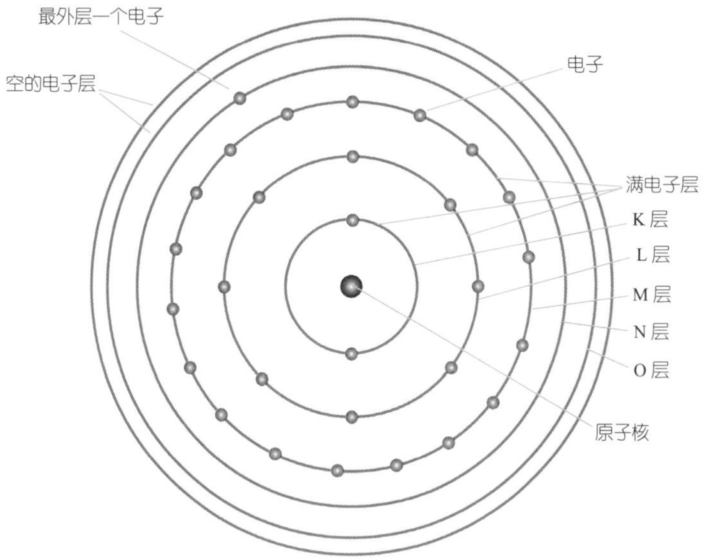

最外层一个电子

空的电子层

电子

满电子层
K 层
L 层
M 层
N 层
O 层

原子核

在这幅铜原子的电子分布图中（比例不正确，仅作参考），最内层（K）是稳定的——始终有两个电子。L 和 M 层也都没有多余空间，分别被 8 个和 18 个电子占据。外层，有一个电子在 N 层，当吸收一个光子时，这个电子就可能跃迁到更高能级的电子层上去。

这是其中的一部分：

电子从一个壳层跃迁到另一个壳层，这种跃迁是完全的，不存在中间的壳层。量子世界具有一些固定的量，这是量子概念的基础。

原子核周围的每一个壳层都只能容纳特定数量的电子。一旦壳层被充满，多余的电子将无法进入这一层。壳层有不同的容量，最内层的壳层可以容纳 2 个电子，向外一层是 8 个，再向外一层是 18 个，接着是 32 个。

这里还有另一则关键信息：如果一个电子在最内层——稳定——的壳层内，它无法释放能量，而只能吸收能量。所以它不会继续向内层跃迁或是坠入原子核发生坍塌。**在最内层的电子永远不会释放能量，所以它可以一直存在下去！**（在宏观世界我们都清楚，没有什么是永恒的。死亡是生命的一部分。但在量子世界中，有些粒子似乎是永生的。）

很重要：当电子改变轨道并释放光子时，这个原子还是原来的原子，元素也没有发生变化。电子在原子核周围被重新安排。与此相反，当放射性原子核释放 α 粒子（氦核）或 β 粒子（电子）时，原子将不再稳定。它转化为另一种元素，性质发生变化。电子的跃迁和原子核的衰变是不同的过程，不要混淆起来。

角动量（mvr）是做环绕运动的物体所具有的动量。如果其中一个量发生变化（如半径 r），那么为了保持角动量不变，另一个值就必须改变（比如速度 v）。通常所指的动量——一辆汽车在高速公路上做直线运动时所具有的动量——用 mv 表示（质量乘以速度）。

量子世界还有一些性质与角动量有关。想象一个重物挂在绳子的一端，然后绕着你的头顶甩动绳子。重物的质量为 m，甩动的圆半径为 r，重物转动的速度为 v。角动量的大小等于 mvr（质量乘以速度再乘以半径）。在日常生活中，角动量可以是任意数值（只要改变重物质量、转动速度或者绳子的长度即可）。但玻尔指出，在量子世界中角动量只能是某一数值的倍数。

这可是量子世界的大事——也就是微小事物的大事。事物以量子状态存在，能量和角动量都只能是特定的数值。

玻尔开始明白，需要建立新的科学规则来解释量子世界，经典物理规律已不适用。他着手将爱因斯坦的光量子方程（包含了普朗克常量）用于原子结构。玻尔的工作使我们得到了新的原子模型：内部几乎是空的，电子在特定能级的壳层中高速运动。

用一句话概括：玻尔发现电子能够改变轨道。每个电子在绕核的近椭圆轨道上高速运动的同时，

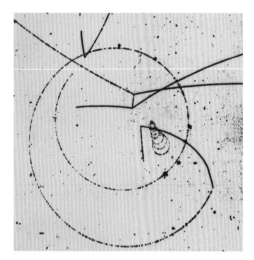

这条清晰的圆弧线是低能电子的轨迹。那些直线和曲线标注的是两个亚原子粒子碰撞后转变为其他什么后，又改变路径飞离了。

这是玻尔原子模型的计算机仿真，其中大部分空间为真空，电子（图中深蓝色小球）围绕着由质子和中子组成的原子核运动。现在我们已经不再使用"轨道"来描述原子内电子的运动。这个模型并不正确（更多内容很快会提到）。

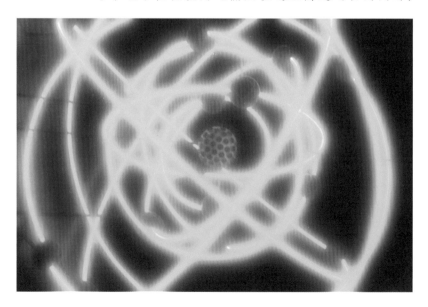

也绕自身的轴发生自转。(电子自旋是后来才被发现的。)它们不是普通的粒子——电子能够像云一样弥散开来。得到特定的能量——吸收光子或是碰撞——电子向高能级壳层跃迁。当电子向低能级壳层跃迁时会释放光子。处于最内层的电子是稳定的,并且不会向外释放光子。

在玻尔模型中,电子在壳层间的跳跃是瞬时的,不存在中间状态。这就是量子跃迁,这种跃迁与直觉相悖,非常古怪。

1913年,玻尔用数学公式定量描述了这一切。他发表了三篇描述氢原子的文章,他也因此跻身一流物理学家行列。"在物理学史上,鲜有论文像玻尔的论文那样,让后人从中发展出那么多新的理论与发现。"奥地利物理学家维克托·F. 魏斯科普夫(Victor F. Weisskopf)写道。

在玻尔发表氢原子论文的大约同一时间,英国作家 H.G. 韦尔斯(Wells, 1866—1946)正在创作极富预见性的科幻小说《获得自由的世界》(1914),这部作品影响了几代思想家。韦尔斯想象了一场世界上主要势力间的大战。战争中,世界上的大城市都被原子弹毁灭。在韦尔斯有生之年,科学家实现了他小说里的情节,将两颗原子弹投在了日本的两座城市。上图是一次核弹试验。

技术随纯科学理论而来,分光镜的出现开始证实理论的正确性。分光镜通过检测不同元素发出的光来测量电子的行为。光从狭缝中射出,通过分光镜将不同频率(不同颜色)的光分开,形成如同条形码一般的图样。每种元素都有自己特有的光谱。每种颜色的光(代表一种频率)对应着电子跃迁的两个能级间的能量差。光谱通过追踪爱因斯坦的光子($E=h\nu$)来识别原子的种类!(参见126页"元素杂货店"。)

很快,天文学家用同样的方法研究遥

由分光镜(大约20世纪初)测出的光谱(右上),可以确定出圆柱体内的元素是钠。

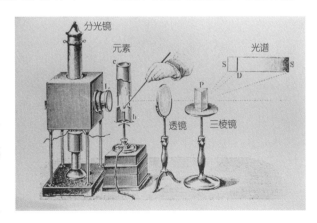

分光镜　元素　光谱　透镜　三棱镜

远恒星发出的光，这使得他们能够确定恒星上所含的元素。（他们惊讶地发现，恒星并不是完全相同的；一些恒星含有与其他恒星不同的元素。）此后，天文学迅速发展，化学同样如此。

在望远镜前加一块三棱镜，暗夜天空中的光点将展现出它们原本的颜色。仔细看这些来自毕宿星团的彩虹色光带，它们被称为光谱。每一条都是独一无二的。艾伦·麦克罗伯特（Alan MacRobert）在《天空与望远镜》一书中解释道："只要看一下这些光谱，就能够知道恒星的各种属性：颜色、大小、相比太阳或其他恒星的亮度关系；它的特性、历史和未来都在其中。"

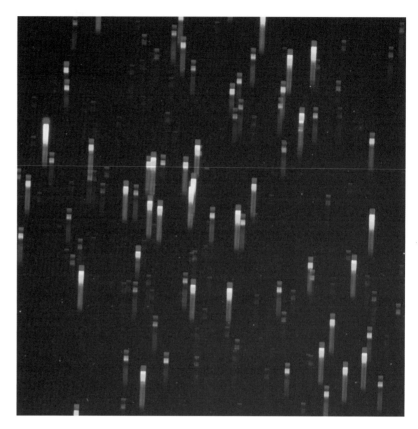

电子的知识对我们有什么用？理解带负电的粒子绕着原子核运动使化学工业产生了重要变革——我们因此能够制造洗涤剂、塑料和合成纤维。了解电子令我们能够设计制造微波炉、计算机、激光、传真机和所有其他的电子设备，这些事物改变了我们的家庭生活和工作方式，开启了信息时代。

　　为什么相邻元素之间不存在其他的原子？比如，金和汞是元素周期表中相邻的两个元素，为什么没有什么东西在金和汞之间？玻尔模型虽然还不能解释其中的原因，但却以一种前所未有的方式描述了原子。

　　玻尔让人们清楚了，量子规则决定了原子轨道壳层中的电子数目，因而成功解释了元素周期表的排列顺序。现在元素周期表能被理解了。元素的化学性质由外层电子分布决定。共享电子可以组成有趣的分子，例如，一系列碳化合物使生命得以诞生。电子控制着化学反应。玻尔将物理和化学、生物联系在了一起。

固态?

hv，也就是普朗克常量乘以对应波的频率，这为爱因斯坦和玻尔的理论思考提供了重要帮助。1907 年，爱因斯坦利用它计算了物质温度升高所需要的能量，并且建立了能量的公式，这个公式 $E = hv$ 成为凝聚态物理的基础。

凝聚态? 就是过去所称的"固态"。

将量子理论用于固体，比如用一种材料制造的晶体管和硅片，你将得到非常有趣的电子设备。与用导线或线路板组成的传统设备相比，它们具有体积小、速度快的优点。

你可以将一部短篇小说（大约 1 兆字节）储存在一片比蚂蚁（左图）还小的电脑芯片（上图）中!

一开始，爱因斯坦对此持怀疑态度。一位同事乔治·德海韦西（George de Hevesy）向他做了详细的解释之后，"爱因斯坦的大眼睛瞪得更大了，他说:'那么这就是最伟大的发现之一……玻尔的理论一定是正确的。'"此后爱因斯坦补充道:"这是思想领域最美妙的乐章。"

玻尔找到了通向微观世界的道路，在那里电子高速运动着，跳跃着，释放能量，不生不灭，还能释放信息。玻尔的发现可以与哥伦布 1492 年的航海探险相比。他找到了一个全新的世界。很快，一群科学家紧随其后展开研究。在原子狭小的空间中，却有着广阔的天地值得探索。玻尔的成就令人赞叹，他将成为量子物理学的核心人物。

至于爱因斯坦，他和玻尔成了好朋友。

玻尔很清楚，他不能继续用过去学到的方式思考物理，也就是不能再用牛顿的方式（宏观世界的物理学）。原子中起作用的是其他规则。

从原子量到原子序数

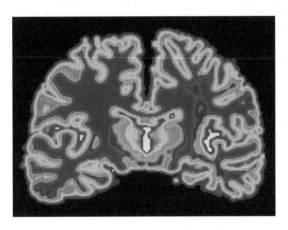

人脑由什么构成？这幅计算机图像中展示了大脑的白质（伪色图中显示为深玫红色）和灰质（黄色）。但是所有物质，包括你的大脑在内，都是由元素周期表（下一页）中的元素构成的。你的思想、情感、观点、记忆和知觉都是由下列元素的原子构成的，按照数量由多到少排列为：氧（O）、碳（C）、氢（H）、氮（N）、钙（Ca）、磷（P）、钾（K）、硫（S）、钠（Na）和其他微量元素。

玻尔的原子模型对物理和化学都非常重要。化学处理的是物质的组成，它从元素开始——自然界的一切事物都是由这些基本物质组成的。"我们基于元素，吃着元素，我们本身也是元素。因为我们的大脑由元素构成，所以从某种意义上说，甚至头脑中的想法也是元素的性质，"英国化学家 P.W. 阿特金斯（P.W.Atkins）写道。（在一本题为《周期王国》的书中提到。）

到 19 世纪，化学家已经能够识别大量元素。德米特里·门捷列夫发现了自然界基本元素之间的神秘规律：元素按照化学性质和原子量排序。这一发现令门捷列夫得到了第一张元素周期表。他用纯化学的方法找到了这一规律——测定每种元素的质量，观察和罗列它们的性质。

玻尔作为物理学家，以不同的方式看待元素。他考虑的是元素的原子结构。玻尔发现，原子的电子数决定了原子与其他原子结合的能力。他通过计算电子数得到了几乎与门捷

这张元素周期表（下图）尚未完成。2006 年，一个俄罗斯 / 美国团队宣布，他们将钙离子射入锎原子，生成了一种新元素的三个原子，118 号原子。钙（20）和锎（98）的原子序数加起来——猜一猜是多少？——正好是 118。118 号元素的原子经过 1 毫秒衰变为 116 号元素，然后是 114、112。之后每个原子都分裂为两块。科学家如何确定他们创造了一种新元素呢？非常重的元素会很快衰变，以独特的顺序放出 α 粒子，这一过程可以被探测到。

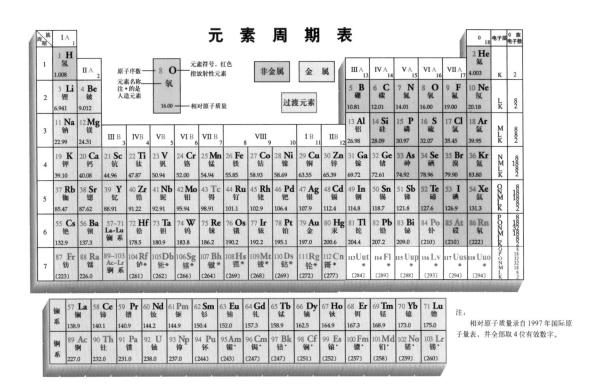

列夫完全相同的元素顺序。玻尔通过电子计数进一步确认了门捷列夫的元素周期表！

门捷列夫从外部（化学方面）观察元素，而玻尔则从内部（物理方面）审视。他们的结论几乎是一致的。如今科学家用原子序数（质子的数目，与电子数目相同）来标示元素。（门捷列夫所用的原子量可能会引起错误，因为同一元素中的中子数目可能不同。这是门捷列夫所不知道的。）

年轻的德国版画家奥托·迪克斯（Otto Dix，1891—1969）急切地想要投身第一次世界大战。而他的经历令他成为一名反战活动家，他对德国对待伤残退伍军人的态度尤为不满。迪克斯参与了新客观主义运动，艺术家们用震慑人心的作品对当权者提出质疑。在这幅画中，瘸腿的退伍军人在鞋店门口游行！

然而此后三十年，科学家都在为各自的观点论战——主要是关于光子的实在性和量子物理学中概率的地位。

1920 年，爱因斯坦和玻尔在柏林第一次见面。德国正经历通货膨胀，食物短缺。玻尔从安定、富饶的丹麦带来了一大袋黄油、芝士、火腿和糖果。他们一开始就非常投缘，在城市中散步，热情地交谈。无关外表和礼节，物理是他们共同的爱好（驾驶帆船也是）。他们都更擅长理论而非实验，也都非常健谈。爱因斯坦 5 英尺 9 英寸高（约 175cm），高于当时的平均身高。玻尔稍微矮一些，比爱因斯坦小六岁，具有运动员的健壮身体。

玻尔是实用主义者：对他而言，有用的就是重要的。对爱因斯坦来说，光有用还不够，还必须能被理解，并且结果在形式上是美的。玻尔的量子跃迁就是他们之间差异的一个例证。爱因斯坦认为一定能够给出跃迁的解释，但玻尔则认为这是无法解释的。对玻尔来说，能够用统计方法进行预测，并能利用这些信息展开进一步的研究才是最关键的。

爱因斯坦则认为，一个不包含物理实在的方程是没有意义的。他"看见"光波是由一束不连续的很小的粒子（光子）组成的。在他看来，光子是真实的能量粒子，同时具有像波一样的行为。

玻尔不那么认为，把物质看作由确实存在的粒子组成是一回事，而能量呢？玻尔不相信那些没有质量的能量粒子真实存在，他只知道，如果假设它们存在，那么数学公式将起作用。（参见第 16 和 17 章看争论将如何发展。）

玻尔和爱因斯坦还有一个更大的分歧，科学世界的大多数人要么选择玻尔一边，要么选择爱因斯坦一边。玻尔认为量子理论自成一派。他并不关心如何将量子理论纳入一个更大的普适体系中，将宏观世界和量子世界联系起来。事实上，他认为这是做不到的。

而爱因斯坦坚信，量子理论不是全部，尽管他曾说它"无疑包含了终极真理的一部分"。他不喜欢量子理论奇怪的性质——单个粒子的行为是不可预测的。在玻尔的量子世界中，概率是基本元素，这是爱因斯坦无法接受的。爱因斯坦希望能将量子理论纳入到一个更高阶的关于宇宙的理论中。他想要实现微观理论与关于时空、宇宙等宏观事物的理论的和谐统一。他在寻找一个万物之理。

这就是两个互相尊敬和欣赏的人之间的意见分歧。美国物理学家约翰·惠勒（John Wheeler）这样描述："这是我所知的思想史上最伟大的交锋……我从未听说过其他任何的争论能像这样，发生在两个最伟大的人之间，就最深刻的议题争论如此长的时间，并为我们理解这个光怪陆离的世界提供了如此深刻的启示。"

玻尔和爱因斯坦不断地讨论、争论、再讨论、再争论，尝试说服彼此。但谁也没有成功，他们的分歧在科学世界里播下种子，这些种子后来令人惊叹地萌发了。

混合、配对，新世界由此诞生

复杂宇宙中的一切都是由相对较少的天然元素组成的，这些元素不断地组合再组合。一些轻元素（氢、氦、锂）生成于宇宙"汤"中，在宇宙诞生时已经存在。而大多数的元素则是通过恒星的核聚变过程产生的，再被喷射入太空。巨大炽热的恒星爆炸，被称为超新星，生成了重元素，比如金和银。元素是构造太阳系，也是最终构造出你的原材料。

在天然元素之外，粒子加速器中还创造出了许多人造元素。这些重元素（含有更多质子和电子）非常不稳定，很快就衰变为较轻的元素。

超新星爆炸的残骸包含了恒星的微粒和残片。

元素杂货店

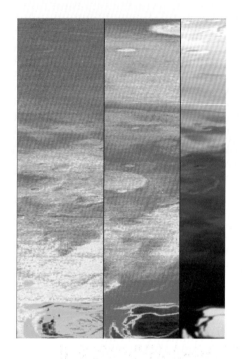

可以很清楚地看到，火星的南极（上面三幅图的下部）被冰层覆盖。在可见光下（右图）冰盖显示为青绿色，人们猜测它是由二氧化碳（CO_2）构成的，确实如此。2004 年，欧洲航天局的火星车上的分光计测量了极地区域红外光反射光，发现了碳元素的踪迹。在左图中，二氧化碳冰盖显示为天蓝色，在中图中为紫色。但请注意边缘，左图中深蓝色的部分和中图中亮绿色的部分是水结成的冰（H_2O）！它和土壤混合形成冻土，所以在一般视场中未被发现。

19 世纪，科学家发现元素会释放出特定频率的电磁能量。每种元素的原子都会生成一个由间隔的线和颜色组成的图样，每种元素的图样都不相同，科学家可以将其作为"指纹"来识别元素（参见下一页）。单一元素的原子只能发射出部分颜色的光，而不是彩虹中所有的颜色。这些原子也只能吸收特定频率的光，而不是所有频率。

发射光谱看起来有点像识别货物的条形码。每种元素的谱线可以用数学确定。玻尔将电磁波谱与识别元素的光谱联系起来，并将它们用一组公式表示了出来。

利用普朗克公式，玻尔指出，当一个电子跃迁到不同能级的壳层时，它必将吸收一个光子的能量（跃迁至高能级）或者放出一个光子（回到低能级）。玻尔意识到元素的谱线——那些条形码——记录了电子吸收和放出光子的行为。这些谱线证明电子确实会在不同的轨道间跃迁。

氢原子的光谱"指纹" 波长（单位: 纳米）

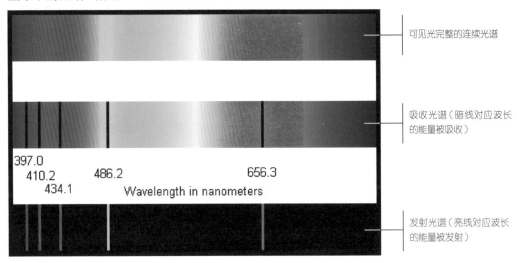

可见光完整的连续光谱

吸收光谱（暗线对应波长
的能量被吸收）

397.0
410.2
434.1 486.2 656.3
Wavelength in nanometers

发射光谱（亮线对应波长
的能量被发射）

原子只会发出彩虹光谱中的一部分颜色，原子也只能吸收特定频率的光。这就如同每种原子——元素周期表中每种元素的原子——都有独特的光谱"指纹"。上图中间展示的是氢原子吸收光谱中的可见光部分，和发射光谱正好互补（图中下部）。这些线的位置始终不变，无论氢的温度高低，也无论是地球上的氢还是其他恒星上的氢。

这一原理在可见光光谱之外也有效。在可见光之外，无线电波波长同样记录了元素电磁波的峰与谷。无线电波揭示了空间中看不见的尘埃和气体云中的原子与分子。研究这些谱线的学科称为光谱学。20世纪，光谱学、更好的照相技术和新型望远镜一起，促进天文物理学迅猛发展。

α 粒子炮火不断

在一次关于开启原子时代的访谈中，一位作家说："卢瑟福，你真幸运，总是处在浪潮巅峰！"卢瑟福回应道："这不正是我掀起的浪潮吗？"之后又平静地补充道："至少在一定程度上。"

——《钱伯斯传记字典》

（卢瑟福）对自身能力的估计是准确的，但就算这种估计全然错误，那也绝不会是他高估了自己。

——C.P. 斯诺（C.P. Snow），英国物理学家和小说家，《形形色色的人》

1916 年，欧洲大部分地方正饱受战火之苦，玻尔决定返回丹麦。丹麦皇家科学暨文学院同意在哥本哈根建立一个物理研究所，并为年轻的物理学家提供丰厚的经费。嘉士伯酒厂最终成了主要的资金来源。[啤酒和物理？很奇怪吧？也许是，不过应该没有比阿尔弗雷德·诺贝尔（Alfred Nobel）用发明炸药所得的财产创设和平奖更奇怪的了。]

理论物理研究所建在哥本哈根的漂布塘路上。从20世纪20年代到30年代早期，这里是量子研究的世界中心，如果你想要研究原子，那就一定要到这里来。（如果想要参观，它还在原来的地方，现改名为玻尔研究所。）

大批科学家来到研究所，讨论、聆听、合作，完成了大量的工作。"玻尔

在这栋1921年的楼里，玻尔和他的同事改变了理论物理。今天这栋建筑是玻尔研究所的一部分，研究所建在哥本哈根大学内，由10栋通过地道连接的建筑组成。

需要有人陪伴才能进行创造性的思考，"威廉·克罗珀（William Cropper）在《伟大的物理学家》一书"对话中的科学"一章中这样写道。

同时，玻尔一生的挚友卢瑟福留在英国，继续用高速运动的 α 粒子轰击不同事物。1919 年，汤姆孙退休，卢瑟福接替他成为现在很有名气的剑桥卡文迪什实验室的负责人。在那里，他将 α 粒子射入一支装满氮气的玻璃管，发生了一些他完全没有想到的事情。

你已经知道（通过阅读第 8 到第 13 章），α 粒子是氦核：有两个质子和两个中子。它们靠很强的核力聚合在一起（后面会详细讨论核力），氦核的行为如同一个单独的粒子那样。

试管中出现了氢原子核，这太令人惊叹了。试管中明明只有氮气，没有氢气。氮的原子序数是 7（有 7 个电子围绕着 7 个质子运行）。氢的原子序数是 1（1 个质子，1 个电子）。卢瑟福认为，是他将氮核击碎，从而得到了氢核（和其他原子核）！

直到 1947 年晶体管问世，电子设备都是使用真空玻璃管制造的，左图中是 1926 年的广告模型。在真空管中，电子从一个加热电阻丝上发出（就像白炽灯泡里的灯丝），在带电网格和电极的作用下发生定向移动。真空管可以放大电流或电压。

这可是大新闻。报纸这样宣传：卢瑟福"敲碎了原子"。卢瑟福毫不忌讳地说："如果我真的分裂了原子，那么有理由相信，这件事的意义比战争更重大。"（他说的是第一次世界大战。）

卢瑟福发现，氢原子核是一种基本粒子，存在于每个原子核中。他发现的正是质子。（最常见的氢核就是一个质子——之后会详细介绍。）

他很快发现，（在电中性的原子中）原子核中的质子数与核外电子数相同。发现质子如同发现了拼图游戏中的一块丢失拼图——还是很关键的一块。

这是卢瑟福用 α 粒子轰击氮核的第一台装置，氮核在 α 粒子轰击下崩裂为氢核。

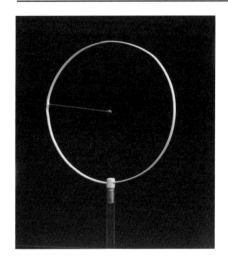

1919 年，报纸报道卢瑟福成功"分裂了原子"。（实际上他分裂的是原子核。）为什么这是一则大新闻呢？玛丽和皮埃尔·居里研究了放射性——不稳定的——原子核，发现它们会发生衰变，自发地转变为其他元素。而卢瑟福则是将稳定的氮核轰击开，使其放出氢原子。上图是这个实验后出现的氢原子模型：一个电子围绕着包含一个质子的原子核运行。

原子科学家一直试图寻找两个问题的答案：

为什么电子带负电，而原子是电中性的？

是什么令原子核的质量如此之大？

质子的发现同时回答了这两个问题：质子带正电，正好平衡了电子所带的负电。

单个质子的质量大约是电子的 2 000 倍，这就是原子的绝大部分质量集中在原子核内的原因。（准确地说，质子的质量是电子质量的 1 836 倍。）

这就是原子的全部奥秘了吗？——电子围绕着由质子组成的原子核运行？卢瑟福无法确定。但是他的实验为研究原子核开辟了道路。

在法国，伊雷娜·约里奥－居里（Irène Joliot-Curie）（居里夫妇的大女儿）和她的丈夫弗雷德里克（Frédéric）发现，原子核内还有其他东西——它不带电，但当它碰撞质量很大的质子时，质子将以每秒数万英里的速度飞离。这看起来太不可思议了。卢瑟福的同事詹姆斯·查德威克着手进行实验，试图揭开这一质量很大的料子的真面目。

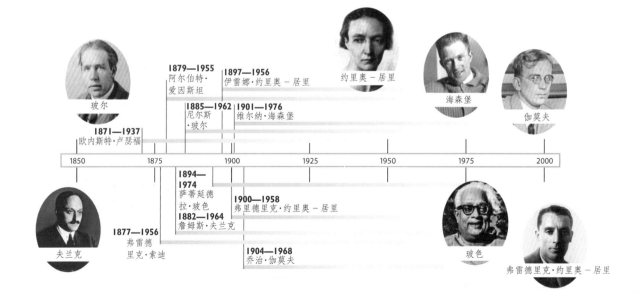

弗雷德里克·约里奥－居里

最先被发现的质子

卢瑟福最喜爱的实验工具是 α 粒子, 也就是失去两个电子的氦原子核, 它被卢瑟福称为他"有力的右臂"。α 粒子运动速度很快, 能量很大, 能够将其他粒子撕裂。它们帮助卢瑟福发现了原子核, 所以卢瑟福坚持使用它们进行实验。

"卢瑟福的 α 粒子能量很大——它们携带的能量相当于在上千万伏特电压中加速后所具有的——并且在原子尺度上, 它们的质量是很大的,"威廉·克罗珀在出色的著作《伟大的物理学家》中写道。

到 1914 年时, 卢瑟福已经指出, 氢原子核是最小的带正电的粒子。之后, 他将氢原子核称为质子, 源自希腊语的"最先"。

1919 年, 卢瑟福将 α 粒子射入氮气, 探测器发现了氢核(质子)的存在。他认为"被释放出来的氢是氮核的组成部分。"换句话说, 在每一个氮核中都存在氢核——质子。通过简单的推理可以得到这样的结论, 在每个原子核中都存在质子。

卢瑟福和查德威克一开始用 α 粒子轰击氮核, 这张 1940 年的照片显示了粒子的轨迹。之后, 他们又轰击了硼、钠和磷。这些原子的原子核都比较轻, 很容易被轰击开。

最常见的氢原子核就是一个质子; 氢的原子序数是 1, 位于元素周期表的第一位(参见 123 页)。氦, 原子序数为 2, 包含 2 个质子。锂, 原子序数为 3, 包含 3 个质子。在原子中每增加一个质子, 就得到一种新元素。铀的原子序数是 92, 包含了 92 个带正电质子和 92 个带负电的电子。

你想看到质子吗? 这可不太容易。作家比尔·布赖森说: "质子实在太小了, 在这个字母 i 上那一点的墨水中, 包含了 500 000 000 000 个质子。这比 50 万年所包含的秒数还要多。"

今天我们知道, 质子由三种夸克组成, 它们在一种称为胶子的粒子作用下, 紧密地束缚在一起。依靠很强的核力作用, 质子被束缚于原子核中。

当卢瑟福和查德威克试图分裂质量较重的原子核时, 他们发现这些原子核无法被穿透。解决方法似乎很清楚: α 粒子必须被加速。他们需要一台粒子加速器——大时代的玩具枪。左图是 20 世纪 30 年代第一台实现粒子加速功能的装置, 以制造者名字命名的范德格拉夫起电机。如今, 在科技馆和教室里, 你都能看到利用高压起电设备的各种电学演示。

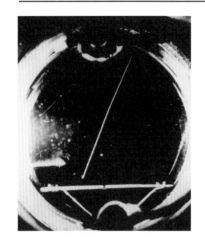

1932 年,在查德威克发现中子后不久,约里奥－居里夫妇拍摄了这幅照片。它显示了一个中子(无法从图中看到)进入云室击中一片石蜡(图中水平白线)后,从石蜡中放出一个质子(垂直的白色轨迹)。

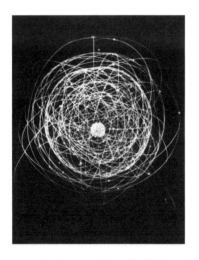

本书中提到了很多原子模型,可见要想象一些看不见的东西是非常困难的。请把图中的铀原子和卢瑟福的描述(右侧文字)对比一下。

查德威克做了一些实验,他意识到,约里奥－居里发现了原子核中的另一种粒子,比质子略重一些。由于这种粒子不带电,1932 年,查德威克将其命名为中子。他发现,在每个原子核中,都同时存在质子和中子——除了 1 号元素氢:在最常见的氢原子中不存在中子(参见 134 页的专栏)。

谜题的碎片逐渐汇总在了一起。已经发现了原子的三个组成部分:中子和质子存在于原子核中,电子绕着核高速运动。原子绝对不是一个葡萄干蛋糕。

每个中性的原子——没有净电荷——电子和质子的数目相等。天然元素从氢开始,原子序数为 1,核外有 1 个电子,到铀为止,原子序数为 92,核外有 92 个电子,皆是如此。

卢瑟福是这样描述铀原子的:

在(铀)原子的中心有一个很小的核,周围环绕一组电子,总共 92 个。每一个都在确定的轨道上运动,这些电子占据了与原子核相比巨大的核外空间,但是不可能充满这一空间……两组电子可以彼此深入对方所占的区域……电子运动的最大速度取决于其到核的距离。最外层电子的速度最小,比 600 英里 / 秒大一些,最内侧 K 层中的电子平均速度大于 90 000 英里 / 秒,约为光速的一半。

请把卢瑟福的话好好读上几遍。然后,想象一下存在于你的脚趾、头发和衣服中的每个原子中正在发生的事。想一想:你和你的原子大部分都是空的。原子中的粒子做着永不停息的运动。关于它们的大小,可以给你一个直观的想法,请记住:**需要 400 万个原子才能覆盖英文字符中的句号。**

广播谈话：1939 年 2 月 2 日

哥伦比亚广播公司播出了一期对话节目"科学冒险"，参与节目的是 1938 年诺贝尔奖得主恩里科·费米（Enrico Fermi）和记者沃森·戴维斯（Watson Davis）。

戴维斯：费米教授，原子的人工转变是什么时候真正开始的？

费米：为解决这个问题作出最早和最重要贡献的是卢瑟福爵士。早在 1919 年，他已经率先运用了核轰击的方法。他发现，轻元素的原子核受到高速 α 粒子轰击后，会转变为另一种元素的原子核。

戴维斯：卢瑟福在物质中轰击出了 H，这里的 H 代表氢。

费米：新的原子核……通过轰击形成的，可能是一种已知的稳定的核。但并不总是这样。有时形成的新原子核和普通的原子核不一样，它们是不稳定的。它会通过释放电子自发裂变。这种现象称为人工放射性。这是法国的弗雷德里克·约里奥和伊雷娜·居里在 1933 年发现的。他们用 α 粒子轰击硼、镁和铝，制造出了最早的三种人工放射性元素……

在了解了这些发现后，我立刻意识到，α 粒子很可能不是唯一能够产生人工放射性的轰击粒子。所以我决定用中子进行轰击。

中子源比 α 粒子源要弱许多。但是由于不带电，中子更容易接近靶物质。它们不需要克服原子核周围电场的阻力。

戴维斯：那您发现了什么，费米教授？

费米：从最开始的实验起，我证实了，大部分被测试的元素——63 种元素中的 37 个——在中子轰击下都能产生放射性。

费米的家乡罗马有一条以他名字命名的街道。这幅照片拍摄于 20 世纪 30 年代中期。

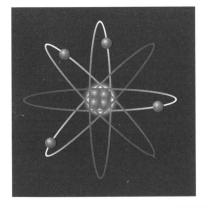

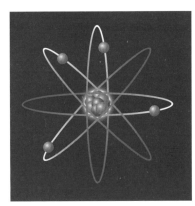

1932 年，原子核式模型发生了变化，原子核从只包含质子（左图）变为包含质子和新发现的中子（右图）。图中表示的是铍原子，包含四个质子（还有五个中子和四个电子）。费米意识到，他可以利用中子轰击原子核，使元素具有人工放射性。（图中的原子核比实际大许多。）

现在，想一想这些微小的原子，它们令人惊叹的结构，再进一步想一下那些勾勒出原子结构的头脑，早在显微镜能够观察到原子之前，他们就已经知道原子是什么样子了。

同位素？几乎相同，但并不全然！

1919年，弗朗西斯·阿斯顿（汤姆孙的助手）发明了摄谱仪，摄谱仪能够根据原子的质量将其分类。他惊讶地发现，同种元素的原子并不是完全相同的。对某种元素来说，原子有相同的质子数。（质子决定了元素的化学性质。）通常（特别是对轻元素而言）中子数和质子数相同，但并非总是如此。同种元素，中子数不同的原子互为同位素。同位素并不罕见，铀的同位素超过200种。每种元素都可以产生人造同位素。一些同位素是稳定的，另一些则具有放射性。你可以把同位素想象成"不完全相同的双胞胎"。

为了标示同位素，化学家将原子质量写在元素符号的左上角。例如，氖有10个质子（原子数为10）和10个中子，所以写作^{20}Ne；氖的同位素有12个中子，写作^{22}Ne。碳（原子数6）有很多同位素，其中比较有名的是碳14（^{14}C）（参见下一页的专栏），它包含6个质子和8个中子。

在原子弹的诞生地新墨西哥州，有一支乙级联赛的棒球队，名叫阿尔布开克同位素。下面是它们的原子核伙伴，前12个元素的所有同位素，从氢（H）到镁（Mg）。氢（最下面一行）是最简单的元素，氢原子包含一个质子和一个电子，氢有三个同位素：最常见的氢原子没有中子，稳定的氘包含一个中子，具有放射性的氚有两个中子。氦（He）和锂（Li）各有5个同位素，铍（Be）有7个，硼（B）有6个。

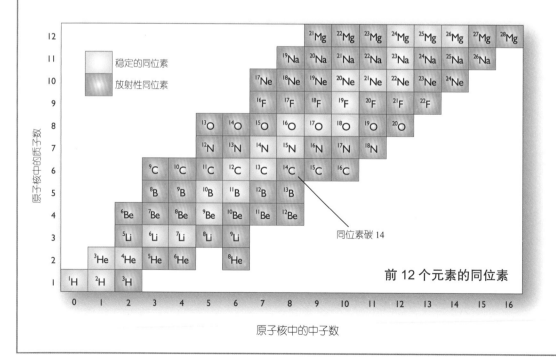

前 12 个元素的同位素

用 ^{14}C 测定年代

你呼吸的空气中含有二氧化碳——其中有极小的一部分是碳的放射性同位素 ^{14}C。宇宙射线与氮分子相互作用产生 ^{14}C，在大气层上部不断积累。

植物通过光合作用，吸收空气中的二氧化碳，将其中的碳元素——包括极少量的 ^{14}C 转化为植物组织。动物吃下植物后，也获得了 ^{14}C。动植物体内所含的 ^{14}C 与大气中所含的比例相同，直到有机体停止生长。（例如大树被伐，兔子死亡。）此后，这些失去生命的有机体体内的二氧化碳将不再代谢。同时，已经存在于兔子或大树中的 ^{14}C 将以已知的速度（半衰期）衰变。在一段确定的时间里，我们无法指出是哪个 ^{14}C 原子发生了衰变，但是从统计上，每经过 5 730 年，将有一半原子发生衰变。

加州物理学家威拉德·利比（Willard Libby）在 20 世纪 40 年代指出，如果你测定了一个死亡物体（死亡于 50 000 年内）体内的 ^{14}C 含量，并与活着的物体体内的 ^{14}C 含量比较，就能够计算出有机体的死亡时间。放射性碳年代测定法对于考古学家、地理学家，乃至侦探们都极为有用。所以，如果你周围挂着一些古老的骨头，你可以通过检测 ^{14}C 含量来确定它们的年代。

这段人类股骨的年代被测定为中世纪。对很小的样本进行 ^{14}C 测定，就可以得到相当确凿的证据。

卢瑟福骄傲而又高兴地说："我们活在物理学英雄辈出的时代！"他的同事都很赞同。其中一位 C.P. 斯诺，是剑桥卡文迪什实验室的物理学家。他后来成为一名小说家，曾写道："连续数周，我穿过原始的黑夜，东风从沼泽呼啸着吹向古老的街道。洋溢着喜悦心情，为着我见到了、听到了、接近了这场世界上最伟大运动的领导者们。"斯诺、卢瑟福和他们的同行都很清楚，理解原子的本质是人类智慧的伟大胜利。但他们却没有料到，之后还将有许多英雄诞生。

玻尔另辟蹊径

不为量子理论感到震惊的人，都没有真正理解它。

——尼尔斯·玻尔，丹麦物理学家

四十多岁时，玻尔如同一位快乐的父亲，带领着几十个学生，他们来自世界各地，大多只有二十多岁。他闲暇的时候看牛仔电影，不过总是需要几个学生帮他解释复杂的剧情。

——丹尼斯·布赖恩，美国记者和传记作家，《爱因斯坦的一生》

（玻尔的）理论头脑还展现在解释电影情节方面。他建立了一个理论来解释，为什么尽管每次都是坏人先拔剑，但英雄却能比他更快，最终克敌制胜……我们觉得这个理论没有道理……我去玩具店买了两把装在皮套中的西部手枪。我们与玻尔对射，他扮演英雄，并且"杀死"了所有的学生。

——乔治·伽莫夫（George Gamow, 1904—1968），苏联物理学家，《震撼物理学的三十年》

卢瑟福发觉玻尔的才能时，玻尔还只是一个身形消瘦的研究生，努力地学习着英语。然而不久之后，玻尔就成为一代物理学家的良师。20世纪20年代到30年代期间，他们蜂拥至丹麦的哥本哈根，与玻尔一起工作。这个城市化身为一个力场——量子力学的场，吸引着全世界的物理学家。

对科学家而言，力学研究的是运动。**量子力学的研究内容是电子、光子和其他亚原子粒子的运动。**这是科学的新领域，为人熟知的牛顿运动定律（主宰着我们的日常生活）并不适用于原子层面。玻尔是原子和分子王国的早期探险者。他成为这个微观世界的英雄和这一领域的鼻祖。

玻尔的热情常令周围的人筋疲力尽。他喜欢边说话边思考——一边说一边工作，一边工作一边说——直到把问题想清楚。他休息的时候也充满热情。有一次，玻尔和另一位物理学家一起在哥本哈根的街道上散步，这位物理学家是一位登山爱好者，他们临时起意，决定沿着一栋楼的外墙爬上去。凑巧那是家银行，警察很快就来了，但是他们看到这两个"银行窃贼"以后，只是耸耸肩。他们对这位教授和他的事迹早就习以为常了。

玻尔和他的团队所做的工作，在保守派看来，简直和抢银行一样令人闹心。在哥本哈根学派建立的亚原子世界图景中，概率取代了确定性，这就意味着再也不能根据过去的事件精确地预测未来了。（一切都是爱因斯坦起的头，但玻尔完全不能认同，在最基本的层面居然只能使用概率来研究。）

玻尔和他的年轻团队被卷入了一场由思想活动引发的狂欢。他们如同侦探一般找寻线索，在量子世界中探险，但他们也会抽时间去滑雪、看牛仔电影、驾驶帆船、举办聚会或是演奏音乐。量子力学的研究圈子太小，每个研究者都互相认识，共享信息。欧洲并不是一流科学家的唯一诞生地，他们从日本、印度、美国和其他地方来到哥本哈根。他们大多依靠德语和数学语言交流。

这是丹麦艺术家埃纳尔·尼尔森（Ejnar Nielson，1872—1956）的马赛克作品的复制品，作品中的玻尔被四位科学信徒围绕。这幅马赛克是哥本哈根皇家剧院天花板装饰的一部分，这栋建筑布满了装饰派的装饰品和前卫的艺术作品。

詹姆斯·夫兰克是一位物理学教授，他在 1925 年获得诺贝尔奖。1933 年，他因反对正在崛起的纳粹党而离开德国。作为美国公民和芝加哥大学教授，夫兰克参与原子弹的制造，但随后他组建了一个委员会，反对使用原子弹。

有幸参与其中的詹姆斯·夫兰克（James Franck，1882—1964）曾说：

可以把玻尔的家比作古希腊的学园。在那里展开的对话和讨论绝不仅限于物理学和自然科学，还涉及哲学、历史、美术、宗教历史、伦理问题、政治、时事……（玻尔）读过许多东西，并且记忆力超凡，他会思考他读过和经历过的所有事情。

物理学家的工作很不容易，经费也一直不足，这使得他们的成就显得更加非凡。

"研究所里到处都是年轻的理论物理学家，空气中弥漫着关于原子、原子核和量子理论的各种新想法，"回忆起在那里的旅居生活时，伽莫夫这样写道。

W. 贝伦斯（W. Behrens）的油画作品《煤气灯下的哥本哈根》描绘了 20 世纪 20 年代丹麦首都市中心即将开始的生动夜晚。市政厅大楼（右侧）后面，是宽阔的公共广场 Rådhuspladsen。

出色的物理学家，糟糕的帆船手

伽莫夫是独一无二的独行侠。他独立思考，做他认为对的或者有趣的事情，任何人都阻止不了他。1904 年，伽莫夫出生在俄国的敖德萨（现属于乌克兰）。很小的时候，他就在科学方面表现出色。当他完成了一些核物理方面的发现后，苏联报纸这样称颂他，"伽莫夫向西方展示了，苏联的土地能够孕育出自己的柏拉图和睿智的牛顿。"

1932 年，伽莫夫和妻子柳博芙·沃赫米泽娃（Lyubov Vokhminzeva，也是一位物理学家）决定

在这幅照片中，伽莫夫并不是在出逃，而只是在愉快地划船。

离开苏联，他们计划划船穿越黑海到达土耳其。伽莫夫回忆道："我们煮了（一些鸡蛋），留着在路上吃。还弄到了好几块巧克力和两瓶白兰地。事实证明，当我们在又冷又湿的时候，白兰地还是很管用的。"作为数学家，他很快指出"轮流划船比一起划船更合理，船的速度不会因为一起划船而翻倍。"但是，36 个小时后，风云突变，独木舟被往回推，他们只得放弃，掉头回去。

后来伽莫夫夫妇再次尝试，这次他们从摩尔曼斯克穿越北冰洋去挪威。他们的这一次行动也失败了。1933 年，伽莫夫受邀前往布鲁塞尔参加著名的索尔维会议。（卢瑟福、玻尔、居里夫人那年都参加了会议。）他得到了政府的许可，可以偕同妻子前往，此后再没有回国。夫妇二人前往美国，在那里伽莫夫完成了重要的工作，对大爆炸理论作出重要贡献。业余时间，伽莫夫写了一些不错的书，他在去的任何地方都能玩得很愉快。

他的作品已经成为经典。《震撼物理的三十年》从参与者的视角讲述了量子理论革命。《汤普金斯先生探索原子》一书，标题中的人物是一位银行职员，他被缩小到电子的大小，展开了原子世界的冒险。这里摘录了其中精彩的一段：

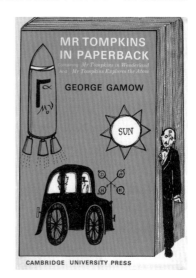

银行职员汤普金斯先生邀请读者加入他在原子世界中的疯狂旅程。

"抓住光！"他的一个同伴大喊，"不然你会被光效应力甩出去！"但为时已晚。汤普金斯先生已经从同伴身边被拽开，以可怕的速度飞出去，就如同被两根有力的手指操纵一般。他屏住呼吸，在空间中越飞越远，和各种不同的原子擦身而过，速度之快，以至于他都无法看清分开的电子。突然一个大原子惊现眼前，他知道碰撞已经不可避免了。

伽莫夫的父亲是一位高中教师，在伽莫夫13岁时，父亲曾给他一个望远镜。这个礼物激发了他对科学的兴趣。1923年，伽莫夫在彼得格勒州立大学（今圣彼得堡国立大学）研究量子力学。同时，他还聆听亚历山大·弗里德曼（Alexander Friedmann）的讲座。弗里德曼学习过爱因斯坦的相对论，并且指出宇宙一定在不断膨胀中（在爱因斯坦意识到这一点之前）。伽莫夫因此较早地同时涉足量子物理和相对论。他后来成为20世纪物理学巨匠之一。他的一个重要研究成果，就是"量子隧道效应"。

苏联学生伽莫夫，获得了前往德国进行暑期学习的机会。回家途中，他的钱只够在哥本哈根停留两天。他希望能见到伟大的玻尔教授。"我在一家破旧的小旅馆里，要了一间最便宜的房间，然后去了玻尔的研究所，"伽莫夫说。要见玻尔完全不是问题，他特别乐于和年轻学生交谈。"我走进他的书房时，看到的是一位友善的、微笑着的中年男子。他询问我对物理的兴趣所在，以及我正在研究的内容。"

伽莫夫介绍了自己的研究，玻尔听完说："真的非常非常有意思……你能在这里留一年吗？"

在哥本哈根和玻尔一起工作的日子是什么样的？

伽莫夫说："研究所的工作非常简单：每个人都能做任何想做的事，什么时候想来上班或者回家都可以。"

玻尔很清楚，完全不需要督促那些被邀请来研究所的人努力工作。他们都和他一样热衷于物理学。他们都是未知领域的先驱，他们很清楚这一点。

伽莫夫到达那里时，一个大问题已经被解决了，就是关于光子的问题。光的本性是什么？这个问题从牛顿时代一直争论至今——玻尔和爱因斯坦也参与其中。光是由粒子组成的还是像波

1919年，爱因斯坦和第一任妻子米列娃离婚，几个月后和表妹埃尔莎·洛文塔尔（Elsa Löwenthal）再婚。1921年，爱因斯坦获得诺贝尔奖，这一年爱因斯坦携埃尔莎（右）第一次坐船前往美国。

一样？爱因斯坦认为存在实际的光量子，它们是很小的能量包。玻尔却认为，从数学上来说，光可以被视作粒子，但这些粒子并不真实存在。这一长期存在的意见分歧并没有阻止玻尔和爱因斯坦建立起深厚的友谊。那么，到底谁是对的呢？继续读下去，你会找到答案。

爱因斯坦和玻尔分别在 1921 年和 1922 年获得诺贝尔奖。由于去日本的行程已经计划很久，爱因斯坦并未亲自前往瑞典领奖，玻尔领奖后一年，他才去。这是爱因斯坦 1923 年 1 月 11 日写给玻尔的信（用德语）。那时爱因斯坦和第二任妻子埃尔莎正在日本榛名丸号上。他恭喜玻尔获得了诺贝尔奖。

亲爱的玻尔！

在即将启程离开日本前，收到了你激动人心的来信。毫不夸张地说，你的来信给我带来的欣喜不亚于自己获得诺贝尔奖。你担心会在我之前领到诺贝尔奖，这种忧虑确实是玻尔式的——这倒成真了。你对原子的新研究一直伴随我的旅行，也令我更加赞赏你的才华。我想我终于明白了电和引力之间的联系……

行程很出色。日本和日本人都很吸引我，我相信你也会被吸引的。此外，像这样的航海旅程对于一个梦想家而言实在太愉悦了——这里如同一个修道院。此外，赤道附近宜人的气候——温暖的雨滴懒洋洋地从天空落下，创造出一种宁静的、融入自然的状态。这封信就验证了这一点。

送上衷心的祝福。非常期待下一次在斯德哥尔摩的会面。

爱因斯坦

最终，在 1923 年 7 月炎热的一天，爱因斯坦前往瑞典领取了诺贝尔奖。爱因斯坦获奖是因为他在光电效应方面作出的贡献，也就是 1905 年那篇有着划时代意义的论文。在那篇论文中，爱因斯坦将光描述为粒子（量子能量包），这一概念促使了量子理论的起步。

玻尔，内向的 28 岁丹麦人……将普朗克 - 爱因斯坦的量子理论和卢瑟福的原子概念结合在一起。爱因斯坦最初的反应是，他也有类似的想法（玻尔后来认可了这一点），但是不敢发表，因为这将意味着物理学的终结。他的第二反应是，称玻尔的氦原子理论为"一项惊人的成就"。

——丹尼斯·布赖恩，
《爱因斯坦的一生》

芝诺悖论

这个严肃的家伙是埃利亚的芝诺（Zeno），一个有名的希腊人。公元前 495 年到公元前 430 年，他居住在意大利南部，他想出了许多令人抓狂的悖论。

在飞矢悖论中，芝诺主张，时间和空间既不是连续的，也不是分立的。亚里士多德曾尝试证明芝诺是错的，而 19 世纪数学家刘易斯·卡罗尔（Lewis Carrol）和伯特兰·罗素（Bertrand Russell）则认为，芝诺提出了非常严肃的问题——几乎可以确定，爱因斯坦是知道这些悖论的。

图为超现实主义画家勒内·马格里特（René Magritte）的作品《芝诺之箭》（1964）。这幅作品是受到了芝诺悖论的启发：在每个瞬间、每个位置，运动的物体实际上是静止的。因此，运动是不存在的。

每次开灯，你就令数以亿计的光子（光量子）动了起来。你将电能转化为光能，但这不是在创造能量。请记住：热力学第一定律表明，能量既不能被创造，也不能被消灭。

几乎每个人都希望爱因斯坦因为相对论的论文而获得诺贝尔奖，但对诺贝尔奖委员会来说，这一课题仍然太具争议。爱因斯坦被要求不要在获奖致辞中提及相对论。瑞典国王古斯塔夫五世（Gustav V）却有不同想法，作为两千听众之一，他坐在前排，表示想要学习相对论。爱因斯坦欣然同意。然而，是量子力学带来了新的技术和令人惊叹的应用。爱因斯坦此刻似乎已经脱节很远了。

领奖后，爱因斯坦坐渡轮去了哥本哈根。这是他第一次去丹麦，玻尔去码头接他，他们搭电车去玻尔家，并很快展开了深入的讨论。他们说了什么？无人知晓，但极有可能他们在争论光量子（后来被称为光子）是否真实存在。

玻尔认为它们不存在，只是一种数学抽象，它们能在方程中很好地起作用。这似乎是很小的分歧，但对两位巨人而言并非如此。光子真的存在吗？"是的，"爱因斯坦说。"这不重要，"玻尔说。

当他们从电车座位上抬头看时，发现坐过了站。他们默默下车，越过轨道坐上反方向的电车。但是，他们仍然在讨论，于是又一次坐过了站，直到快到最初上车的地方才发现。这两位天才人物——几乎比世界上任何人都聪明——却似乎没办法专心坐车。热情是他们共同的特点。不同的是，玻尔在与他人合作时最有创造力，并总是充当老师的角色，而爱因斯坦则几乎生活在自己的头脑中。

他们在相同的轨道上——尽管有时候他们自己并没有意识到。科学的电车正在铺设新的轨道，没人知道这些轨道将会通往何处。过去的牛顿宇宙建立在绝对时空上，有果必有因。玻尔和他年轻的同事们击碎了这种确定性，他们将爱因斯坦的概率概念引入量子理论——但是爱因斯坦非常痛恨基本层面的概率观点。哥本哈根学派在这一点上与爱因斯坦分道扬镳（他们是对的），他们为科学探究打开了全新的领域。对于爱因斯坦来说，他所做的是将科学家的注意力从适用于地球的牛顿体系，转移到了适用于全宇宙的体系上。这需要一些时间来适应。

至于玻尔和爱因斯坦关于光量子的争论，在美国完成的实验即将给出答案。

物理学家保罗·埃伦费斯特（Paul Ehrenfest, 1880—1933）在1925年12月抓拍到的照片。照片中，玻尔（左）和爱因斯坦（右）在埃伦费斯特的家中（荷兰莱顿）休息。对这些伟大的头脑来说，"休息"就是争论量子理论。

美国人追踪光子，法国人揭秘物质

光束难道不是发光物质射出的小颗粒吗？

——艾萨克·牛顿（1642—1727），《光学》，疑问 29

爱因斯坦的直觉和洞察力令他注意到，尽管光事实上是波，也必定是粒子：自然着实反常！

——罗杰·彭罗斯（Roger Penrose），英国物理学家，《牛顿、量子理论与真实》

我们面对着这样一个困境，有充分的证据显示，辐射是由波组成的，同时也是由小颗粒组成的。新的波动力学似乎能够解决这一困境。德布罗意假设，组成物质的每一个运动粒子都伴随着波。

——阿瑟·康普顿（Arthur Compton，1892—1962），美国物理学家，1927 年诺贝尔获奖致辞

阿瑟·康普顿决定解决玻尔和爱因斯坦关于光量子的争论。康普顿是华盛顿大学的物理学教授，一位出色的实验家，华盛顿大学位于密苏里州的圣路易斯。他想要证明爱因斯坦的"光量子"并不真实存在，只是数学工具。实验的结果出人意料，不过他因此获得了1927 年的诺贝尔奖。

故事是这样的：

1923 年，康普顿认为，如果光子真实存在，那就应该能被探测到。他是 X 射线散射方面的专家，因此他的实验从这方面着手进行。

什么是散射？当 X 射线射入人体，它们会穿透皮肤，但当它们射到原子上时，会发生反弹和散射。为什么？

和汤姆孙的电微粒（第五章）类似，光微粒是很小的粒子。牛顿早在 18 世纪就引入了这一概念。

这个疑问在 1912 年首次得到解释。马克斯·冯·劳厄将 X 射线入射到硫化锌晶体上，射线发生了弯折，他用感光片记录下了射线形成的图样。劳厄意识到，在某些固体内部，原子、分子或离子按照一定几何规律形成三维层级分布，称

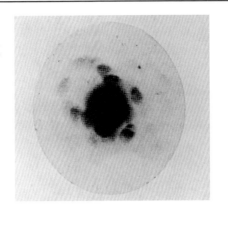

这是劳厄的第一张 X 射线衍射照片，拍摄于 1912 年。照片中的点证明了他的假设：X 射线是波长很短的电磁波。

为晶格，入射到晶格上的 X 射线会发生衍射、反射和散射。因此，利用 X 射线能够获得分析原子的重要信息。

英国的父子组合，威廉·布拉格（William Bragg）和劳伦斯·布拉格（Lawrence Bragg）对散射作了进一步研究。他们发现，金属中的原子层以晶体形式排列，如同镜子一般反射 X 射线。当进行 X 射线散射实验时，他们得到了可以分析和测量的衍射斑点图样。布拉格父子勾画出了原子的完整晶格结构。在美国，康普顿很快就会跟上他们的步伐。

通俗地说，大多数晶体是透明的，比如冰或者预言家使用的水晶球。从科学上讲，晶体是一种固体，它具有规则的、重复的原子、离子或分子排列。粒子所在的晶面间有确定的夹角。

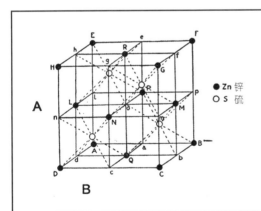

● Zn 锌
○ S 硫

布拉格父子组合分享了 1915 年的诺贝尔物理学奖，同年他们出版了《X 射线和晶体结构》一书。

书中这张图显示了硫化锌晶体的结构，它远比简单的立方体复杂得多。

康普顿将 X 射线（高频电磁波）射到金属混合物上，期望能够探测到电子的反弹。（这并不令人惊讶：电子是物质粒子，当受到波的扰动时，它们会作出反应。）真正令人惊讶的是，无论 X 射线照射到铜、锡还是金上，电子的散射总是一样的。就像是

记住：X 射线、无线电波、γ 射线、微波、红外线、可见光和紫外线都既是电磁波，也是粒子——称作光子或光量子。

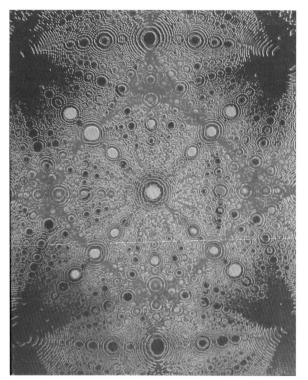

这是一幅铂晶体的几何图样，上色是为了表现细节，这幅图经常被误认为是抽象艺术作品。这是通过场离子显微镜得到的图像，这项技术（出现于 20 世纪 50 年代）可以探测到纳米级别的原子。

波粒二象性是一个悖论吗（就像通常所说的那样）？不是这样的。犹如你可以同时是一个学生和一个儿子／女儿。这是你身份的两个不同方面，具体是哪一个身份，取决于你在哪里或是与谁交谈。

用水管向一堵泥墙或是一块岩石上喷水，结果都是一样的。康普顿很纳闷，到底发生了什么？

康普顿认为发生散射的电子是与原子核作用较弱的外层电子，基本上都是自由电子。这是很重要的信息，康普顿决定深入挖掘。

接着，他发现当 X 射线以某一频率入射到金属上时，会以另一频率弹回。这着实令人震撼。想象一下，你戴着绿色围巾照镜子，看到的却是粉色的围巾。（记住：频率决定颜色。）这说不通：能量和频率似乎是相关的。在麦克斯韦的波动理论中，能量和频率是没有关系的。

康普顿意识到，当电磁波遇到金属中缓慢运动的电子时，发生了能量转移。电子（在金属中基本静止）必然从高能电磁波那里获得能量，从而加速。

根据已知的波动规律，电子一旦加速，散射波的频率将弥散开来，包含不同频率——类似于鸣笛的汽车从你身边开过时，你听到的笛声的音调会降低。（音乐家称其为滑奏法。）

康普顿实验中也出现了这种弥散，但在不同频率中，一个低频峰值特别突出。**这个低频波的出现只可能是粒子与粒子相撞后产生的，如同爱因斯坦预测的那样。**是的，电磁粒子必定与电子相撞，发生散射。（不同的频率弥散表明"光是波"，而突出的峰值则表明"光是粒子"。）

电子从电磁（光）粒子那里得到了能量。这解释了为什么散射的光子能量降低，波长变长（也就是频率降低）。

康普顿意图证明光不是粒子。而事实上，他恰恰证明了爱因斯坦的观点，光就是一种粒子。这意味着牛顿的光微粒概念是正确的，同时，麦克斯韦光的波动理论也是正确的。**电磁现象具有波粒二象性。**（想象一下记录了同一张脸的两张照片，一张脸看起来很平滑，另一张脸则由无数个小点组成，但两张照片实际上是同一张脸。）

当康普顿的证据（称为康普顿散射）在物理学界传开后，光子的真实存在就是绝无异议的事实。康普顿自己都很惊讶，他解决了玻尔和爱因斯坦之间旷日持久的争论，也打开了量子物理学的一扇崭新的大门。其他人立刻跨过门槛，走了进去。

第一个就是路易－维克多·德布罗意（Louis-Victor de Broglie，1892—1987）。1923 年，他在确定博士论文选题时，得知了康普顿的实验结果。

德布罗意是一位法国贵族（一位真正的王子），他大学毕业时获得了历史学位。第一次世界大战期间，他在法国军队服役，被分配到无线电通讯这一新领域。当很多朋友都在战壕里时，德布罗意在巴黎埃菲尔铁塔上发送和接收电报。他在法国军舰上安装了第一台无线电收发报机——这种种经历促使他从历史转向科学，也为他的科学思考打下基础。

德布罗意听闻康普顿的工作后产生疑问：如果光既是粒子又是波，那么物质呢？物质是否也有这种二象性？**是否存在物质波？电子是否也是波呢？**

"我沉醉于原子物理的问题中……（因为）那些围绕着普朗克常量的秘密，它是量子行为的尺度。正是关于波粒二象性令人迷惑和尚未弄清的性质，似乎宣示着还有很多很多东西可以发掘，"德布罗意后来在《物理学与形而上学》一书中写道，"很长时间我都在孤独与冥想中反思，在 1923 年，我忽然想到，爱因斯坦在 1905 年的发现可以拓展到所有物质粒子，尤其是电子。"

如今光子的存在已经毋庸置疑。爱因斯坦赢得了与玻尔的论战。但玻尔也有收获：光子（和其他量子粒子）都处于不确定的二象性状态。它们遵循的物理规律与大尺度的、日常生活中的规律不同。

德布罗意的官方封号为德布罗意公爵七世。他是法国富裕贵族家庭的次子，家人从未企盼他成为正经的学者，但是孩子总能让父母吃惊。德布罗意后来成为一名出色的理论物理学家。

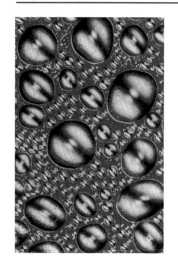

氧化镍分子液滴，形成于原子大小和空隙不匹配的物质表面。若遇到合适的材料，则会变成镜面般光滑的薄膜。

德布罗意将原子中的电子想象成驻波（如同弹拨吉他弦演奏纯音）。

在递交给巴黎索邦大学的博士论文中，德布罗意采用了爱因斯坦质能方程（联系了质量和能量）和普朗克公式（联系了频率和能量），用数学形式表明**电子——以及所有的物质粒子——都具有波的性质**。物质和能量一样，必然具有波粒二象性。玻尔的哥本哈根学派不赞同这一观点，但却得到了爱因斯坦的支持。他说德布罗意"揭开了伟大面纱的一角"。但这个理论能被证实吗？

那么人呢？我们也有波长吗？是的，但是我们的波长太小，无法测量。由于波的本性而出现的尺寸的不确定，在我们身上可以忽略不计。

——肯尼思·W. 福特（Kenneth W. Ford），美国物理学家、教育家和作家，《量子世界》

在哥廷根的理论物理研究所里，马克斯·玻恩（Max Born）和一群极其聪明的人正在思考量子力学。一位研究生，沃尔特·埃尔泽塞尔（Walter Elsasser）也读了爱因斯坦和德布罗意的论文。之后，埃尔泽塞尔撰写论文设计了一个实验来检验电子的波动属性。在美国，克林顿·戴维森（Clinton Davisson）和莱斯特·革末（Lester Germer）将在贝尔实验室进行一项实验。他们在一次事故中，意外得到了很大的晶体。当电子在晶体上发生反射时，结果令人非常困惑。埃尔泽塞尔分析认为，他们实际上看到了电子的波动行为。

同时，在英国，G.P.（George Paget）汤姆孙（J.J. 汤姆孙的儿子）读了埃尔泽塞尔的论文。他立即进行实验，并且弄清楚了实验结果：电子展现出了波的衍射图样。G.P. 汤姆孙的父亲发现电子是粒子，而他本人则发现电子是波。因此，1927 年，

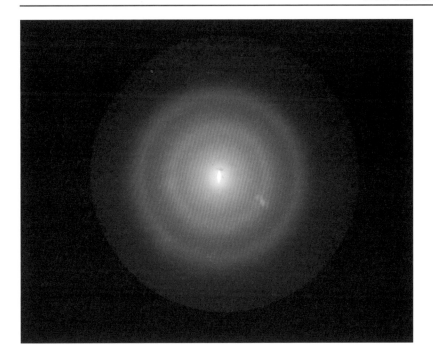

电子枪发射的电子"子弹"形成了这个明亮的靶心。这是一个衍射图样，和 X 射线照射晶体发生衍射的原理相同。这个图样证明了这些"子弹"（粒子）可以表现出波动性。实验中，电子穿过的狭缝和它们的波长相当。

电子的波粒二象性有了实验证据。和光子一样，电子不仅仅是粒子，而且也具有波的性质。

1929 年，德布罗意获得诺贝尔奖。一位瑞典物理学家在斯德哥尔摩的颁奖礼上这样介绍他："很年轻的时候，你就投身到围绕着物理学最深刻问题的争议中去。在没有任何已知事实的支持下，你大胆地宣称，物质不仅具有粒子性，还具有波动性。此后的实验证实了你的观点。"

光子—词于 1926 年由美国物理化学家吉尔伯特·路易斯创造。

> 量子力学一旦充分建立起来，将表明原子中的电子波是三维的，弥散在空间中，而不仅仅是沿轨道方向拉伸。因此，电子本身也必须被视为弥散在空间中，而不是处于某一特定轨道上。
>
> ——肯尼思·W.福特，《量子世界》

什么是不确定性？
海森堡说，是一切

> 冬天的时候，海森堡到我这里来……他和沃尔夫冈·泡利（Wolfgang Pauli, 1900—1958）一样极具天赋，但是性格更讨人喜欢。他的钢琴也弹得很好。
>
> ——马克斯·玻恩（1882—1970），德国物理学家，摘自 1922 年写给爱因斯坦的信

因为对花粉过敏，我实在太难受，不得不向玻恩请十四天假。我动身前往黑尔戈兰（北海上的一个小岛），希望在大海空气的帮助下，在远离鲜花和草地的地方能够康复得更快……除了每天的散步和游泳，没有什么能打扰我思考，我在那里的研究进展比在哥廷根的时候快多了。

> ——维尔纳·海森堡（Werner Heisenberg, 1901—1976），德国物理学家，《物理和物理之外》

随着玻尔和量子物理学家对亚原子世界的研究越来越深入，这个世界也显得越来越令人惊讶（甚至气馁）。量子世界的行为和我们在宏观世界中经历的截然不同。比如，原子和其他基本粒子从来不是静止的。从来不是。牛顿的运动定律可以处理静止状态的问题。但是**根据运动的量子法则——我们能够观察到但还没有完全理解这些规律——静止是不存在的。**布朗运动将永远进行下去。

在原子内部，玻尔和他的量子力学发现了一个充斥着如小精灵般粒子的美妙世界，这些粒子如同疯狂的青蛙一般跳来跳去。（这就是此刻，你的身体里、坐的椅子里和阅读的书里正在上演的场景！）

展开这次科学旅程需要想象力，物理学家无法看到真实的量子世界——但是他们能够看到实验结果，进而知道那些粒子在做什么。

借由实验，他们能够在一定程度上看到量子世界，但是一个障碍

出现了。当尝试在量子世界进行测量时，物理学家遇到了问题。

宏观世界的物理围绕测量和公式展开。经典物理梦想能够对宇宙中所有的物理量（动量、位置、能量等）进行完美精确的测量。他们希望能将所有测量结果纳入数学公式。量子理论击碎了精准测量在微观世界中的梦想。这是一个无法回避的问题。此时，24岁的德国物理学家维尔纳·海森堡帅气登场。他通过非常复杂的数学计算，试图解决这个测量危机。

物理学家得到的，并不是他们想要的

对经典物理学家而言，精确测量是实验科学的基础。那么，为什么要进行精确测量呢？

第一，为了预测。第二，为了验证已有的物理定律。第三，为了建立新的物理定律。第四，为了描述事物，并将结果应用到实际中。

这对经典物理学家而言比较容易，这种测量都是确定的。

但是，今天的物理学家必须面对不确定性原理。测量因此面临巨大挑战，为什么？

首先，不确定性原理认为，粒子或波的时间和空间都不能精确确定。这意味着，你无法同时确定一个粒子的位置和它的动量（质量乘以速度）。其他互补的物理量也同样如此（比如时间和能量）。

你可以对量子对象进行单次精确的观察或测量，你能够知道电子确定的位置，能够知道它确定的动量。那么，问题在哪儿呢？问题在

埃里克·赫勒（Eric Heller）通过计算机程序模拟了具有波粒二象性的量子粒子的随机运动。运动从最上方开始，如同沿着斜道下降，最终"卷叠在一条海岸线上"。这条粉色的线是一个波长阈值，高于这个值的粒子无法通过。

于，你不能同时知道同一个电子确定的位置和动量。那么该怎么办呢？

你对大量电子进行实验。记住：**每个电子都是完全相同的。**具有相同能量的光子也是如此，但它们的行为方式不完全相同。

所以，在全同氢原子的实验中，**每一对互补物理量的结果是离散的（不确定的）。**这些离散是连续的，并受到最大和最小结果的限制。一个量（比如位置）离散越小（不确定度越小），另一个对应量（动量）的离散就越大（不确定度就越大）。根据这些离散的结果，你可以准确地预测大量氢原子的行为，也就是给出行为的概率。

如果你对全同系统进行反复的实验，将会看到一幅总体实验图景，它具有可预测的不确定度。（但对单个粒子是无法预测的。）你永远不能确定单个粒子的所有性质，但是可以预测大量全同粒子的统计性质。

这是奥古斯特·海森堡（August Heisenberg）（中）出发参加第一次世界大战前穿军装拍摄的照片。看了这张照片就可以理解，为什么他的两个儿子，埃尔温（Erwin）（左）和维尔纳（右）是骄傲而爱国的德国人了。

海森堡是古代语言学教授的儿子，孩提时代就十分聪明。年轻的时候，他阅读希腊文学和哲学，对其中的原子和数学思想非常着迷。19 岁时，海森堡在哥廷根大学和一些世界级物理学家一起学习理论物理。他的一位老师带他参加了新原子论的讲座，讲座由玻尔主讲。后来，海森堡写道：

我永远不会忘记第一次听玻尔讲座。大厅里挤满了人。伟大的丹麦物理学家……站在台上……他带着友善而又有一些窘迫的微笑……他精心准备的每句话，都在揭示着一长串深刻思考以及哲学反思，虽未全然言明但却处处启示。我太喜欢这种方式了。

讲座之后，玻尔和学生们交谈，年轻的海森堡指出了他的一个错误。玻尔对此印象深刻。"讨论结束后，他走到我面前，问我是否有兴趣下午和他一起去海恩山散步。"海森堡后来回忆道。

散步中，玻尔邀请海森堡前往哥本哈根。第二天的晚餐时间，上演了一出"闹剧"。两名德国警察以"绑架罪"逮捕了玻尔，这两名警察是研究生，逮捕的罪名与海森堡有关。玻尔没办法立刻逮到他，海森堡必须先完成大学的学业。不过两年之后，他就会来到哥本哈根，并成为玻尔研究所最耀眼的明星之一。

几年之后，海森堡在哥廷根大学任教期间，受到严重的花粉热折磨，他全身红肿，痛苦不已。于是，他只能前往北海上的一个孤岛，那里花粉比较少，并且非常安静。在那里，他集中精力研究量子理论的测量问题。1925 年 6 月，海森堡提出了**近代物理学中最重要的理论之一：不确定性原理**。

这个理论认为：**你无法同时测量量子系统的所有性质**。如果你测量了一个粒子的位置，那么你就无法测量它的动量，反过来也是一样。

换句话说，在原子和亚原子世界中，**对每一个具有波粒二象性的对象，你无法同时测量它的每一个性质**。对其中一个量的测量越是精确，对其他某个量的测量精确程度就会下降。想象一下，一位母亲有两个顽皮的孩子，她让其中一个安静听话的时候，另一个必然大吵大闹。

位置和动量是互补的性质。在经典物理中，你可以同时说出一个物体在哪里（它的位置）和它的动量（质量乘以速度）。但在量子世界里做不到。这远不只是一个关于测量的问题。位置的测量越精确，动量的测量就越粗略，这是理解哥本哈根学派互补思想的一个关键点。

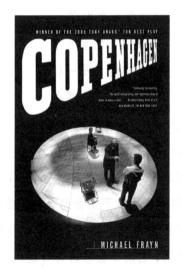

第二次世界大战期间，海森堡曾与玻尔会面，他们谈了些什么？是否与原子弹有关？没有人知道。历史剧《哥本哈根》通过想象描述了这一时刻，将我们的不确定性和他们的科学都编进了对话中。

一个剧作家的描述

1988 年，在迈克尔·弗雷恩（Michael Frayn）的历史剧《哥本哈根》中，有这样一段话：

> 玻尔：在哥本哈根，在 20 世纪中期的这三年里，我们发现不存在一个精确的、可决定的客观宇宙。宇宙的存在只是一系列的近似（概率）。它的客观性受到我们和宇宙的关系的限制。它只能通过人类头脑对它的理解呈现出来。

一次性的系统

对物理学家而言,氢原子是一个系统。当你对一个系统进行实验时,这个系统的状态将发生变化,这意味着不能再用相同的量子数描述这个系统,因此无法用作原有系统的其他测量。科学家曾经不断地捕捉、分析和测量事物。然而,没有办法既要捕捉住粒子或波而又不改变它。

所以,原子和亚原子粒子进行一次实验后,就不能再用。这意味着在量子世界中,针对单一系统(如一个原子)的测量是无法获得因果关系的。

好比是纸巾,挑剔的人是不会同一张纸巾用两次的。当你买来一盒纸巾,如果被擤过鼻涕的纸巾都还在,你肯定很生气,所以每次用完一张就会扔掉。在亚原子世界做实验的时候,请想想纸巾。你无法对同一个对象进行两次实验。你需要的是很多完全相同的事物,例如氢原子。这样,你就可以进行反复的实验——因为这些对象都是相同的。

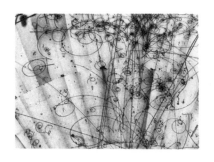

这些杂乱的亚原子粒子轨迹,实际上都反映了"光子在磁场中生成电子-正电子对,它们随后向相反方向飞出"。

不确定性原理表明,我们无法知道物理世界的一切。这可是个关系重大的理论。并且,这不是一个猜想,它已经通过了所有的测试,一个接一个实验都验证了它的正确性。

科学家很快发现,**不确定性无处不在——无论是在宏观世界还是量子世界——只是在日常生活中这种效应太弱,所以被我们忽略了。**

牛顿理论认为万物都遵循某种确定的、预先设定的规律。海森堡的不确定性原理并非如此。宇宙的核心十分灵活,这使得世界存在着自由和变化。

通常,当你仔细地进行一个实验时,你预期每次的结果都会是相同的。但在量子世界中情况有所不同。例如,当一个电子选择运动路径时,没人能确定地判断出,它会选择哪一条路径。一个电子这一次这样选,另一次可能那样选。你最多只能预测每个电子选某条路径的概率。你可以计算平均值,以及结果的离散度(不确定程度),你也只能做这么多。根据过去的观察结果,你可以预测平均值和离散度。如果你想预测某一个讨厌的小家伙接下来会怎么做,或者会到哪里去,那还是放弃吧。电子(光子也是这样)是奇特而独立的,它们不会告诉你答案。

事实上,用"小家伙"这个词是不合适的。粒子处于一种潜在的状态:它们有可能是在空间传播的波,也可能是一束子弹般的粒子。玻尔把这种双重的可能性称为"互补性"。它们在一些实验中显示出波动性,在另一些实验中显示出粒子性——但波动性和粒子性绝不会同时出现。在被观察到之前，量子层面的波粒二象性只能被描述为一种不确定的潜在状态。很奇怪吧？确实如此。

你可以想象，对于那些接受过牛顿物理训练的经典物理学家而言，接受规则完全不同的量子力学该有多么困难。

对 20 世纪的大部分物理学家而言，这个新理论实在太恼人。因为它让他们必须依赖统计学和概率。

但这些是他们必须接受的事实。

现在爱因斯坦和玻尔又有了新的争论话题，那就是不确定性原理。爱因斯坦感到很不高兴。尽管他本人关于布朗运动的论文使得统计学被科学研究所接受，但他却不能接受亚原子世界只能用统计方法理解。他在给玻恩的信中（经常被引用）写道："量子力学确实令人印象深刻。但是内心有个声音告诉我，这还不是最终的答案。这个理论包含了许多内容，但并没有真正使我们更靠近终极的秘密（他指的是上帝）。我无论如何都相信，上帝不掷骰子。"

这是一个花瓶，还是两张面对面的人脸？这是一个常见的视觉幻觉，其实两者都是，只不过我们的大脑一次只能关注其中的一个。类似地，电子既像波又像粒子，但是同一时刻只能表现出一种性质——这就是互补性原理。

为什么不确定的真实不是矛盾？

你想要测量原子中一个电子的位置吗？没问题。你可以用 γ 射线。γ 射线的波长比原子小得多，所以能够找到电子。但是用 γ 射线轰击一个电子，

γ 射线球收集被轰击后变形的原子核释放的 γ 射线，供物理学家进行分析研究。

会把电子打飞，之后就不能再对这个原子进行观察了。也就是说，同一个原子不能用两次。如果你想要重复实验，就需要一个崭新的氢原子。而用一堆氢原子进行实验得到的位置会包含不确定性。

你也可以同样精确地测量电子的动量。但是每次实验时，你都会扰动处于基态的原子，致使它无法用于下一次的测量。同样地，用许多原子进行实验后，得到的动量会包含不确定度。不确定性关系指出，两个量（位置和动量）的不确定度的乘积存在最小值——这一点是确定的！

拉斐尔（Raphael，1483—1520）在这幅著名的创世作品中想象了上帝的样子，他被爱因斯坦称为"那个老人"。这幅画是梵蒂冈宫殿的壁画。

爱因斯坦在寻找一个终极理论，能够将量子世界和宏观世界联系起来：一个万物理论，一个不包含不确定性的理论。

但是，无论是否喜欢，哥本哈根对于原子的理解是有效的。至于为什么？玻尔和他的团队并不关心这个问题。他们意识到，几个世纪以来，没有人知道指南针为什么能够指南北，但一这思考没有影响指南针的实用价值。玻尔认为，理论的正确性应该由它的实际作用来判断。他并不关心深层的、隐藏的意义。

不公平吧？ 由你决定

海森堡在苦苦思索不确定性问题的时候，去拜访了爱因斯坦的朋友玻恩。玻恩当时是哥根廷大学理论物理研究所的负责人。玻恩和他的一个学生帕斯夸尔·约尔旦（Pascual Jordan，1902—1980）协助他建立了"矩阵力学"。他们的工作通常被称为"三人论文"。但是1932年，只有海森堡一人被授予了诺贝尔奖。这是他写给玻恩的信（此时玻恩因犹太人身份，已经逃离德国）：

亲爱的玻恩先生：

原谅我很长时间没有给你写信，也还没感谢你发来的祝贺，部分是因为我对你心存愧疚。我即将独自去领取诺贝尔奖，因为在哥根廷大学合作完成的工作——你、约尔旦和我一起完成的工作。这个事实令我非常沮丧，实在不知道该写些什么。我当然很高兴，我们的工作得到了认可，回忆起合作的美好时光也感到无比欢愉。我也相信，所有优秀的物理学家必然了解你和约尔旦对量子力学的建立所作的贡献——这些都不会因为外界一个错误的决定而改变。对此我除了感到一些愧疚，也不能做更多，只能再次向你表示感谢，感谢当年的完美合作。

谨致问候！

海森堡

22年后，也就是1954年，玻恩因"量子力学方面的重要研究"而获得诺贝尔奖。而约尔旦一生没有获得此奖。

当我们无法用日常语言来描述原子时，可以试试数学语言

你可能会说一些量子粒子很厚实。但是，这些粒子太小了，这个词是不适用的。那说密度很大呢？不，不——这也不行。有些粒子是没有质量的，因此几乎无法描绘。那么，我们怎么用语言来解释这些粒子呢？如果用日常语言，那就会遇到很大的障碍。

我们无法把这些粒子的行为描述得符合常识。

也许问题出在我们的语言上。"日常语言是为了帮助人们在地球上生存而诞生的，并不适用于原子内部，"作家乔治·约翰逊（George Johnson）写道。我们的口语——包括所有的语言——都无法描述近代科学中的实体。尝试一下就知道，我们所用语言的灵活性和广阔性都不足以描述相对论和量子理论的相关概念。注意了，有时我们用日常语言来描述量子世界，反而会将自己引入歧途。

不确定性原理意味着，自然在最微小的层面上是无法预测的。因此，我们不得不求助于统计概率。这个事实令爱因斯坦很抓狂。但对玻尔来说，他似乎认为他所作的全部事情就是预测实验结果，而这些结果又反复证明了，在量子世界中存在不确定性。

在这幅说明空间的图中，那些并不是行星、恒星或者星系。它们是不同的宇宙。这是真的吗？我们的宇宙只是多重宇宙的其中之一？这是一种有趣的可能性，源自量子理论多样性的推论。

日常语言很难传达这些概念。有一种语言却能完美地做到这一点——优美且容易被理解——这种语言就是数学。这里举个小例子。

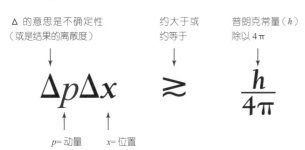

Δ 的意思是不确定性（或是结果的离散度）　约大于或约等于　普朗克常量（h）除以 4π

$$\Delta p \Delta x \gtrsim \frac{h}{4\pi}$$

p= 动量　　x= 位置

关于动量和位置的不确定性原理可以表述为左边这个公式：

这个公式告诉我们，动量的不确定度（Δp）乘以位置的不确定度（Δx）可以近似等于或大于 h（普朗克常量）除以 4π。h 除以 4π 的结果非常小，几乎等于零。所以，宏观物体位置和动量的不确定度"几乎"可以忽略不计。

哥本哈根学派（后人这样称呼玻尔和他的同事）的力量就在于，他们发现实用的方程，并用其创造出技术的奇迹。量子力学的建立者成为原子和技术时代的英雄。玻尔是大师，也是其他人的导师。

猫、夸克和量子怪诞

薛定谔曾说："如果这些该死的量子跃迁真的存在，那我真是不该投身量子理论的研究。"

玻尔回应说："但我们都很庆幸你参与了。波动力学使量子理论在数学上显得更为清晰和简洁，它相对于过去各种形式的量子力学来说，是一次巨大的飞跃。"

——引述自维尔纳·海森堡，德国物理学家，《物理和物理之外》

关键不是观察到别人观察不到的现象，而是对司空见惯的现象进行前人不曾有过的思考。

——埃尔温·薛定谔（Erwin Schrodinger, 1887—1961），奥地利物理学家，《生命的问题》

埃尔温·薛定谔穿着登山靴，背着背包，那时还不流行这样的打扮。"当他前往布鲁塞尔参加索尔维会议时，他会从车站走到旅馆……他的所有行李都装在一个帆布背包里。由于看起来太像流浪汉，每次在接待处都要费好多口舌才能拿到房间钥匙，"物理学家保罗·狄拉克（Paul Dirac, 1902—1984）写道。马克斯·玻恩说："他是最可爱的人，独立、风趣、有点容易激动，但是和蔼而慷慨，更重要的是，他有一颗完美而高效的头脑。"

薛定谔是奥地利人，在维也纳大学时，他学习绘画、语言和哲学，以及数学和物理。他当时还不确定未来要做什么。之后的第一次世界大战期间，他驻扎在一个安静的哨所，在那里他有大量的自由时间，便自学了很多物理知识。1920年时，薛定谔已经成为德国斯图加特大学的物理学教授。在那里，他读到了爱因斯坦一篇论文中的一个脚注，提到了德布罗意的假设，即电

薛定谔追求统一。和爱因斯坦一样，他一生的绝大多数时间都在设法将引力和电磁力统一起来。

四篇更有名的论文

1926 年，薛定谔在德国的《物理年鉴》发表了四篇著名的论文，爱因斯坦 1905 年的论文也发表于这本杂志。当爱因斯坦读到薛定谔的论文时，他写道："你的思想来自真正的天才。"

在第一篇论文中，薛定谔写道："玻尔的量子化规则可以被另一种要求取代，在新的要求里，不再需要假设整数。相反，就像振动线上的波节数必须为整数一样，整数会自然而然地出现。"振动的弦的思想将会激励新一代的物理学家。

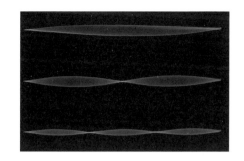

图中是固定的弦以某一基本波长，或某一频率单位振动，——比如一个音符。上图中间的弦为一个波长。谐波的频率是量子化的，等于此频率的整数倍。

子（物质）具有波粒二象性。爱因斯坦发现了德布罗意的工作，并且立刻意识到它的重要性。

"爱因斯坦已经阐明，长久以来被认为是一种波动的光，看起来是一种粒子。德布罗意进行了拓展，假设一直被认为由粒子组成的物质，必然伴随着波的性质，这是它们自然属性的一部分，"巴尼什·霍夫曼（Banesh Hoffman）后来写道。

当哥本哈根的物理学家对电子进行数学描述的时候，他们将电子视为粒子，没有将波动性考虑在内。**海森堡建立了矩阵力学，它的方程只把电子视为粒子**。矩阵方法利用数学表格（矩阵）和代数规则进行运算，这些方程非常难解，薛定谔认为他可以找到更好的方法。对于描述电子具有波粒二象性的理论，薛定谔感到非常不舒服，他认为这是将问题复杂化了。受到德布罗意的启发，他决定建立一个只包含波动性的理论，他的理论基于微积分。

因此，**薛定谔借助数学描述了电子的波动性**。他想用自己的波动方程来取代矩阵力学。他的数学比起矩阵方法更容易计算，并且这种方法能够帮助化学家和其他科学家求解方程，以说明原子是如何通过相互作用形成分子的。它也解释了为什么电子会延伸为电子云。

在索尔维寻求解答

回到 1861 年，比利时化学家欧内斯特·索尔维（Ernest Solvay, 1838—1922），发现了从氯化钠（盐）、氨水和碳酸钙（石灰）中合成出碳酸钠（也被称为洗涤碱或苏打）的方法。碳酸钠 Na_2CO_3 是重要的工业化学原料，可以用来生产纸、玻璃、肥皂、陶瓷和漂白剂。同时，碳酸钠也是洗涤剂和水软化剂的重要成分。如今每年有超过 500 万吨的碳酸钠是用索尔维方法制成的。在 19 世纪，碳酸钠的出现加速了工业革命的进程。索尔维获得了发明专利，为他带来了丰厚的财富。

他用其中的一部分资助一批物理、化学和社会学研究所，也为一系列的学术大会提供经费。1911 年开始，世界顶尖的物理学家齐聚美丽的布鲁塞尔，探讨和争论各自感兴趣的话题。爱因斯坦、玻尔、海森堡和薛定谔都出席了这次索尔维会议。荷兰声誉颇高的洛伦兹是这一国际大会的首位主席。"洛伦兹拥有令人惊叹的智慧与近乎完美的机智，如同一件活着的艺术品！"参加完第一届大会后，爱因斯坦在给朋友的信中如此写道。"我认为他是出席的理论家中最具才华的一位。"（洛伦兹的一些想法帮助爱因斯坦建立了相对论。）

这是物理学史上极负盛名的照片之一。出席布鲁塞尔 1927 年索尔维大会的 29 位科学家中，17 位当时已经或之后成为诺贝尔奖得主。

薛定谔的波动方程是一个巨大的成功，在传统物理学家中尤其受到欢迎。普朗克称之为"一项划时代的工作"。了解了薛定谔的理论后，一位物理学家责备海森堡道："现在我们终于可以和那些量子跃迁的胡话说再见了。"（这么说大概是因为波不会跃迁。）然而，波动方程后来被证明与海森堡的矩阵力学完全等价。所谓的波动力学只是用另一种方式描述了同一件事。无论用矩阵力学还是波动方程，得到的结果都是相同的。

薛定谔试图让电子摆脱波粒二象性，但是失败了，他无法完全用波来解释电子的行为。他无法彻底摆脱古怪的量子物理和量子跃迁。电子既是波又是粒子——这种二象性无法抹杀。**无论说电子是波或是粒子都是不正确的，电子两者都是。**薛定谔想要舍弃量子论的概率思想，但他的波动理论却正是在描述这些概率性事件。

找到波

薛定谔曾在苏黎世联邦理工学院（爱因斯坦的母校）作讲座，他的教授朋友彼得·德拜（Peter Debye）建议他谈谈德布罗意的物质波。爱因斯坦曾关注这一概念，所以当时的物理学家对此都很感兴趣。

薛定谔做了一些研究后举行了讲座，取得了巨大的成功。之后，德拜跟他说："这样研究物理太幼稚了。如果真的存在波，那就应该有一个波动方程。"

几周后，薛定谔又作了一次讲座。他的开场白是："我的朋友德拜建议找到一个波动方程。现在，我找到了！"

薛定谔认为，理解量子世界如同阅读西班牙作家塞万提斯的小说《堂吉诃德》。"这就像是塞万提斯（Cervantes）笔下的桑科·潘萨（Sancho Panza），他在某一章中弄丢了自己的毛驴，但是几章以后，托健忘的作者之福，他又骑上了这头可爱的小动物。我们的故事总有矛盾。"

对普通美国人而言，用俄语写的国际象棋规则和用中文写的没有任何共同点。但如果让他实际观看一个俄罗斯人和一个中国人下棋，两者规则的联系立刻变得显而易见……狄拉克发现了深埋于令人迷惑的新量子力学理论下的基本事实；也是物理学家正在玩的新游戏的基本规则。

——巴尼什·霍夫曼，《量子怪谈》

下面图中是一只谜一般的猫，而不是两只。这是一只量子猫，既生亦死，这只猫被印在《科学美国人》1994 年 5 月刊的封面上，里面介绍了薛定谔著名思想实验的新发展。

尽管如此，薛定谔的工作仍然引人注目，颇具价值。他因此与保罗·狄拉克分享了 1933 年的诺贝尔奖。薛定谔不得不接受古怪的量子理论。

薛定谔对此非常不悦。他谈到自己的理论时说，"我一点也不喜欢它，要是从来没有研究过这些就好了。"为了展示量子力学，尤其是不确定性原理的怪异，薛定谔想出了一个后来变得非常有名的思维实验。实验中的主角是一只假想的猫，如同一个电子或者光子，薛定谔的猫处于一种二重态。如同电子或光子既是粒子又是波，实验中的猫则处于既生亦死的状态。（注意：如果你想解释一些事情，比喻是很好的方法，就算比喻粗糙一些也没关系。）

下面是薛定谔的猫的故事，这些都是虚拟的，目的是想证明一个观点。实验中，一只活着的猫和一个放射源一起放进一个箱子中。如果放射源发出 γ 射线，将使一个锤子下落并砸碎一小瓶气态氰化物。氰化物有剧毒，一旦释放将杀死猫。然而，在一段时间内，放射源有相同的概率不会发出 γ 射线，那么锤子就不会下落，猫也不会被杀死。

那么，这只小猫到底有没有幸免于难呢？当然，薛定谔很清楚，用粒子的量子态来描述猫的生死状态是不合适的。但在故事中，猫和电子、光子或其他量子实体一样，具有相同的属性。猫处于一种概率态。因此，在盒子被打开之前，它能够被描述成一种既生又死的状态，每种状态存在的概率相同。

"说真的，埃尔温，你就不能扔硬币决定吗？"

语言无法描述的古怪特性

基本粒子的行为像波一样吗？是的。

基本粒子的行为像粒子一样吗？是的。

它到底像哪一个呢？都像。

物理学家薛定谔说："用粒子或波来描述基本粒子都是正确的，两者无法取舍。我们只是不知道如何将它们联系起来。"

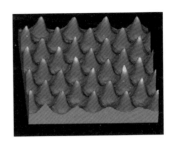

硅晶体上的铬原子被调制到与激光频率一致，这些原子均匀地分布在光波的波节上——那些能量最低的间隔位置。

物理学家费曼在谈论基本粒子时有不同的说法，这种说法更为准确："基本粒子的行为遵循独特的方式，也就是所谓的量子力学的方式。它们的行为是你过去从未见过的。"

似乎这也不是很难理解，基本粒子有一些很离奇的行为，比如它能从一个地方到另一个地方，但实际上并没有真的在两个地方之间跳跃。即所谓量子跃迁。

慢着，事情更匪夷所思了。粒子能同时出现在两个地方吗？就常识而言，肯定不能。但这却实实在在地发生了。

就运动而言，基本粒子永不停息地运动着。你可能认为你正保持静止，但构成你的原子却在不停地运动。（事实上你也在随着地球一起运动。）

你能够测量一个粒子的动量或是位置。不确定性原理（第18章）表明，你无法同时测量两者——测量其中一个量的时候，你就改变了另外一个量。

你是不是开始觉得这一切就像科幻小说一样？如果你想感受离奇的事物，那就直接在现实中寻找吧。然而这是真的很离奇吗？或者仅仅是因为我们生活在不同的尺度上，所以我们的语言和想象力被大大束缚？

在我们熟悉的世界中，生命要么生，要么死——不存在双重的状态。借助这个近乎荒诞的实验，薛定谔清晰地展现出了奇特的量子世界与日常生活的巨大差异。那么，薛定谔的猫到底怎么样了？他没有告诉我们猫最后是否幸存。

薛定谔的观点是：量子世界非常古怪，存在着二重态。但玻尔并未被此困扰，他认为量子行为只能描述，无法解释。

之后一位英国的年轻人，保罗·狄拉克在海森堡的矩阵力学和薛定谔的波动方程基础上，建立了更为完整和有效的量子理论。

如同粒子一般，薛定谔的猫被描述为处于一种叠加态。一个粒子处于叠加态时，既是波又是粒子。

命途多舛！

1927 年，普朗克邀请薛定谔接替他成为柏林大学的理论物理学教授，爱因斯坦当时也在那里任职。大多数柏林大学的教授都穿着正装，在讲座时读笔记。爱因斯坦和薛定谔则不同。这对聪明的好朋友一起驾驶帆船，在林间漫步，与学生亲切交流。1933 年希特勒上台，德国在科学界的创造力很快消失殆尽。

随后，薛定谔离开德国前往英国的牛津大学。他能够用流利的英语开设讲座。（他还会说法语、西班牙语，当然还有德语。）但他非常思念故乡奥地利，所以 1936 年他返回故土，出任格拉茨大学教授。之后，希特勒入侵奥地利，1940 年薛定谔前往爱尔兰，爱尔兰总理埃蒙·德瓦莱拉（Éamon De Valera）是一位数学爱好者，建立了都柏林高等研究学院。薛定谔在爱尔兰的 17 年成果丰硕，撰写了《生命是什么？》，这是一本很有影响力的分子生物学著作。此后他回到了深爱的奥地利。

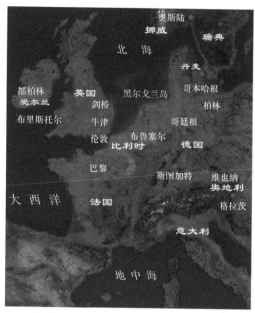

薛定谔一路辗转，从德国到牛津，再到格拉茨，最后到都柏林。其他物理学家走得更远，去到了美国。

薛定谔认为科学的过度专业化将危害科学的发展，如果科学家"继续以某种只能被极少数亲近之人理解的方式互相交流"，那么科学"将必定会走向衰退和僵化"。

这是另一张具有历史意义的云室照片。照片记录的是一个正电粒子的轨迹，这个粒子在穿过铅的过程中不断减速。这张照片在 1932 年证实了正电子（电子的反粒子）的存在。

狄拉克的父亲是瑞士人，在英国布里斯托尔的一所学校教法语。他坚持让太太和孩子在家说法语。只有狄拉克说得很好，因而能够和父亲同桌吃饭。家里的其他人只能在厨房用餐。"我父亲规定我只能和他说法语，"狄拉克后来回忆道，"他认为这样做有助于我学习法语，与其用英语说话，还不如沉默。所以，那时候我变得非常沉默。"

狄拉克后来成为非常著名的物理学家，大学期间，他出了名的沉默寡言。玻尔曾向卢瑟福抱怨，他怎么也无法让狄拉克开口说话。卢瑟福给他讲了一个故事：一位顾客要求向宠物店店主退回一只不会说话的鹦鹉，店主告诉顾客："你可没告诉过我你要的是一个演说家，我给你的是一个思想家。"

可从来都没人抱怨狄拉克不善思考。后来，玻尔说，在所有物理学家中，"狄拉克拥有最纯净的灵魂"。

狄拉克研究矩阵力学和波动力学，意识到它们能够得出相同的答案。他认为量子力学不需要两套理论，所以将这两种方法以简洁、优雅的方式融合在一起。他发表第一篇重要论文时年仅 23 岁。马克斯·玻恩（海森堡在哥廷根大学的上司）对此颇为诧异。"作者似乎只是一位年轻人，然而他的方法是如此完美，精妙绝伦。"他后来回忆道。

第二年，也就是 1926 年，狄拉克将量子力学带到了超越矩阵力学和波动方程的数学高度。他还将其应用于分析高速粒子和相对论下的粒子创生与湮没过程。（别急，很快就会讲到相对论了。）

狄拉克的计算推导出电子的自旋特性，**这一特性使电子的行为如同很小的磁铁，具有南北两极**。此外，狄拉克还预言存在一种除了电性为正外，与电子完全相同的粒子（后被命名为正电子）。后来，人们认识到正电子是一种**反粒子**，并且所有的粒子都有反粒子。（有些粒子的反粒子就是其自身，如光子。）

狄拉克在写作中经常用到"美丽"和"丑陋"两个词。"数学之美无法定义，正如艺术中对美无法定义一样。"他曾写道，"但是学习数学的人能够毫无障碍地欣赏这种美。"

经典物理学家从现实中看到了组成世界的实体分子。对量子物理学家而言，组成世界的事物不是实体的。他们更常用一种统计的方式来看待量子世界。其中，狄拉克找到了极其优美的数学方式来描述这令人瞠目结舌的现实。

狄拉克（图左。站在他边上的是海森堡。）原先想成为一名电子工程师，由于找不到工作，他便转向数学。这是一个正确的选择，他很快成为剑桥大学的卢卡斯数学教授（牛顿过去的职位），并于 1933 年与薛定谔分享了诺贝尔物理学奖。狄拉克指出，每一个带电粒子，如带负电的电子，都有一个双胞胎的反粒子，拥有相反的电性（如正电子）。后来实验证实他是正确的。1950 年，他提出粒子可能是一条一条的弦而非一个一个的点。没人知道这是否正确，但有一些物理学家认真地采纳了这一想法。

原子理论回顾

爱因斯坦曾说："是理论决定了我们能观察到什么。"如理论预言的一般，我们最终用新型显微镜"看到"了原子。1981年，瑞士科学家格尔德·宾尼希（Gerd Binnig）与海因里希·罗雷尔（Heinrich Rohrer）发明了扫描隧道显微镜（STM），其扫描探针极其靠近被测物体表面。当探针遇到一个原子时，隧道电流发生变化。计算机根据电流的变化描绘出原子的位置。在这张1993年的图片中，STM探针在铜表面排出了一个由48个铁原子构成的"围栏"。

20 世纪初，一些科学家仍然坚持原子并不存在。到了20世纪末，原子理论已经成为物理学各个分支的基础理论。下面是美国著名物理学家理查德·费曼常被引用的名言：

假如由于某种大灾难，所有的科学知识都丢失了，只有一句话可以传给下一代，那么怎样才能用最少的词汇来传达最多的信息呢？我相信这句话是原子的假设（或者说原子的事实，无论你想怎么称呼都行）：所有的物体都是由原子构成的——这些原子是一些小小的粒子，它们永不停息地运动着，彼此稍稍远离时互相吸引，过于靠近时又互相排斥。

比尔·布赖森在《万物简史》一书中这样描述原子：

原子中绝大部分都是空的，这个想法依然令人咋舌。我们以为周遭的事物是实心的，这只是一种幻觉……当你坐在椅子上，你并没有真的坐在上面，而是浮在椅子上方大约1埃的距离（等于一亿分之一厘米），你的电子和椅子的电子彼此敌对（推斥）而不愿靠得更近。

什么是原子?

物质是由原子组成的。原子中绝大部分空间是空的。

原子的绝大多数质量集中在一个很小的、致密的原子核中。

原子核由质子和中子组成,它们又由三个称为夸克的粒子构成(如右图所示)。质子带正电,中子不带电。

原子核的周围存在着电子云,电子具有波粒二象性。在中性原子中,电子数等于质子数,这个数就是原子序数。氢原子有一个电子和一个质子,在元素周期表中序数为 1;铀有 92 个电子和 92 个质子,原子序数为 92。(原子失去或得到一个以上电子后带电,成为离子。)

原子中的质子数决定了元素性质。元素周期表包含 92 个自然元素,之后的超铀元素(序数为 93 及以上)都是在实验室里合成的。如同你我一样,不同元素的原子有自己的特性。金原子和汞原子、氧原子或碳原子的性质都不同。每种元素的原子则是完全相同的,但是有一个重要的例外:同位素是有相同质子数和不同中子数的原子(所以质量数不同)。同位素或是稳定的,或具有放射性。

原子永不停息地运动着。即使在固体中,原子也在不停地运动。在绝对零度时,几乎没有任何振动发生,但永远不会停止振动。那些

原子的基本结构是电子云环绕着原子核(图上),原子核由质子和中子组成(图中),质子和中子又由三个夸克构成(图下)。

原子永不放弃运动。

当原子彼此稍稍远离时,它们会互相吸引;过分靠近时,它们又会相互排斥。

原子不是已知的最小粒子。在亚原子粒子的动物园中,包括电子、质子、光子、夸克和很多其他粒子。

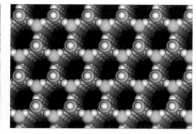

所有的原子都在永不停息地运动，但在气体、液体和固体中，运动的形式有所不同：气体原子自由运动（图左），液体原子在一定的结构中运动（图中），固体原子则在某一平衡位置附近振动。当水凝固成冰时，会发生一些有趣的事。水分子会形成一种六边形的对称结构，称为晶体阵列（图右）。千万不要以为这样一来原子就不再运动了。即使无法随意运动，但振动也永远不会停止。

原子有多大？运动有多快？

最大的原子直径大约 0.000 000 5 毫米（5×10^{-7}mm）。下面的描述可能有助于你想象原子的大小：

如果把一个苹果放大到地球那么大，苹果的原子会和普通苹果差不多大小。想象一下，在一颗像地球那么大的红富士里，充斥着无数到处乱窜的小苹果，这就是你即将一口咬下的甜美水果。

"人比氧原子'长'100 亿倍"，布莱恩·L. 西尔弗在《科学崛起》中这样写道。

原子和分子运动的速度大约为空气中声速的 1～10 倍，也就是大约 330m/s～3 300m/s。（光速比这大 10 000～100 000 倍。）与量子粒子，比如电子相比，原子运动得并不算太快。

化学键的作用是什么？

自然界中只有有限数量的元素，那么为什么会有成千上万种不同形式的物质呢？因为原子能够以几乎无穷计的方式互相连接，形成化合物。这就是化学成键的过程，原子的电子通过重新组合形成联结，从而成为化合物。**现代化学主要就是研究这一过程。**

当科学家发现构成这些化学键的是电子以后，他们就通过实验人工制造化学物。很快，科学家合成出了洗涤剂、塑料和人造纤维。把化学成键过程想象成烤面包的话，酵母、面粉和水揉成的生面团在烤箱中逐渐发酵。由于化学键不同，氢气和氧气，这两种气体与液态水很不一样。在下图的模型中，两个碳原子（绿）与七个氢原子（白）和一个氮原子（紫）相连，形成乙胺（C_2H_7N），这种与氨相似的化合物用于石油、橡胶和药物合成。当原子发生化合（如同婚姻），其产物充满惊喜。

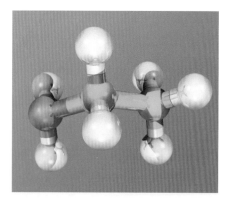

原子的图像

当海森堡被要求画出原子的图像时，他说："不必尝试。"他无法想象人类可以真正地看到原子。但是 1980 年，在德国海德堡，原子的影像被拍摄下来。几年后，在位于科罗拉多州博尔德市的国家标准与技术研究所中，科学家又为原子相册加入了几张快照。他们利用"原子陷阱"，也就是在玻璃真空容器中悬挂一个极小的带电圆环，然后将紫外线照射在原子陷阱上。与监视屏相连的光探测仪能够放大并拍摄原子。

"现在单个原子可以被计数、照相、捕获；材料的粗糙表面可以被放大至百万倍以显示其原子特性；原子还可以被组合以形成人工化合物，"汉斯·克里斯蒂安·冯·贝耶尔在《驯服原子》一书中描述了这一惊人过程。

那么，原子究竟是什么样子的呢？它们和你通常看到的行星模型不同。原子所占的空间被电子壳层填满。

但不要把它想成是光滑的壳层。原子壳

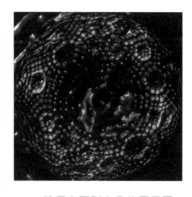

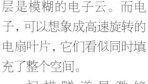

这里有两张有趣的原子图像，一张是最早的图像（下图），一张是最近的。下图中是放大两千万倍的硅原子。上图中类似爬虫的表面是世界上最尖锐的物体（国家纳米技术研究所 / 阿尔伯塔大学，2006）。通过空气中的氮原子与钨原子（图中的圆点）的相互作用，纳米探针逐渐变细为只有一个原子的针尖。图中红色的一团就是显微镜探针移动时记录下来的原子。

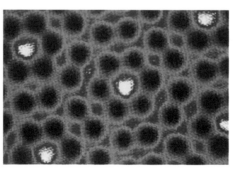

层是模糊的电子云。而电子，可以想象成高速旋转的电扇叶片，它们看似同时填充了整个空间。

扫描隧道显微镜（STM）"看到"原子时并未借助光，它们也没有放大任何东西。STM 用电子束扫描物体的表面（例如金），逐个原子读取，就像是盲人阅读盲文。

既然我们已经能够"看到"原子，还有什么不能确定的吗？换个说法就是，究竟玻尔是对的（不确定性原理）还是爱因斯坦是对的（还有隐藏的更深的意义）？

简略回答：我们还在为此努力。不过至今**没有人否定海森堡的不确定性原理**。这一原理认为你无法同时知道一个原子或亚原子粒子的位置和动量。这意味着量子世界依然神秘。

不过无论怎样，现在我们能够看到原子了，只不过它们的行为依然无法如生活中的事物一般被精确预测。就如费曼所说："事物在小尺度上的行为和在大尺度上大相径庭。"

原子对撞

1913 年，尼尔斯·玻尔建立的理论取得了空前的成功……他将爱因斯坦的光子能量 $E = h\nu$ 与牛顿体系下绕核运动的电子联系了起来。

——肯尼思·W. 福特，《量子世界》

对宇宙而言，没有什么比组成它的粒子的振动更为重要，如同对音乐而言，没有什么比乐器的振动更重要一样。

——约翰·波尔金霍恩（John Polkinghorne），英国圣公会牧师、物理学家，摘自演讲《对话科学、伦理与宗教》

卢瑟福和他的同事已经利用"桌面物理学"建立了核物理学的基本规律。然而，这些实验却无法带领他们走得更远。

1927 年，卢瑟福宣布，为了使研究更进一步，核物理需要一台能够为粒子提供更高能量的仪器，使粒子的能量高于天然辐射放出的氦核的能量。因为实验可以获得的 α 粒子（也就是那些氦核）太少，而且能量太低。卢瑟福说他"需要足够数量"的高能粒子来进一步实验。他想象了一种加速粒子的仪器，粒子在真空管中加速，管中没有其他分子阻碍粒子的运动。这种被称为加速器（也叫对撞机或电压倍增器）的仪器通过产生高压使粒子获得巨大能量。建造加速器的最终目的是为了分裂原子。

桌面物理学
指的是可以在传统实验室进行的小规模实验。

在伊利诺伊州的费米实验室，一连串小型加速器使质子和反质子以合适的速度进入巨大的环形万亿电子伏特加速器（左图）。两种粒子以相反的方向运动，能够被加速到接近光速。这台万亿电子伏特加速器的周长为 6.28 千米。

隧道效应

1928 年，伽莫夫来到卡文迪什实验室与考克饶夫讨论了低能 α 粒子逃脱原子核束缚的可能性。

在经典物理中，一只球是无法穿墙而过的。但在量子力学中，一个粒子到达一个势垒处时，有极小（但不是零）的可能性能够穿越势垒。在大量的撞击下，可能有一个粒子会神奇地穿越障碍。

伽莫夫认为 α 粒子能够通过隧道效应挣脱原子核的束缚。考克饶夫说："如果它们能通过隧道效应穿越出来，那么也可以穿越回去。"他说的没错。

卢瑟福的两位助手着手建造这台机器，此外，还有很多人也开始了这项工作，就如同是一场科学竞赛。在美国，科学家废寝忘食地想要建造出粒子加速器。而在英国的剑桥大学，卢瑟福每天晚上六点就会锁上卡文迪什实验室的大门，周末也如此，他认为他的科学家们需要陪伴家人。

1932 年，卡文迪什实验室的约翰·考克饶夫（John Cockcroft）和欧内斯特·沃尔顿（Ernest Walton）最终赢得了这场角逐的胜利。他们将一束氢原子核（质子）送入一段直管，这个装置被称为直线加速器。卢瑟福对仪器进行了测试，他用大约 50 万电子伏特能级的质子轰击金属锂。锂核碎裂了！每个锂核变成了两个 α 粒子。（α 粒子也就是氦核，有两个质子和两个中子。）

注意左图中沃尔顿在安全棚内，背景中的是考克饶夫 – 沃尔顿电压倍增器。沃尔顿这样描述 1932 年 4 月 13 日发生的事："当电压和质子流的电流达到相当高的数值时，我决定去看一看……然后我就在屏幕上看到了闪烁……随后我打电话给考克饶夫，他立刻就赶来了……然后他致电卢瑟福……接着我们设法让他进入那个非常小的棚里……（卢瑟福说）'那些闪烁看起来很像是 α 粒子。我能确定。'"右图拍摄于实验后不久，从左到右依次是沃尔顿、卢瑟福和考克饶夫。

直线加速器的原理是利用电磁铁，使粒子汇聚成很细的粒子束，沿着长直铜管运动。在曲线加速器，如第一台回旋加速器（上图）中，粒子不停地旋转。加速粒子的目的是利用它们轰击靶或与其他高速粒子对撞。探测器记录对撞过程中释放的新粒子或辐射的量。这台1931年的回旋加速器用于加速氢离子，能量最高的氢离子旋转40多圈后最终落入中心附近的收集器中。

事情还远没有结束。产生的 α 粒子拥有比原来氢核高出30倍的能量。卢瑟福狂喜不已，他终于得到了高能粒子的供给。

考克饶夫和沃尔顿还设计了"原子对撞机"。借助这一仪器，他们能够在实验室里分裂原子核（原子对撞机后来变得越来越大）。这可是十足的大新闻：**这个实验第一次证明了爱因斯坦的质能方程：$E=mc^2$**。考克饶夫和沃尔顿展示了质量和能量是等价的。

几周后，麻省理工学院（MIT）的罗伯特·范德格拉夫（Robert VandeGraaff）也制造出了一台直线加速器（有人说它比剑桥那台更优越）。紧随其后，加州伯克利大学的欧内斯特·劳伦斯（Ernest O. Lawrence）又造出了更出色的加速器。（他从1929年就开始这项工作。）他设计的曲线加速器被称为回旋加速器，这台加速器内分布有磁场，带电粒子射入后做圆周运动。粒子每绕行一圈，就能获得一定量的能量，这个过程可以持续进行。第一台回旋加速器直径约11.5厘米（4.5英寸），体积虽小，但却能够加速原子核。到20世纪40年代第二次世界大战爆发前，这项惊人的技术不断取得突破。

第二次世界大战后，也就是20世纪五六十年代，量子物理学家重新展开粒子物理学的研究。不久，他们便拥有了巨大的回旋加速器和直线加速器来帮助他们进行实验。

当这些高能加速器被应用于实验后，会有什么惊人发现呢？

罗伯特·威尔逊（Robert Wilson）好样的！

国会委员会曾向罗伯特·威尔逊提问：我们真的需要加速微观粒子么？威尔逊是国家加速器实验室（也就是后来的费米实验室）的第一任主任。这就如同问哥伦布他为什么要向西航行来寻找东方，如同问贝多芬为什么要谱写前人从未作出过的音乐。

威尔逊回答道："这仅仅是出于对人类尊严的尊重和对人类文明的热爱。这与下面的问题相关：我们是杰出的画家吗？是优秀的雕塑家吗？是伟大的诗人吗？我所提及的都是在我们的国家被切实推崇的事物，这些事物本身就是爱国的体现。虽然它们与直接保卫国家无关，但却使我们的国家更值得被守护。"

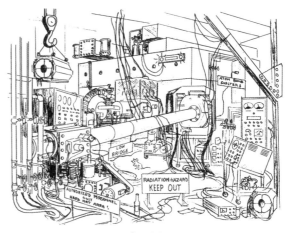

... the visitor

参观者眼中的回旋加速器［选自戴夫·贾德（Dave Judd）和罗恩·麦肯齐（Ronn MacKenzie）的系列漫画《××眼中的回旋加速器》］。

最重要的两大发现是：第一，质子和中子不是最小的粒子，它们由更小的亚原子粒子组成；第二，**巨大的能量能够创造出原子核中原本没有的粒子。**

这太奇妙了。重要的事需要重复：高能加速器不仅能够探测原子核的内部；**入射粒子的巨大能量还能转变为具有不同质量的新粒子。** 产生的新粒子的质量与产生所消耗的能量之间满足爱因斯坦的重要方程：$m=E/c^2$。如此一来，能量和质量可以相互转化这一点已经毋庸置疑。这有助于解释为什么宇宙中的电子、光子和其他粒子会产生和消失。

很快加速器就产生了未知的新粒子。物理学家曾一度认为，发现了质子、中子和电子，就能够完整解释原子的性质。而如今他们意识到质子和中子不是最小的粒子，它们由更小的夸克组成，夸克依靠胶子束缚在一起。**夸克是一种具有质量的基本粒子。** 胶子是没有质量的粒子，也就是零质量的粒子。

当爱因斯坦改写物理学时，詹姆斯·乔伊斯在探索文学写作的新道路，西格蒙德·弗洛伊德（Sigmund Freud）正在建立精神分析心理学。他们每一位都通过深入思考的方式，以独特的洞见取得了智力上的突破。爱因斯坦提出了著名的思想实验。乔伊斯以意识流的方式写作。弗洛伊德探索人类尚未察觉到的潜意识和无意识思维活动。柏拉图和亚里士多德也会为这些思维活动喝彩。

或许正因为新粒子的性质很奇特，所以科学家才会为它们取一些看似无厘头的名字。胶子的作用如同胶水，所以这个名字很好理解。但是夸克就不那么好理解了，它来自于詹姆斯·乔伊斯的《芬尼根守灵夜》中的一个词，这部小说极具开创性也极难理解。乔伊斯在小说中写道："向麦克老大三呼夸克！他一定没从这几声喊叫中得到什么。"没人知道乔伊斯想要表达什么——或许因此"夸克"成为命名首选，特别适合于在不断变化的时代中被发现的粒子。

夸克有6种（科学家把这种称为"味"）：顶夸克、底夸克、上夸克、下夸克、奇夸克和粲夸克。每种夸克都对应一种反夸克。当夸克和反夸克相遇会发生什么？它们会一起湮没！（探究湮没发生的原因促使科学家思考宇宙最初几秒发生了什么。看起来最初夸克的数量比反夸克多。如果两者数量一样多，那么也就没有今天的我们了。）

一位艺术家想象了原子核对撞的场景：（组成质子和中子的）夸克和胶子因为碰撞而获得自由，它们重新组合形成等离子体，这是一种由带电粒子组成的像"热汤"一样的物质。

宇宙之烦恼

中微子啊，非常之小。
它们不带电，质量也没多少
还不跟别的打交道。
地球就是颗傻兮兮的球
于它们而言，往来无阻碍，如同给通风的大厅去除尘埃
或者像光穿过玻璃。
它们冷落最精美的气体，
忽略最坚实的墙壁，
对钢和铜锣也不睬不理，
它们蔑视马厩里的公马，
而且不顾贵贱等级
穿透我和你！像无痛感的铡刀，它们高高

地往下掉
通过我们的头顶跌进草里。
晚上它们从尼泊尔进入
从床下穿过一对情人——你说这很美妙；
我说这是粗鲁。

——约翰·厄普代克（John Updike）

友善的物理学家

费米实验室的两位物理学家洛基·科尔布（Rocky Kolb）和戴夫·芬利（Dave Finley）提供了一些事实和趣事与本书的读者分享：

第一个事实是：粒子在费米实验室的加速器中绕行一圈通过的距离"非常接近"6.28千米。

第二个事实是：粒子束运动的速度大约为299 800km/s，与真空中的光速非常非常非常接近。

用这个速度除以通过的距离（每圈6.28千米）就得到了粒子绕行的频率大约为47 739圈/秒。如果将速度和距离四舍五入，粗略的

数字是47 713圈/秒。利用这个数据可以算出粒子束在加速器中绕行的总圈数。

首先，我们将频率的单位转换为圈/时：
60×60×47 713圈/时=171 766 800圈/时。

接着，你需要知道的另一个事实是：粒子束在加速器中平均停留时间约为18小时。时间乘以频率就可以得到：

18×171 766 800=3 090 000 000（四舍五入后）

可见，一个粒子在加速器大约会绕行30亿圈，之后新的粒子将会进入，这个过程重新开始。

这里需要记住的是，亚原子粒子充满整个宇宙，每种粒子具有独特的性质。利用加速器已经发现了47种粒子，其中一些可以合成其他粒子——这意味着存在成百上千的其他粒子。

一些粒子与物质的质量有关，另一些则负责传递力（比如重力、电磁力和原子核内的两种作用力）。这些粒子到底有多小呢？基本粒子有不同的风格和尺寸，如果你缩小到10^{-18}米的大小，就能与这些粒子一起在量子世界里翩翩起舞。

和中微子比起来，电子绝对算得上是大块头，中微子是质量极小的粒子。一个电子的质量大约是中微子的1 000万倍。不过中微子的数量比所有其他已知粒子都要多10亿倍。和带负电的电子不同，中微子不带电。一个中微子的质量微乎其微，但由于宇宙中中微子的数量极其庞大，所以总质量可能非常大。（科学家们正在着力研究这一点。）

每种带电粒子都有一个反粒子，反粒子与粒子的电性和自旋都相反，就像夸克和反夸克。当物质和反物质相遇时，会毁灭彼此产生一团能量。这些能量能否推动一架航天器呢？《星际迷航》的粉丝会回答是。反物质反应堆正是作品中星舰"进取号"的动力来源（下图）。一些科学家则给出相反的意见。目前来看，制造反物质需要消耗的能量实在太多了。

中微子：设想早于发现

回到 20 世纪 30 年代，奥地利物理学家沃尔夫冈·泡利指出，要解决眼前的困境，需要假设存在一种未知的粒子。泡利可以称得上是天才，他在 20 岁时写了一本关于相对论的书，得到了爱因斯坦的赏识，在物理学界声名鹊起。几年后，泡利获得博士学位，继续跟随玻尔学习。第二次世界大战爆发后，泡利逃亡到新泽西州的普林斯顿大学，加入美国籍。

1927 年，恩里科·费米（左）、维尔纳·海森堡和沃尔夫冈·泡利在意大利的科莫湖度假。他们三人后来都获得了诺贝尔奖。

泡利知道放射性元素在衰变过程中会放出电子，传统科学认为，放出的电子具有的能量应当与放出电子的原子核失去的能量相等。但是实验测量否定了这一说法。原子核失去的一部分能量消失了。物理规律断言能量和动能不能凭空消失，一定是转移到了其他地方。那么它们会去哪里呢？这是一个很大的谜题，也是一个很大的困境。

泡利猜测，在衰变过程中有一种**未知的粒子**被释放出来（和已知的粒子一起）。这些神秘的粒子携带着消失的能量和动量。他进一步猜测，这种未被发现的微小粒子在给恒星供能的核聚变反应中也会自然地产生。他在给同事的

信中写道："我做了一件很糟糕的事情。我假设了一种无法被探测到的粒子。"

意大利物理学家恩里科·费米给这种假设的粒子取名为中微子，意思是"很小的中性粒子"。然而没有人知道这种粒子能否被发现。权威杂志《自然》拒绝了费米关于中微子的文章，理由是"它和现实的距离太远，读者不会感兴趣的"。

中微子可以穿过行星，穿过一光年厚的铅板，当然也可以轻而易举地穿过你的身体。此时此刻就有上万亿的中微子正穿过你的身体，其中一些来自太阳，以接近光速的速度行进。在你读完这句话时，它们就已经运动到比月球更远的地方去了。中微子经常被描述成鬼魅般的存在，只是鬼魂是虚构的，而中微子真实存在。

所有这些促使了**粒子物理标准模型**的建立。这个模型通过描述亚原子世界中的粒子和它们的相互作用，试图解释质量和能量的本质。标准

然而，在 1956 年，中微子的踪迹在一台高能粒子加速器中被发现了。质子被加速到接近光速后对撞，在这一过程中产生的中微子穿过了防护层（用于阻挡其他粒子），在铁质层和感光胶片上留下痕迹。听闻这一消息，泡利和朋友们开了一瓶香槟庆祝。

现在在日本神冈有一个废旧锌矿，这是一个巨大的地下洞穴。里面有一个不锈钢容器，其中充满了 50 000 吨纯净水。空间中大量的中微子穿过容器，和其中可被探测到的粒子发生相互作用。我们已经了解到的是，中微子擅长变身。它们在飞行过程中会改变身份（这是它们和其他粒子相互作用的一种方式）。

一些科学家认为中微子为研究暗物质提供了线索——暗物质被认为是大量存在于宇宙中的物质，只是目前还没有被探测到。研究中微子或许可以帮助我们理解太阳是如何以光子的形式发出光的。（我们还没有完全了解全部细节。）

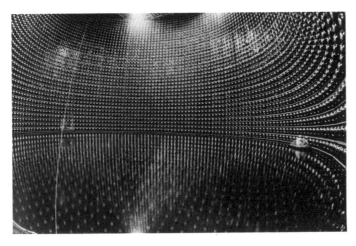

超级神冈探测器如同一个水池，埋在东京外的一个锌矿中。这台探测器于 1988 年证明，有一类中微子具有极小但是有限的质量。

模型称得上是人类智慧最杰出的成就之一。

还有什么需要研究的呢？是否还存在比我们现在称为基本粒子的粒子更基本的东西呢？一些科学家认为所有粒子的性质都可以用一些细小的弦的振动来解释。这个新兴的理论称为"弦论"，我们目前还不知道它是否能给出宇宙本质的最终答案。

德谟克利特认为存在单一的、最基本的粒子——这种粒子组成了所有的物质，他的想法正确吗？

我们还无法作出断言。或许在 21 世纪能够得到答案，也许你可以找到这个答案。

化学、魅力与和平

> 莱纳斯·鲍林实现了20世纪理论化学最伟大的突破，他对化学键本质的理解和基因理论、量子理论具有同等重要的价值，他的理论展示了物理学是如何主宰分子结构的。
>
> ——彼得·沃森（Peter Watson），英国商业作家、历史学家，《20世纪思想史》

> 很多人拥有充实的人生。有些人拥有极其活跃的人生。还有少数人似乎拥有很多种不同的人生，莱纳斯·鲍林就是其中之一。
>
> ——皮特·穆尔（Pete Moore），英国科学作家，《E=mc²: 改变世界的发现》

1962 年，约翰·肯尼迪（John F. Kennedy）时任美国总统。他和他的妻子杰奎琳（Jacqueline）邀请美国的诺贝尔奖获得者前往白宫参加宴会。总统在开场时说道："我觉得今晚的白宫云集了最出众的才智和最丰富的人类知识——应该或许撇开当年托马斯·杰斐逊（Thomas Jefferson）独自在这里吃饭不计。"出生于俄勒冈州的莱纳斯·卡尔·鲍林（Linus Carl Pauling, 1901—1994）也在其中。他于1954年因化学领域的杰出成就被授予诺贝尔奖，被称为继安托万·拉瓦锡（Antoine Lavoisier）之后最伟大的化学家。

身材高大、拥有蓝色双眸、性格活泼的鲍林，在童年时阅读了大量化学方面的书籍，并对化学实验很感兴趣。由于父亲是一位药剂师，他可以得到一些安全的药品进行实验。然而，在他九岁时随着父亲的去世，鲍林无忧无虑的童年结束了。此后，他的母亲身患重病，尽管如此鲍林仍然坚持从俄勒冈农业大学（后来的俄勒冈州立大学）毕业。经济拮据，毕业并不容易，但是在此期间他的学术研究却非常出色。俄勒冈大学在他

安托万·拉瓦锡是一名法国人，在法国大革命期间被斩首，他被誉为近代化学之父。

获得学位前就已聘请他为非授课导师，给予他急需的每月 100 美元的费用。此后，他前往加州理工学院取得博士学位。

1926 年，鲍林获得了博士后的工作机会，他前往欧洲，在哥本哈根跟随玻尔，在苏黎世跟随薛定谔，在伦敦跟随布拉格学习。他深深着迷于原子和分子，也确实选择了最适合研究它们的地方。在人类历史上，第一次出现了能够研究原子的技术，这位年轻的美国科学家来到了这些发现的中心，他来这里探索还未发现的原子结构。

玻尔起初认为电子是坚硬的粒子，随后他意识到，电子可以弥散开来，如同云雾一般围绕原子核运动。据此想法，量子物理学家以全新的视角审视元素周期表。他们意识到，原子内的电子个数决定了为什么一种原子的行为和另一种不同。这些元素以这样的方式排列并不是偶然的。

那时，科学家刚刚开始理解为什么有些原子能够和其他原子结合形成分子。理解化学键的形成过程将实现物理学与化学的联姻。鲍林对这一挑战充满兴趣。他知道电子处于壳层中（这要感谢玻尔和他的量子力学）：第一层有 2 个电子（除了氢原子），第二层有 8 个，第三层有 18 个。（之后各层的情况就比较复杂了。）分子的形成发生在这些电子壳层中——尤其是最外层的壳层，那里的电子最为自由，容易从一个原子转移到另一个中去。外部壳层中的电子行为决定了一个原子能否和其他原子结合生成分子。

如果一个原子独立存在，就被称为**惰性原子**；如果能够和其他原子结合生成分子，则被称为**活泼原子**。外层电子

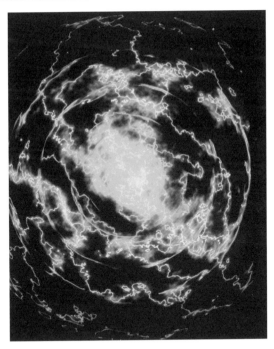

在这张用颜色表示的现代氦原子图像中，电子似乎像云雾一般围绕原子核运行。事实上，图中云雾所示是电子可能存在于某处的概率。当你找到一个电子时——可能使用 γ 射线——电子的位置是确定的。电子云表示的是不同位置的电荷量密度。比起黄色（中密度）和外层的红色（低密度）的区域，电子更可能出现在中央的蓝色区域（高密度）中。

的数目决定了原子反应的方式。

1916 年，美国化学家吉尔伯特·路易斯在这些问题上完成了一些基础性工作。路易斯指出，外层具有 8 个电子的原子是稳定的，不太可能和其他原子组合生成分子。随后 1923 年，德布罗意提出了一个关键概念，他认为电子没有固定的位置，而是如同云雾一般的波。

1926 年，鲍林返回加州理工学院。在已有事实的基础上，结合实验数据，他建立了新的化学理论。下面是他描述的原子图景：

想象一个原子的内层充满电子，而最外层只有一个电子（如钠原子）。这是一种非常活泼的元素，急切地想要摆脱外层多余的电子。

再想象一个原子，它的外层有 7 个电子（如氯或溴），这种元素也非常活泼，准备随时接收另外一个电子。**失去电子、得到电子、共用电子对是形成分子的三种方式。**这是物质多样性的源泉，是化学键背后的秘密。

鲍林对这一过程深深着迷。理解和解释化学键成为他的终身事业（之一）。这实在是一个吸引人的过程，原子通过失去电子或者得到电子来达到稳定。当外层电子数量已满，原子就完整了。由于达到了化学稳定，原子不再急于形成化学键。就如同一家客满的旅店不再需要多余的客人一般。

但是，成键过程并不总是简单的。苯和石墨就是两个特例，它们所成的是一种不常见的共价键（详见 186 页）。这两种物质的原子共享电子，这种方式一开始令化学家很困惑。苯分子（C_6H_6）包含 6 个碳原子，互相连接形成一个六边形环；每个碳原子和一个氢原子相连；苯环上的单键和双键交替存在。按理说这样的结构无法形成稳定的分子，但是苯分子确实很稳定，没人知道为什么会这样。

1929 年，与鲍林同时代的爱尔兰裔物理化学家和数学家凯瑟琳·朗丝黛耳（Kathleen Lonsdale, 1903—1971），借助 X 射线衍射确定了苯分子（C_6H_6）的结构和维度。如图所示，苯分子是一个平面的、六边形的环状结构，碳原子（C）间交替分布着单键和双键，每个碳原子和一个氢原子（H）相连。

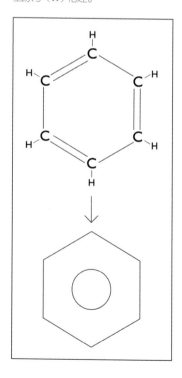

鲍林决定接受这个挑战。他发现，当原子在一个平面中对称分布时（如同苯分子中的原子一样），电子波能够离域到所有碳原子，电子的这一离域使得分子结构非常稳定。这一理解能够解释和预测很多化学反应。

鲍林确定了成百上千种分子的结构。他对重复的三维晶格结构特别感兴趣，这些结构存在于食盐、水晶和雪花中。一层层原子以精确的三维顺序排列，形成晶格。鲍林借助 X 射线衍射可以测定晶体中的原子分布。

鲍林知道，晶体中有序排列的原子层，可以与入射的 X 射线发生相互作用（散射），散射出的 X 射线发生干涉，产生衍射信号，该信号可以被测量和记录。利用这一现象，科学家有可能绘制出晶体内部结构的图像。

除此之外，他还有其他工具。比如，他能够通过测量物质的磁性来确定其内部构造。他用所有可能的方法研究了大量分子——从金属到晶体再到蛋白质——揭开了它们的结构。1939 年，鲍林在《化学键的本质》一书中阐述了他的工作。（他将此书献给吉尔伯特·路易斯。）

此后第二次世界大战爆发（1941—1945 影响美国），鲍林放下了理论研究，投身于战争。他为海军设计了炸弹和导弹推进剂。他发明的一种装置可以监测飞机和潜艇内的含氧量。（之后这种装置被用在恒温箱中，帮助早产儿呼吸。）他为战争作出了杰出的贡献，杜鲁门总统为他颁发了勋章。

1947 年——第二次世界大战结束后两年——

在微重力环境下，晶体能够完美地生长，它们不具有可以使 X 射线衍射失效的缺陷。这些"空间宝贝"是蛋白质。

回忆一下（参见第 17 章），散射是粒子束撞击到某物，如原子核时，发生的随机反射。

让我们来检视一块晶体……各边的同一性令我们愉悦，各个角度的同一性令欢愉翻倍。当发现第二个面和第一个面在各方面都同一时，我们的愉悦得以平方；再看到第三个也如此时，愉悦变为三次方，以此类推。

——埃德加·爱伦·坡（Edgar Allan Poe, 1809—1849），《诗律阐释》

图为莱纳斯·鲍林在加州理工讲解分子的结构。他的学生说，鲍林对化学的热情不限于化学键："为学生授课时，他总在讲述物质属性多样性的奇妙。"

鲍林出版了一本《普通化学》教材。如同 18 世纪拉瓦锡的化学教材一般，这本书改变了化学的教学方式。（1960 年它的新版名为《化学键的本质》。）鲍林的著作极具影响力，诺贝尔奖获得者马克斯·佩鲁茨（Max Perutz）认为，这些书"将化学从记忆变为理解"。由于鲍林的工作，近代化学聚焦于化学键，从此它与物理学和新兴的量子力学密切相连。

由于鲍林对政治议题和科学都有兴趣，他很快成为公众人物，或许是除了爱因斯坦之外最为美国人知晓的科学家。作为科学家，鲍林坚持认为核武器实验过程中泄漏的辐射将增加罹患癌症和基因疾病的风险，包括各种先天缺陷的风险。作为公民，鲍林参加和平示威游行，呼吁停止进一步的核试验。

当美国处于麦卡锡时代时（约 1950—1956），参议院约瑟夫·麦卡锡（Joseph McCarthy）发起了针对共产主义者和自由主义者的政治迫害。参与各种有争议政治活动的鲍林与那个时代格格不入，美国政府收走了他的护照，禁止他出国。1951 年，他错过了在英国举行的关于蛋白质结构的重要大会。1953 年，鲍林出版了《不要再有战争》一书，再一次刺激了他的政敌。

因于加州期间，鲍林对活体组织的分子展开研究，他试图揭开遗传的秘密。他并不是唯一进行尝试的人，在英国有两个团队也有相同的研究目标。他们都非常清楚，谁能解开遗传密码，就能够解释为什么有些人生而健康，有些人则常伴病痛，为什么有些人是长跑健将，有些则跛足而行。理解遗传机制将有助于我们埋解人类心智与身体的结构。

　　鲍林选择研究蛋白质，他认为 DNA 的复杂程度不足以携带遗传信息。他坚信蛋白质中隐藏着遗传的秘密。他弯曲和折叠一张纸（以他所知的酸性物质成键的方式），形成了一个螺旋状的模型，他称之为 α 螺旋。

　　在英国，弗朗西斯·克里克（Francis Crick）和詹姆斯·沃森（James Watson）得知了鲍林的螺旋结构。1953年，他们在剑桥的卡文迪什实验室看了物理化学家罗莎琳德·富兰克林（Rosalind Franklin）拍摄的分子 X 射线衍射图像，经过研究分析后提出 DNA 具有双螺旋结构。双螺旋结构——由两条螺旋链构成，通过中间的横键连接——足以携带遗传密码。鲍林由于被禁止出国，所以无缘看到那幅图像。如果他能看到，他会不会成为最早发现 DNA 的人呢？无人知晓。

莱纳斯·鲍林是一位理论学家，也是实验学家和模型建构者。换言之，他的科学研究既动脑又动手。上图是他的 DNA α 螺旋模型。

生命的旋梯

　　DNA（脱氧核糖核酸）的结构如左图所示，两条扭在一起的核苷酸长链，通过阶梯一般的键互相连接。DNA 存在于所有生物体的细胞核中。核苷酸的顺序决定了遗传特性。

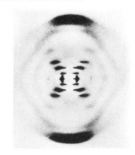

1953年，沃森（左图）和克里克在卡文迪什实验室演示 DNA 的双螺旋结构。这一结构的建立部分依赖于罗莎琳德·富兰克林在那年得到的分子 X 射线衍射图像（上图）。

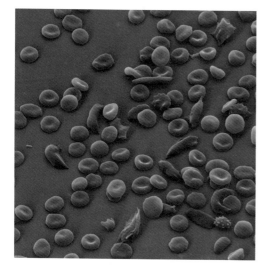

1949 年，鲍林将镰状细胞贫血和血红蛋白分子缺陷联系在一起。由于基因缺陷，血红蛋白呈镰状——被拉长成新月形或杆形。镰状细胞死亡速率过快，以至于新的血细胞来不及补充，从而导致贫血。

后来，鲍林又转向其他研究。当听到医生讨论镰状细胞血症时，他立刻猜测这种疾病是由红血细胞的缺陷引起的。这意味着它是一种分子水平的疾病，通过基因遗传。他通过研究证实了这一猜测。鲍林对这种分子疾病的描述开启了医药研究的新领域。

到了 1962 年，鲍林已经是白发苍苍，所以他总是戴一顶黑色的贝雷帽。除了在物理化学领域的显赫声名，他还被称为分子生物学的奠基人，同时在基因疾病、生物医学、生物化学和脑功能领域作出了重要发现。鲍林对营养学和健康有特殊的兴趣，他研究过麻醉与记忆，同时他始终是一位呼吁和平的活动家。

就在肯尼迪举行白宫盛宴的那天，鲍林正在总统官邸外，举着一块抗议大气核试验的标语牌进行示威。之后，他穿上晚礼服，带着惯有的热情跳舞、谈笑，享受白宫里的晚宴。

一年后，也就是 1963 年 10 月 10 日，美国、英国和苏联共同签署《部分禁止核试验条约》。同一天，鲍林第二次被授予诺贝尔奖，这一次是诺贝尔和平奖，该奖项旨在表彰一年中为世界和平作出最大贡献的人。挪威诺贝尔委员会表示，没有鲍林的努力，不可能有禁止核试验条约。鲍林成为唯一一个两次独得诺贝尔奖的人。

在前往瑞典接受荣誉后（此时他的护照已经恢复），鲍林马不停蹄地回到了他的科学研究与和平事业中。

鲍林持续的和平活动惹恼了很多商业、安全和军事方面的人。1964 年，他离开加州理工成为民主协会研究中心的创始人之一（该中心被誉为自由智库）。三年后（1967 年），他被加州大学圣迭戈分校聘为教授，后（1969 年）又前往斯坦福大学。但是鲍林的政治主张对一些人来说太过激进，他在压力之下选择退休。但他并未放弃，转而建立了莱纳斯·鲍林研究所，专注研究维生素 C 对人类健康的影响。（另一个极具争议的话题。）1994 年，鲍林在加州海岸大瑟尔的农场去世，享年 93 岁。

鲍林被誉为"科学的预言家和人性的先知"，他为我们留下了宝贵的遗产。

爱因斯坦似乎热衷于玩转我们的时间观念，或许在阅读本书时，有一些时间上的穿越也不为过。在下一章，我们将讲到第二次世界大战前的几年，后面的章节将追溯到更早的时候。下面的时间线有助于你厘清线索。

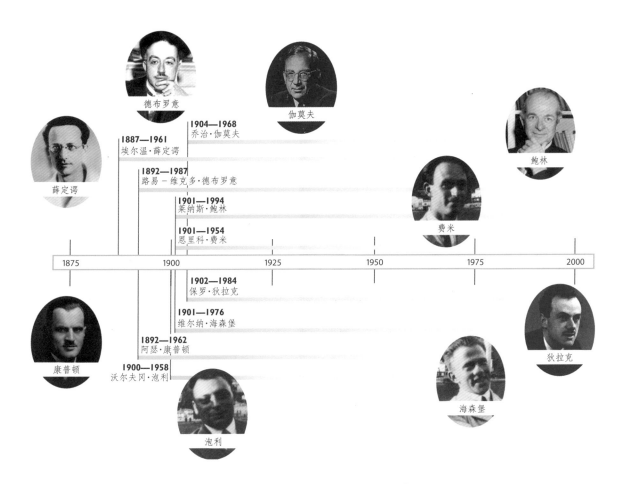

德布罗意

伽莫夫

鲍林

薛定谔

1904—1968
乔治·伽莫夫

1887—1961
埃尔温·薛定谔

1892—1987
路易－维克多·德布罗意

1901—1994
莱纳斯·鲍林

1901—1954
恩里科·费米

费米

| 1875 | 1900 | 1925 | 1950 | 1975 | 2000 |

1902—1984
保罗·狄拉克

1901—1976
维尔纳·海森堡

1892—1962
阿瑟·康普顿

1900—1958
沃尔夫冈·泡利

康普顿

狄拉克

海森堡

泡利

什么是化学键?

对 你而言,"bonding"的含义可能是结婚。对一个原子来说,"bonding"就是找到和其他原子紧密连接的方式。

下面是两种基本的成键方式:

离子键 与赠予有关。一个原子贡献出一个电子给另一个原子,两个原子因此带上异种电荷,彼此的吸引力使得两个原子结合在一起,或进一步形成晶体。

天然的氯化钠晶体为立方体,被称为岩盐。其中的钠原子和氯原子形成了离子键(下一页)。

在固体离子化合物中,离子键决定了刚性晶格的独特形状和结构。氯化钠晶体是立方体。

金属键(离子键的一种)使金属形成晶格结构,每个原子贡献一个或多个电子,在固体中这些电子能够或多或少地自由移动,使得金属具有导电性。因为大多数元素都是金属元素,所以这种成键方式很常见。

共价键 与共享有关。两个原子共享一个电子。作为生命核心的碳原子,和其他至多四个原子通过共价键结合在一起。大多数非金属元素的原子都会形成共价键。氢原子和氧原子通过共价键生成水(参见187页的说明)。

当然还有比较复杂的情况,有些化学键介于离子键和共价键之间,有些教材则将氢键单列为一类。值得注意的是,在原子水平上,化学仍是一门定量(测量)科学。

离子就是原子或分子失去或得到一个或者更多电子，从中性状态转变成带电状态。原子失去电子后成为阳离子，失去多少电子就带多少正电；得到电子后成为阴离子，得到多少电子就带多少负电。化合价（源自拉丁词"力量"）表示一个原子可以与其他原子形成化学键的数目。电负性表示元素化合时，一个原子从其他原子那里吸引电子的能力大小。金属的电负性一般较小（因为它们不是吸引，而是经常放弃自由电子）。非金属，比如氟，则拥有较高的电负性。

离子键

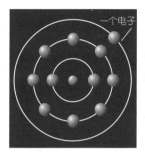

钠原子有 11 个电子：第一层有 2 个，第二层有 8 个，最外层只有一个。因此，它容易失去这个多余的电子。

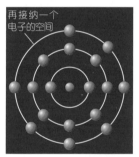

氯原子有 17 个电子，第一层有 2 个，第二层有 8 个，能量最高的最外层有 7 个。因此，它急于获得一个额外的电子以使最外层稳定。

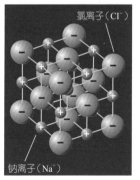

氯化钠（食盐）由离子键构成，钠原子将最外层的一个电子转移给氯原子。钠原子因此变成与氖原子（10 号元素）——元素周期表上的惰性气体——有相同稳定电子结构的钠离子；氯原子则变成了与氩原子（18 号元素）——氯元素后一位的惰性气体——有相同稳定电子结构的氯离子。钠离子和氯离子通过静电吸引紧密连接，以重复的立方结构形成晶体。

共价键

氧原子（原子序数为 8）内层有 2 个电子，外层有 6 个电子，再得到两个电子就能形成外层的稳定结构。

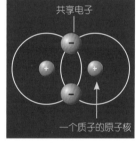

氢通常以双原子分子 H_2 的形式存在，两个质子共享两个电子，形成非极性共价键。这种结构使得氢原子达到与氦原子（原子序数 2）相同的电子层结构，氦是元素周期表中氢后一位的惰性气体。

另一个共价键的例子是，两个氢原子与一个氧原子共享两个电子生成水（H_2O）。不过这种共享是不平等的，称之为极性共价键。电负性更高的氧原子吸引电子的能力更强，因此会获得少量的负电荷；氢原子则拥有少量的正电荷，因此整个分子总的电荷量为零。

记住：这些图和实际原子一点也不像。这些图只是用来形象地演示电子是如何分配的。

成键，还是不成键？要看是否呈惰性

1916 年，吉尔伯特·路易斯提出理论，解释为什么原子倾向于形成特定的离子或分子。路易斯是将物理思想应用于化学。他说："原子在反应过程中，通过得失电子以达到惰性气体的稳定电子层结构。"

惰性气体指的是氦、氖、氩、氪、氙、氡。这些原子可称得上相当自私，因为它们几乎不与其他原子结合。（当然，存在一些例外，惰性气体也能形成一些化合物。）

其他气体相对于惰性气体而言要活跃一些，因而能和其他原子结合。这些普通气体一直在寻找伙伴，希望能够变得像惰性气体一样稳定。

每种惰性气体的最外层都有 8 个电子（氦只有 2 个）。吉尔伯特·路易斯的理论称为八隅律，金属原子在失去电子和非金属原子得到电子时，都遵循八隅律。

成键时是失去电子还是得到电子，由原子的电负性决定。1932 年，鲍林提出的元素电负性标度沿用至今。

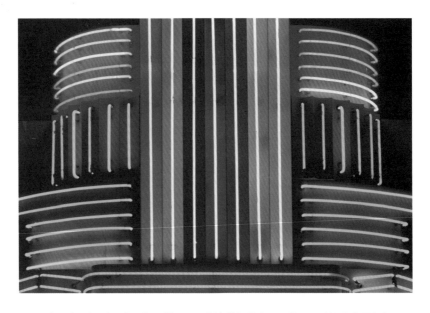

氖和氦、氩、氪、氙、氡一样，是六种惰性气体之一，常用于建筑物的霓虹灯照明。这些惰性气体的原子最外层都有满额的电子，性质稳定，极其不活泼（很少发生化学反应）。

回到 1690 年，哲学家约翰·洛克写道："（如果能够知道）组成大黄、毒芹、罂粟的粒子的机械特性，人类就能像制表师制表一般，通过手表的运作了解其功能。或是在图纸上用橡皮擦修改，调整其中任意一个齿轮。了解这些特性使得我们能够提前知道大黄何时起效，毒芹何时发挥毒性，罂粟何时能让人入睡：就像制表师那样预测。"啊，洛克先生，通过对原子和分子世界的研究，您说的这些我们都已经实现了——而且做得更多。我们借助知识成为富有创造力的化学家——现代的炼金术师。

金属是什么?

大多数元素都是金属元素。金属大多具有光泽，延展性好（可以被锻造成各种形状），且具有导电性。这些性质都来源于形成金属的化学键。这些化学键又都是由电子决定的。

在固体中，金属原子的外层电子或多或少能在金属中自由移动。这些自由漂移的电子（带负电）会被带正电的金属离子吸引。（像铜或铁这样的纯金属，含有紧密排列的正离子，也称阳离子。）

正是这些自由电子使得金属具有良好的导电性，并且使其具有金属光泽。金属的延展性源于其流动的、可变的结构。

理解化学键，能够帮助你更好地理解事物为什么是这样或是那样的。

图中的红球代表镁原子（Mg），紫色小球代表硼原子（B），它们构成了名为二硼化镁（MgB_2）的有用金属。2001 年，日本物理学家发现这种化合物是一种稀有的高温超导材料，换言之，这种化合物在一定温度下不再具有电阻。

能量等于质量乘以光速的平方（$E=mc^2$）

被我们的感觉器官感受到的实物，事实上只是大量能量集中在较小的空间中而已。

——阿尔伯特·爱因斯坦和利奥波德·因费尔德，《物理学的进化》

科学思想以数学语言写就。其中最著名的一句由爱因斯坦在奇迹年的两年后，也就是 1907 年写下的（基于 1905 年的其中一篇论文）。这句话是：

$$E=mc^2$$

这是所有科学领域中最著名的方程，其中 E 代表能量，m 代表质量，c 代表真空中的光速。爱因斯坦的这一方程表明，**质量和能量是可以互相转化的**。

不过常识告诉我们，一只球和抛出它所消耗的能量是两回事。然而，粒子加速器可以取出球中原子的核，并在一定条件下将其转化为能量。质量看起来就是密度非常非常大的能量。

$E=mc^2$ 随后成为极具争议的方程。

这个方程对于能量守恒定律意味着什么呢？对于其他守恒定律又有什么影响呢？比如质量守恒定律——这条定律表明质量不能被创造或消灭。

爱因斯坦的方程将这些守恒定律联合在了一起。它表明，能量可以被转化——不仅仅是转化为另一种形式的能量，而且可以转化为质量；反过来，质量也可以转化为能量。但是质量

爱因斯坦最初写下的方程式是 $m=E/c^2$，它和 $E=mc^2$ 有什么区别呢？这个原始方程表示的是，从一定的能量中能够转化出多少质量；而后来更著名的形式则表示，一定质量中包含了多少能量。

这里有一个质量守恒的例子：当你燃烧一块木头时，残余灰烬和产生气体的质量之和等于原来木头的质量加上燃烧消耗的氧气质量。在这一过程中，分子结构虽然被破坏，但是系统的总质量保持不变。

和能量都无法被消灭。此后科学家不再需要处理两条守恒定律，爱因斯坦的理论将其合并为：**质能守恒定律**。

几乎没有人能够想象出质量和能量相互转化的情况。你认为这可能吗？

1907 年，连爱因斯坦都不曾想到，这个令人震惊的方程会在此后激励一代科学家。他们将使这个方程在现实世界中生效，并因此发现了一种新的能量形式：核能。

将数值巨大的光速平方——光速这个数值在真空中约为 300 000km/s——看看你得到的这个数值。很小的质量乘以这个数值后都会变得很大。第一颗原子弹中包含的能量值相当于一个西柚的质量。原子弹中微小的质量变化就足以夷平一座城市。

爱因斯坦后来问自己："如果每克物质中包含着如此巨大的能量，为什么这些能量之前从来没有被注意到过？"然后他说："这个答案太简单了：只要这些能量没有被释放，就不会被察觉。就如一个富可敌国的人，如果从来不花一分钱，别人也无法知道他到底有多富有。"

再重复一遍：$E=mc^2$ 表明质量和能量可以相互转化。爱因斯坦曾写道："利用这条定律，加上精确的原子核质量，我们就能够预先计算出，假想中的原子核裂变过程能够放出多少能量。不过这条定律无法告诉我们，这种裂变是否会发生，或是如何发生。"

换言之，这个方程描述了一种可能性，但是它没有指明如何实现这个过程。爱因斯坦不知道人类是否有一天真的能够分裂原子核，并将它的质量转化为能量。此后，我们在他生活的时代所做的一切，令爱因斯坦和所有人都惊诧万分。

爱因斯坦的学生巴尼什·霍夫曼曾写道：

想象一下，这一步是如此无畏……每一抔土、每一片羽毛，每一粒灰尘都储存着巨大的未被开发的能量。这个事实在当时根本无法验证。然而，1907 年当爱因斯坦发布这个方程时，他将之视为相对论最重要的结果。直到 25 年后，这个方程才被验证，这一点恰恰体现了爱因斯坦非凡的预见性。

走向战争（大事记）

> 近代欧洲历史上，始终存在着占主导地位的国家——从西班牙、法国、荷兰再到英国——这些国家的物质实力和文化实力都极为出色。第一次世界大战前的三十年里，德国处于优势地位，这个国家伴随着强硬军国主义精神的物质力量，似乎被文化，尤其是科学成就所平衡。
>
> ——弗里茨·施特恩（Fritz Stern），德裔美国历史学家，《爱因斯坦怨史：德国科学的兴衰》

从 1933 年 1 月到 1941 年 12 月之间，104 098 名德国和奥地利流亡者抵达美国，其中 7 622 名是学者，1 500 名是艺术家、文化记者和其他领域的知识分子……这次智力大迁徙的结果是，20 世纪的思想图景发生了剧烈变化。这或许是迄今为止最重大的一次转变。

> ——彼得·沃森，《20 世纪思想史》

1932 年，美国正处于大萧条时期，富兰克林·德拉诺·罗斯福（Franklin Delano Roosevelt）从赫伯特·胡佛（Herbert Hoover）手中接过美国总统一职。

在印度，圣雄甘地（Mahatma Gandhi）和贾瓦哈拉尔·尼赫鲁（Jawaharlal Nehru）领导了反抗英国殖民统治的运动，因而被判入狱。他们采取示威游行、绝食抗议和发表演说等方式发起抗争。这种不屈的非暴力抵抗被称为非暴力不合作运动，是基于道德准则的行动。这不是他们第一次，也不会是最后一次身陷囹圄。

当时，美国反对日本侵占中国东北地区，其他与亚洲有贸易关系的西方势力不愿意对日本的军事侵略提出异议。日本军

甘地（中）领导了一次为期 23 天的游行，抗议英国不公平的食盐税。

队肆意袭击中国上海，轰炸并杀害了成千上万的中国百姓。

与此同时，在英国剑桥大学的卡文迪什实验室里，卢瑟福团队中一位害羞、沉默的成员，詹姆斯·查德威克在实验中击碎了一个原子核。他发现了什么呢？中子。回到 1920 年，为了解释同位素（同一种元素或重或轻的不同原子）的存在，卢瑟福提出假设，原子核中一定存在另一种粒子。他的假设是正确的，但由于中子不带电（中性），几乎无法被探测到。

还是在卡文迪什实验室，约翰·考克饶夫和欧内斯特·沃尔顿建造了一台高能粒子加速器，并利用它加速质子束，轰击锂原子。（锂是一种轻金属。）他们观察到原子先是结合在一起，然后又分开。与卢瑟福使用天然放射源不同，这两位年轻的物理学家成功地利用高能加速粒子使原子分裂。这是第一次人工原子核反应，这一过程中释放出了大量能量。

剑桥的保罗·狄拉克预言存在一种反物质粒子，称为正电子。在加州，卡尔·大卫·安德森（Carl David Anderson）验证了狄拉克的计算，证实正电子确实具有与电子相同的质量，但是带正电。[①]狄拉克因此在剑桥获得了牛顿曾拥有的学术头衔。他于 1930 年出版的《量子力学原理》一书将被一代又一代的物理学家阅读。

1933 年。 1 月 30 日，一些纳粹分子和右翼政治家说服年迈的德国总统保罗·冯·兴登堡（Paul von Hindenburg）任命阿道夫·希特勒（Adolf Hitler）为总理。希特勒要求并最终获得了独裁权。

美国的埃德温·阿姆斯特朗（Edwin Armstrong）在调频广播方面获得了四项专利。他通过调制无线电波的频率使电波携带信号，而不是像通常的调幅广播那样改变振幅。这样一来大大降低了无线电接收器所受的静电干扰。

图为 1931 年，日本骑兵进入中国东北地区的一个小镇。

由于查德威克的发现，原子结构进一步发展为：原子核中包含带正电的质子和不带电的中子，电子在原子核周围的壳层中绕核运动。

反物质粒子是与物质粒子相同的粒子，只是电性相反。

图为纳粹海报，上面画着希特勒（右）和兴登堡，上面宣称："帝国不会被毁灭——只要你们足够团结和忠诚。"

译者注：① 中国科学家赵忠尧在实验中首先发现了反物质——正电子，并准确计算出它的能量为 0.5 兆电子伏特。他也首先观察到正负电子的湮没。他曾和安德森讨论过用云室观察湮没过程的方法。赵忠尧回国后，安德森用云室显示了正电子的径迹。

堆积如山的鞋子静静地昭示着，第二次世界大战期间无数人在集中营中被杀害，其中大多是犹太人。

图为1925年，在斯科普斯"进化论庭审"期间发表的一幅漫画作品，漫画虚构了由反进化论律师，威廉·詹宁斯·布赖恩（William Jennings Bryan）执教的科学教室。

爱因斯坦此时正在加州的帕萨迪纳，第三次访问加州理工学院。在无声电影明星查利·卓别林（Charlie Chaplin）举办的派对上，爱因斯坦和其他三位音乐家一起演奏了莫扎特的四重奏。

三月，德国建造了第一个集中营——达豪集中营，这个集中营建在慕尼黑附近的一家旧军火工厂内。慕尼黑的新任警察局长海因里希·希姆莱（Heinrich Himmler）对外宣称这里将用来关押"政治犯"。（到1945年，有1 000万人被关押到纳粹集中营，其中大多数在此服苦役，为德国战争机器服务，超过半数最终死在这里。）

犹太指挥家布鲁诺·瓦尔特（Bruno Walter）逃离德国。

爱因斯坦和第二任妻子埃尔莎搭乘火车穿越美国，准备返回欧洲。3月14日（爱因斯坦的生日），火车停靠在芝加哥，他受邀参加了一场午宴。在那里他遇到了克拉伦斯·达罗（Clarence Darrow），达罗曾在田纳西为生物教师约翰·斯科普斯（John Scopes）辩护，进行了著名的进化论法庭辩论。火车下一站停靠在纽约州首府奥尔巴尼，在那里爱因斯坦得知，纳粹警察把他在柏林的公寓翻了个底朝天，幸好他的继女事先将他的重要论文转移到了安全的地方。驻美德国领事警告他："如果你返回德国，阿尔伯特，他们会拽着你的头发拖到大街上游行。"爱因斯坦很清楚，如果他回去，失去的不会仅仅是头发。

然而，他和埃尔莎还是选择返回欧洲，他们还有家庭和私人事务需要处理。在返航的船只上，他们得知德国乌尔姆的市长下令为街道改名，爱因斯坦街将不复存在。与此同时，普朗克希望爱因斯坦辞去普鲁士科学院院士一职。

普朗克并非纳粹分子，但他认为，爱因斯坦对新政府的批判使得他无法再继续享有这一荣誉。他们乘坐的船只在比利时安特卫普靠岸的第二天，爱因斯坦就提出了辞职申请。普鲁士科学院公开指控爱因斯坦为叛国者。普朗克此时公正地说："在未来漫长的历史中，爱因斯坦的名字将是科学院最闪耀、最值得称道的名字之一。"然而，只有劳厄对科学院的决定提出反对。

在比利时接受暂时的政治庇护后，爱因斯坦很快加入了弦乐四重奏乐团，每周演奏小提琴。他的好朋友，比利时皇后伊丽莎白（Elizabeth）也参与乐团演奏。在访问英国期间，爱因斯坦和温斯顿·丘吉尔（Winston Churchill）（未来的英国首相）在卢瑟福主持的会面中，发表了反对纳粹侵略行动的演说。

随后，耶路撒冷希伯来大学和加州理工学院都邀请爱因斯坦前往担任教职，还有很多大学发出讲座邀请，同时土耳其也愿意为其提供政治庇护。他最终决定前往新泽西全新的普林斯顿高等研究院，主要是由于那里同意一并接收他的助手。爱因斯坦希望能够将时间分配给美国和欧洲，但他万万没想到的是，此后他再无机会重返欧洲。

在一幅阿图尔·希克（Arthur Szyk）的漫画中，希特勒和他的亲信——希姆莱、戈林（Göring）、戈培尔——高唱着"和平，和平"，同时却秘密地为战争全力准备。

1933年，英国的狄拉克和奥地利的薛定谔分享了诺贝尔物理学奖。薛定谔接手了普朗克在柏林大学的职位，他不是犹太人，但却痛恨纳粹。他发表了反对纳粹的演说，随后逃亡到爱尔兰。

德国随后退出国际联盟，宣布重建军队。实际上，德国从1929年起就开始秘密备战，无视第一次世界大战后签订的《凡尔赛条约》对其军事行为的禁令。

五月，数以万计的德国人高举火把举行游行，在柏林大学附近的广场上集合。游行人群看着书籍被扔进火堆。"阿尔伯特·爱因斯坦、杰克·伦敦（Jack London）、欧内斯特·海明威（Ernest Hemingway）、海伦·凯勒（Helen Keller）、约翰·多斯·帕索斯（John Dos Passos）、西格蒙德·弗洛伊德……"随着这些作者的名字被喊出，他们的书籍被投入火堆，人群中爆发

1933年，在柏林的歌剧广场上，密集的人群一起焚烧被纳粹政府宣布为"反德国的"书籍。

出阵阵欢呼。德国宣传部长约瑟夫·戈培尔（Joseph Goebbels）得意地宣布："知性主义已死。"

希特勒对普朗克说："如果解雇犹太科学家会毁灭德国的科学事业，那么看来我们得过几年没有科学的日子了！"

出生于匈牙利的核物理学家爱德华·泰勒（Edward Teller）从德国逃往伦敦，随后前往美国。在那里他将与伽莫夫一起研究衰变现象。他此后将成为大规模武器的拥护者、氢弹之父，也是一位极具争议的人物。

另一位匈牙利犹太物理学家利奥·齐拉特此时正在英国，他阅读了 H.G. 韦尔斯的科幻小说，其中提到了一种原子弹。齐拉特站在英国街角，思考如何能够实现它。他也被认为是最早提出原子弹设想的科学家（在下一章中会提到具体细节）。

德国物理学家奥托·施特恩（Otto Stern）正前往美国（他将于 1943 年获得诺贝尔奖）。此后六年，除科学家外，约 60 000 名艺术家（作家、演员、画家和音乐家）纷纷逃离德国和奥地利。这是人类历史上最大规模的智力迁徙。

意大利首相贝尼托·墨索里尼发起的疯狂的法西斯主义，在纳粹的推动下迅速传遍德国。

1934 年，希特勒与波兰签订互不侵犯条约，承诺决不入侵。事实上，他只是在拖延时间以便强化军备。他非常清楚，当时波兰的军队大约是德国军队的 1.5～2 倍。同时，希特勒开始向意大利首相贝尼托·墨索里尼（Benito Mussolini）大献殷勤，他起初嘲笑希特勒为"小丑"。

在墨西哥，拉萨罗·卡德纳斯（Lázaro Cárdenas）当选总统，领导了自由革命，重新执行 1917 年的墨西哥宪法。

同年，毛泽东和共产党其他领导人为摆脱国民党追击，开始长征。后来，毛泽东最终成为中国领导人。

在美国，第一部漫画书《惊奇故事》出版，童星秀兰·邓波儿（Shirley Temple）成为电影的票房保证。

20 世纪 30 年代，秀兰·邓波儿成为好莱坞第一位巨星级童星。各地的小女孩都将头发烫卷来模仿她。

在英国，28 岁的奥地利裔女演员帕梅拉·林登·特拉弗斯（P.L. Travers）出版了作品《玛丽·波平斯》，取得了巨大的成功。

在法国，伊雷娜、弗雷德里克·约里奥－居里夫妇开始用中子进行实验，他们希望能够借此发现新元素。在意大利，费米也开展了同样的工作。

当年的诺贝尔化学奖授予美国人哈罗德·尤里（Harold Urey），以表彰他发现了"重氢"。重氢是氢的同位素，比氢多出了一两个中子。氢的其中一个同位素氘（D），包含一个质子和一个中子，将被用于制造氢弹。重水 D_2O 后来也被用于制造氢弹。

1935 年，1935 年的诺贝尔和平奖被授予反纳粹记者和作家卡尔·冯·奥西茨基（Carl von Ossietzky），然而此时他已被关进集中营。纳粹政府要求他放弃荣誉，被他断然拒绝。德国政府宣布，今后德国人将不再接受诺贝尔奖，因此奥西茨基无法离开德国前往挪威领奖。

在位于特拉华州威尔明顿的杜邦公司，化学家华莱士·卡罗瑟斯（Wallace Carothers）发明了第一种人造纤维——尼龙。

第一座雷达站（雷达即无线电探测与测距）在英国建成。这一思想源于赫兹，他于 19 世纪 80 年代发现，可以通过无线电波的反射确定物体的位置。在未来的战争期间，雷达是导航战斗机以拦截德军轰炸机的重要防御工具。

这一年的诺贝尔化学奖被授予约里奥－居里夫妇，以表彰他们在实验中创造出了放射性同位素。通过用 α 粒子轰击原子，他们成功地将铝转变为磷元素的一种新的放射性同位素，将硼转化为放射性氮以及其他一些转变。

泡利提出了不相容原理，并预言中微子的存在。他此时正离开奥地利，前往普林斯顿担任教授。泡利的教父是恩斯特·马

第一本现代漫画的主角是太空英雄巴克·罗杰斯（Buck Rogers），他为粉丝带来了火箭、机器人和镭射枪。

泡利不相容原理说的是,原子中的任意两个电子(或质子、中子)不可能处于同一个量子态——即不可能所有的量子数都相同。

纳粹分子强迫犹太人佩戴黄色的标志方便识别。在集中营里,识别号码被烙进被囚禁者的皮肤。

最后一步时,我屏住了呼吸。之前我始终紧紧贴在赛场上,调整呼吸直到终点前30码,然后我深吸一口气,绷紧所有的腹部肌肉,爆发出所有力量。

——杰西·欧文斯,奥林匹克金牌得主

赫(他是伟大的物理学家,但始终不相信原子的存在),泡利的母亲是犹太人。

同样有一位犹太人母亲的物理学家汉斯·贝特(Hans Bethe),于1933年被任教的德国大学开除,此刻正准备前往美国。

德国出台了纽伦堡法案,剥夺了国内600 000犹太人的所有公民权利。(这部法律此后还将用在德军侵占国家的上千万犹太人身上。)这是纳粹针对犹太人的"最终解决方案"的开始。犹太人从此不再享有投票权,不得担任公职,也无法参加绝大多数的工作。犹太人与非犹太人之间的婚姻被视为非法;拒绝离婚者将被判入狱。当犹太家庭一个个消失时,并未有多少抗议之声。吉卜赛人、同性恋和其他被怀疑为不忠诚的人都在大清洗中被消灭。

1936年,希特勒在德国大选中获得99%的选票。德军占领莱茵兰,莱茵兰是德国莱茵河边的一个非军事区。墨索里尼和希特勒宣布结成罗马－柏林轴心。

英国、法国和美国共同签署伦敦海军条约,这一条约最终促成了同盟国的建立,同盟国成员一致反对纳粹政府。

同年,奥运会在德国柏林举行,希特勒希望德国运动员能够赢得奖牌,一旦成功,他就会公开与他们握手。希特勒坚持认为,黑人和犹太人一样,是比德国种族低贱的人种。然而十位非洲裔美国运动员赢得了奥运会奖牌,其中八枚是金牌。他们中的一位,美国人杰西·欧文斯(Jesse Owens)是本届奥运会热门人物,他一人独得四枚金牌,成为世界名人。欧文斯是亚拉巴马州一个佃农的儿子,他说:"我既没有被邀请去和希特勒握手,也没有被邀请去白宫和总统握手。"回到美国后,他和他的非洲裔队友在很多州都只能坐公交车的后排座位。[20年后,也就是1956年,欧文斯以总统德怀特·艾森豪威尔(Dwight Eisenhower)私人代表的身份出席奥运会。]

在英国，BBC（英国广播公司）开始提供电视服务。

西班牙内战开始，这是世界大战的前奏。

在苏联，秘密警察逮捕了 500 万人，任何质疑约瑟夫·斯大林（Joseph Stalin）制定的规则的人都身处危险之中，上百万人在大清洗中消失。

查利·卓别林出演电影《摩登时代》。

英国的试飞员、工程师弗兰克·惠特尔（Frank Whittle）和德国的物理学家汉斯·冯·欧海恩（Hans von Ohain）独立发明了喷气式飞机引擎，他们对彼此的工作互不了解。惠特尔在 1930 年获得了涡轮发动机专利；欧海恩在 1936 年取得专利。1939 年，欧海恩的喷气式飞机首先试飞成功。

在《摩登时代》里，卓别林的小碎步跟不上机器的节奏，这台机器有一个同步啮合的传输装置。

卡尔·大卫·安德森（加州理工学院）和维克托·弗朗茨·赫斯（奥地利因斯布鲁克大学）共享了这一年的诺贝尔物理学奖。安德森的贡献是于 1932 年发现正电子，赫斯则是发现了宇宙辐射。赫斯的妻子是犹太人，所以他们很快也离开奥地利逃往美国。赫斯此后在纽约市的福特汉姆大学任教，这是一所耶稣教会大学。

生于匈牙利布达佩斯的尤金·保罗·维格纳（Eugene Paul Wigner）曾在德国求学，后来成为威斯康星大学的物理学教授。他通过数学计算解释了当科学家用中子轰击原子核时会发生什么的问题。他的工作为研究核能的理论学家提供了重要信息。维格纳是流亡到美国的杰出匈牙利物理学家／数学家之一，这些人都是由于欧洲动乱而不得不背井离乡。他后来获得诺贝尔

在《今日物理》杂志的一篇文章中，尤金·维格纳（图中抱着他的女儿艾瑞卡）被描述为"杰出人物"，他"认为物理学有责任为人类提供这个世界的生动画卷，揭示自然事件的内部关联，为我们展示一个统一、优美、壮丽的世界图景"。

奖，并为和平利用核能作出贡献。

1937 年，卢瑟福（现为纳尔逊男爵）在英国去世，享年66 岁。

苏联作曲家谢尔盖·普罗科菲耶夫（Sergei Prokofiev）创作了交响童话《彼得与狼》，故事中的每一个角色都由一种乐器和一段旋律代表。

巴勃罗·毕加索的名画之一展现了战争的可怕，这幅图描绘的是西班牙内战期间，格尔尼卡小镇被轰炸的情形。

巴勃罗·毕加索是一位居住在巴黎的西班牙画家。他创作的作品《格尔尼卡》很快成为名画，这幅画展现了西班牙内战的可怕情形。

普朗克辞去了柏林的威廉皇家学会会长一职，以抗议纳粹政府对犹太科学家的迫害。后来，他的小儿子埃尔温（Erwin）因参与暗杀希特勒的计划而被处决。

日本军队占领了中国多座重要城市。国民党和共产党开展第二次合作，共同抵御侵略者。

德国承诺不会入侵比利时（这一承诺后被打破）。

法国演员和导演让·勒努瓦（Jean Renoir）导演了一部描写大战的电影《大幻影》，表达了对和平的期盼。

超过 50 万美国人加入了静坐示威活动，以表示对大萧条的不满。

电影《大幻影》在德国和意大利被禁播，并几乎被宣传部长戈培尔彻底抹杀，他称这部电影为"头号电影公敌"。

此时元素周期表中，在 1 号元素（氢）到 92 号元素（铀）之间只有四个元素尚未被发现，43 号元素是其中之一。意大利物理学家埃米利奥·吉诺·塞格雷（Emilio Gino Segrè）尝试制造这一元素。他了解到，费米利用中子轰击原子得到了原子序数更大的新原子。于是他决定在加速器中用氘（包含一个质子和一个中子）轰击 42 号元素（钼）。实验成功了，43 号元素被命名为锝，希腊语的意思是"人造的"。这种元素具有放射性，极少量地存在于一些恒星中。锝后来被发现是一种很好的超导材料，可作为合金钢的硬化剂，还可用于核医学。

卡尔·大卫·安德森（参见 1932 和 1936 年）发现了一种中等质量的亚原子粒子，它的质量比电子大，但是比质子小，被称为介子，有时也称为 μ 介子。1935 年，日本物理学家汤川秀树（Hideki Yukawa）曾预言这种粒子的存在。

12 月，日本军队占领民国政府首都南京。六周时间里，在军队长官的默许下，日本侵略者对南京城的百姓实行了惨无人道的奸淫掳掠和残忍杀害。

1938 年，英国首相内维尔·张伯伦（Neville Chamberlain）在德国会见希特勒，讨论了"这个时代的和平"，最终同意德国军队占领苏台德地区（捷克斯洛伐克的一部分）。张伯伦相信他能够保护英国远离战争；其他人，比如丘吉尔，认为张伯伦的做法不过是绥靖政策，通过答应希特勒的条件来安抚他。随后，德国军队攻占苏台德地区。

总统罗斯福敦促希特勒和墨索里尼和平解决争端。

英国预计战争即将到来，向市民发放防毒面具。

美国最高法院通过法案，要求密苏里大学法学院必须认可"黑人学生"。

奥森·韦尔斯（Orson Welles）的广

43 号元素锝（Tc）有一种同位素，被广泛用于医疗诊断，这种同位素的半衰期只有六个小时。

1937 年 9 月，在中国南京，一个婴儿坐在被日军轰炸后的废墟上大哭。12 月，南京沦陷，至少有 300 000 人惨遭屠杀。

你会在 1938 年的英国买一个防毒面具吗？这幅广告预言了 1939 年 9 月 6 日德军的第一次空袭。

非洲裔美国学生劳埃德·盖恩斯（Lloyd L. Gaines）引用第十四修正案，起诉密苏里大学，希望获得法学院入学资格。

架在火烈鸟般长腿上的蛋形的钢铁怪物，是 1927 年漫画版中韦尔斯笔下的火星入侵者。他的科幻经典《世界大战》发表于 1898 年。

播剧《世界大战》（基于韦尔斯的小说）在万圣节前开始播出。剧中宣称敌人即将进攻美国，虽然这只是剧情的一部分，但还是有人信以为真，陷入恐慌。

美国富有的企业家霍华德·休斯（Howard Hughes）驾驶飞机环游世界，历时 3 天 19 小时 17 分钟。

20 岁的亚伯拉罕·派斯正在阿姆斯特丹攻读博士学位，他后来成为粒子物理学家和爱因斯坦与玻尔的传记作者。由于他是犹太人，不得不躲藏起来，他比安妮·弗兰克（Anne Frank）幸运，躲过了追捕，幸存了下来。

我真想一直看着这幅照片，也许我也有机会能够去好莱坞。

——安妮·弗兰克，1942 年 10 月 10 日

罗斯福总统召回了驻德大使，德国也召回了华盛顿的驻美大使——两国结束正常外交关系。

剑桥大学的本科生艾伦·图林（Alan Turing）发表了一篇论文，后来这篇论文被认为是宣告了电子计算机的诞生。

乌克兰裔物理学家乔治·伽莫夫提出核聚变是太阳能量的来源，氢原子核（最轻的元素）在炽热的恒星中聚变为氦原子核（氢元素后一位的元素）。在此过程中有一部分质量转化为能量。伽莫夫并不知道这个过程具体是如何发生的，但是汉斯·贝特（已加入美国籍，见 1935 年）找到了答案，并且解释了太阳为何如此闪耀。

德国法律现在禁止犹太儿童上公立学校，犹太教师被开除，

犹太人的护照被没收。11月9日，在臭名昭著的"水晶之夜"，暴徒袭击了犹太人的商店、教堂和住所。希特勒却指责是犹太人带来了破坏，并开出账单要求他们支付清理费用。德国和意大利此时已经禁止犹太人逃亡。

在意大利，当局也通过了和德国类似的种族歧视法案。

玻尔打破了保密传统，告诉意大利的恩里科·费米，他即将获得诺贝尔物理学奖。费米的妻子劳拉·费米（Laura Fermi）是犹太人，在嫁给他之前主修工程和科学。费米举家前往斯德哥尔摩，在那里，就如故事中那样，"他们发现自己再也找不到回意大利的路了"。费米随后加入了哥伦比亚大学物理系。

奥地利裔的莉泽·迈特纳（Lise Meitner）选择逃离德国，她从1907年起在柏林担任教授，与合作者共同发现了放射性元素镤（91号元素），在核物理方面成就卓著。爱因斯坦将她与居里夫人并称。在女性基本无法涉足科学领域的时候，她成为世界级的物理学家。玻尔通过帮她在瑞典的大学找到工作来协助她逃亡。

在"水晶之夜"，德国市民举起大锤砸向犹太人的商店和住所，街道上满是碎玻璃。一些犹太人被打死，犹太教堂被纵火。这幅照片是文件记录的慕尼黑的情况。

1939年，德国打破决不入侵的承诺，大举进犯波兰。

英国和法国对德宣战。

第二次世界大战爆发。

当纳粹的战争机器开进奥地利和捷克斯洛伐克以后，波兰无疑将成为"下一个！"，"下一个"正是1939年这幅有力漫画的标题。

核裂变幻象

利奥·齐拉特于 1933 年开启了新纪元，他提出了激动人心的想法，用中子轰击原子可以引发链式反应。
——迈克尔·怀特和约翰·格里宾，《爱因斯坦：一位旷世奇才的一生》

（在伦敦时）齐拉特靠积蓄度日，他没有其他的学术任务，没有家庭，没有亲密的朋友，也没有家务琐事。他可以夜以继日地全身心思考链式反应的问题。
——威廉·拉努埃特（William Lanouette），贝拉·西拉尔德（Bela Silard），《影中天才：齐拉特自传》

1933 年 9 月 12 日，伦敦早报《泰晤士报》刊登了一篇英国著名科学家卢瑟福的演讲。这位伟大的物理学家（现在已经是卢瑟福爵士）描述了 20 世纪最初 25 年的重大发现。他提到了"轰击原子"和"元素的人工转变"。这对《泰晤士报》的大多数读者而言都是新鲜事，他们一贯认为元素是不可改变的。当谈及原子能时（这种能量出现在韦尔斯的科幻小说《获得自由的世界》中），卢瑟福否定了这种想法，他说："从分裂的原子中提取能量可不是什么好主意。任何人想要从原子转变的过程中获得能量都是白日做梦。"

利奥·齐拉特刚到英国不久，也读到了这份早报。这位 35 岁的匈牙利人在第一次世界大战期间曾为奥匈帝国服役。一场流感拯救了他，使他脱离战壕，否则他早已和其他士兵一样丧身战场了。

第一次世界大战后，1919 年，齐拉特离开家乡布达佩斯前往柏林大学学习。在那里他希望学习工程，但是

照片摄于 1936 年英国牛津附近。齐拉特涉猎广泛，他曾向德国专利局提交了 29 项专利申请，其中有很多是与爱因斯坦合作完成的。

匈牙利首都布达佩斯由两部分组成，一部分是多瑙河左岸的山丘城市布达和古布达，另一部分是右岸现代的平原城市佩斯。1873年，这些城市合并，这幅城市全景图大约创作于这一时期。

普朗克、劳厄和爱因斯坦都是那里的物理学教授，于是齐拉特明智地转向物理专业。

当大学不能提供齐拉特感兴趣的一门课程时，他劝说爱因斯坦在研讨班中讲授。劳厄曾提供给齐拉特一个研究课题，但他认为这个课题没有什么太大的研究价值。此后仅仅一年，齐拉特就发现了一个"未解决的"物理问题，并且撰写论文作出解释。但他不敢拿给劳厄看（毕竟他应该完成导师交给他的任务），于是他转而将研究成果拿给爱因斯坦看。

"这不可能！"爱因斯坦说，"这是做不到的。"

"好吧，看起来是的，但我确实做到了，"齐拉特回答，他随后向爱因斯坦解释了自己的想法，爱因斯坦表示非常喜欢。

第二天，齐拉特鼓起勇气把论文交给导师劳厄，劳厄将其作为博士学位论文接收了下来。不久后，齐拉特进入柏林大学任教。

"未解决的"问题是由麦克斯韦提出的：一个想象中的妖精，是否能够破坏热力学第二定律？

齐拉特的头脑令人惊叹。他不做物理实验或理论推导的时候，发明了各种各样的东西。此外，他还坚持帮助别人。（基本上是参与一些慈善组织。）齐拉特非常关注道德问题。欧洲大多数的犹太科学家都认为纳粹不过是短暂的疯狂，他们可以静静地等待希特勒失败，但是齐拉特却有不同的看法。他把所有的积蓄藏在鞋子里，离开了德国。所以，1933年他才会出现在伦敦。他依靠带出来的存款度日，希望能找到一份好工作。多年以后，法国生物学家雅克·莫诺（Jacques Monod）这样描述齐拉特："一个矮小粗胖的人……也是眼中闪烁着智慧的光芒……包含着丰富的想法。"不过，1933年的齐拉特还只是一个瘦小的、充满孩子气的人，一头浓密的黑色卷发，一双充满热情的波西米亚眼睛。

齐拉特天生就是一个反对者，他对于听到的任何事情都喜欢持反对意见。1933年的早晨，当他看到《泰晤士报》后，他认为卢瑟福对于原子能的观点"太令人不快，因为一个人怎么可能知道别人能发明出什么呢？"他暗暗告诉自己，卢瑟福一定是错的。但是，为什么呢？齐拉特此时将所有的注意力转向原子、原子核和原子势能，不再考虑其他事情。

"在接下来的日子里，（齐拉特）无时无刻不在认真地思考卢瑟福的断言：在浴室长时间沐浴的时候，在公园不停散步的时

图为20世纪30年代的希特勒青年游行。这些演习、制服和宣传，让许多男孩子对从军和战争充满狂热。几乎没有人考虑过相关的道德问题和这样做的真正目的。

很多……人对形势非常乐观。他们都坚信文明的德国人不会容忍真正狂暴的事发生。而我之所以反对这一观点……（因为）我注意到德国人一直持功利主义观点。他们会问："好吧，如果我提出反对，对我有什么好处呢？……我只会丧失我的影响力。"……你看，这里完全不存在道德论点，即便有也是微乎其微……基于此，1931年时我认为希特勒必将登上权力舞台，并不是因为纳粹的革命力量有多强，而是因为绝不会出现任何抵抗的声音。

——利奥·齐拉特，引用自《利奥·齐拉特：他眼中的事实》

候。"他的传记作家威廉·拉努埃特这样写道，"齐拉特在寒冷的9月不停地走着、思考着，急切地想要找到否定'专家'卢瑟福断言的方法。"

站在伦敦一个街角的时候，齐拉特经历了"我发现了"的时刻，他这样描述这一刻：

当灯变绿时，我穿过马路，我忽然想到，如果我们能够找到一种元素，当它吸收一个中子后分裂时，能够发射出两个中子。如果将足够质量的这种元素放在一起，就能维持链式核反应。

（请反复阅读这段话，直到你确实理解了它的意思。）

齐拉特设想需要两步来释放原子中的能量：第一是发生链式核反应；第二是用以发生和维持链式反应的元素达到某一临界质量。他设想的这一过程是不是就是我们现在所说的"裂变"呢？似乎是这样，但是齐拉特的表述尚不清晰。并且他还不知道哪种元素比较容易发生裂变。

但齐拉特意识到，中子是反应发生的关键。他写道："和 α

要想引发链式反应，找到临界质量至关重要。一些中子会从试验样品的表面逸出，这些中子变得无用，因为无法继续引发裂变。所以，如果你用的物质质量过小，中子的数量可能不足以维持链式反应。而质量过大则可能使爆炸提前发生，这一恰好的质量被称为"临界质量"。

粒子不同，中子在穿越物质的过程中不会使物质电离（使其带电）。"

中子由于不带电，所以不会受到带正电的质子的排斥，可以自由地进入原子核。齐拉特描述了当一个中子进入原子核时的场景：进入原子核的中子使原子变为一种不稳定的同位素，这种同位素会迅速分裂。当原子核分裂时，可能会放出两个中子，这两个中子又能使另外两个原子核分裂，如此重复下去——链式反应发生了。要实现这一点，就要找到一种元素，当一个中子射入，这种元素的原子核分裂成两块或更多块，同时放出两个中子。

当然，这一切都还只是假设。没有人验证过他的想法，也没人知道哪种元素（如果存在的话）符合要求。齐拉特原本打算放弃物理转而研究生物，但现在他深深地着迷于链式反应。1934 年 3 月 12 日（距卢瑟福发表演说已经过去 5 个月），他起草了一份 15 页的专利申请，关于中子和原子嬗变（使一种元素转变为另一种）。之后，他又做了一些修改，加入了链式反应的描述。考虑到他的专利申请可能会被用于制造炸弹，他选择将其递交给英国海军，他认为他们会为他保密。

现在他陷于两难。一方面他希望告诉他的物理学家朋友，他们可以用实验来实现裂变。（除了齐拉特以外，似乎没有人认为这是可能发生的。）但同时他又要确保他的想法不会被大多数德国科学家知晓。他知道一旦泄露，他们会利用这一想法制造炸弹。

于是，他尝试暗示其他人他正在做的事情，但又含糊其辞，不将意思表达得很清楚。他写信给英国通用电子公司的创始人雨果·赫斯特爵士（Sir Hugo Hirst），在信中他提到了韦尔斯的小说："就目前物理学发现在工业中的应用情况来看，作者对于未来的预测会比科学家更准确。"换言之，

不要把这两个词搞混了：

裂变（fission）过程中，一个重核会分裂成两个或更多个较轻的核，放出两到三个中子，同时释放出能量。原子弹的原理就是裂变反应。

聚变（fussion）则不同，它是较轻的原子核结合为较重原子核的过程，同时伴有能量释放。太阳的能量来源和氢弹的原理都是聚变。

对于相信能够建立一个更伟大德国的人来说，希特勒极具魅力。这幅照片拍摄于 1932 年。

小说家韦尔斯认为原子能够提供廉价、有效的能量的想法，是正确的。雨果爵士看完是怎么想的呢？毕竟卢瑟福爵士都认为这是不可能的。带着匈牙利口音，对想法含糊其辞的齐拉特，看起来一定更像一个疯狂的科学家，而不是一个有远见的物理学家。

齐拉特还尝试引发其他物理学家的兴趣，可惜都没有成功。他联系了身在德国的奥地利物理学家莉泽·迈特纳，希望她能通过实验确定所需的元素是哪一种：这种元素的原子核能够发生裂变，同时又能维持链式反应。他甚至前往卡文迪什实验室，希望卢瑟福能提供实验场所，好让他自己完成实验。但当他会见卢瑟福时，没有能够很好地表达自己的想法。或许是胆怯了——他失去了以往的自信。"我被扔出了卢瑟福的办公室，"他后来这样告诉他的朋友爱德华·泰勒（Edward Teller，匈牙利物理学家）。

在接下来的四年里，齐拉特一直在寻找合适的元素，他在牛津大学、罗彻斯特大学和伊利诺伊大学不停地做实验。（爱因斯坦的推荐信使齐拉特获得了洛克菲勒奖学金，于 1938 年来到美国。但他并未告诉爱因斯坦链式反应的想法。）

齐拉特首先用铍进行实验，但是失败了，中子无法分裂铍原子核。接着，他尝试用铟，也没有成功。虽然齐拉特曾在修改的专利申请中提到过铀和钍，但此时他还不知道，这两种元素正是他梦寐以求的。

与此同时，有一些科学家也在探索新路，他们将注意力放在利用原子核创造新元素上。这些科学家包括：英国的卢瑟福、法国的约里奥－居里夫妇、德国的迈特纳和奥托·哈恩（Otto Hahn）以及意大利的费米，他们正互相竞争。和古代炼金术师一样，他们都尝试在实验室中转变元素。通过把额外的粒子入射到原子核内，他们希望能够得到新元素的原子。这场竞争的胜利者不仅能享誉全球，还可能获得诺贝尔奖。

1907 年，物理学家莉泽·迈特纳抵达柏林，当时科学实验室拒绝女性参与工作。

约里奥－居里夫妇（下图）都对人工放射性现象充满兴趣。在他们突破性的实验中，铝原子核（含 13 个质子和 14 个中子）吸收一个 α 粒子（含 2 个质子和 2 个中子），随后放出一个中子（和一个正电子），生成一个新核，这个新核包含 15 个质子和 15 个中子，也就是 15 号元素磷的放射性同位素。

费米和齐拉特：截然不同的合作者

14 岁的费米正在布鲁诺的雕像附近闲逛（焦尔达诺·布鲁诺于 1600 年因为离经叛道的科学观点而被施以火刑）。这天正逢罗马集市，户外的摊位上摆满了各种画作、书籍、食品和衣服——琳琅满目。与费米亲密无间的哥哥刚刚去世，他正沉浸在悲痛之中。他急需一些东西来分散对哥哥的思念。所以当他发现两本旧的物理书（用拉丁语写的）时，便果断地买了下来，立刻开始研读。自那以后，毫无疑问的是：他必将成为一位物理学家。

若干年后，费米向比萨大学申请奖学金，审核人在读完他极具竞争力的论文后震惊不已，认为这堪称一篇博士论文，而当时费米只有 17 岁。

学生埃米利奥·吉诺·塞格雷（左）在面见了只比他大四岁的费米教授后，立刻从工程转向了物理。图为 1927 年，这位年轻人和新认识的朋友一起在海滩。

在比萨大学的这个庭院里，无论过去还是现在，各种政治和科学思想都在被激烈辩论。

两年后，他已经能够教导他的教授们。在充斥着杰出物理学家的 20 世纪，费米也足以位居最伟大之列。他带领着物理学家们建造了第一枚原子弹。下面是来自他同行的一些评价：

罗伯特·奥本海默（Robert Oppenheimer）认为费米"对清晰有一种狂热。他决不能容忍事情模糊不清。科学理论恰是清晰简洁的，所以他的个性使他一直保持活跃。"

"我对费米的理论研究方法最深刻的印象就是它的……简洁……他能够将理论从复杂的数学和冗余的形式中抽离出来。用这种方法，他常常能在半小时或更短时间内解决关键的物理问题。"汉斯·贝特说道。

"他讲授的东西都精心准备过，且非常典型，强调理论的简洁性和对基本概念的理解，而不是普适性和复杂性……我们会去敲他办公室的门，如果他有空，就会招呼我们进去，然后直到问题解决我们才离开。"杰克·施泰因贝格尔（Jack Steinberger）说。

"费米学术严谨，以出色的物理事业为生活核心……喜欢待在家里……他每天早上五点半起床，用早餐前的两个小时修改他的理论，计划一天的实验。"威廉·拉努埃特在《科学美国人》上写道。

而对于齐拉特，拉努埃特则说，"齐拉特很少授课，不定期地发表一些成果，他还涉猎经济学和生物学……总是睡得很晚，他几乎只在午餐时间才出现在哥伦比亚大学，然后他会会见一些同事，提出一些有洞见的问题，或是建议实验者可以尝试哪些实验。"这对反差极大的组合不得不合作制造一个炸弹，这对他们两个来说都很不容易。

1933 年，在巴黎，约里奥－居里夫妇在实验室里用 α 粒子轰击铝，得到了新的放射性同位素。这是一次巨大的成功。居里夫妇于 1903 年因对天然放射性现象的研究而获得诺贝尔物理学奖，他们的女儿和女婿则在 1935 年因人工合成新的放射性元素而获得诺贝尔化学奖。

差不多同时，罗马大学教授、极具天赋的费米着手开展一系列实验研究，他用电子轰击原子核，但并未有太大发现。随后他改用质子轰击，它们被原子核中同样带正电的质子排斥。在查德威克发现中子后，费米又将中子送入原子核——这次终于有新的发现。

中子不带电，所以不会被原子核排斥（和齐拉特设想的一样）。和质子不同，中子不需要克服电势垒，强相互作用会将中子吸引到核内。卢瑟福认为中子运动得太慢，无法激发任何现象。而迈特纳此时已发现，运动得较慢的中子更容易被原子核吸收。

当他在一张木桌上进行实验时——比在大理石桌上得到的结果更好——他意外观察到了同样的结论。他指出木头中的原子（特别是氢原子）在与中子的碰撞过程中使中子减速。他猜测石蜡有相同的作用，于是将石蜡薄片置于中子束和目标材料之间。当费米发表这一激动人心的结果后，迈特纳写信给他（1934 年 10 月 26 日）："所附是正在付印文章的一则通报，从中你会看到……我用完全不同的方法得到了和你类似的结果。"

1934 年，费米的目标是通过给原子核加入中子而生成新的、更重的原子。当时他并不理解核裂变，也没有想过实现这一过程。1940 年，埃米利奥·塞格雷、埃德温·麦克米伦（Edwin McMillan）和菲利普·埃布尔森（Philip Abelson）共同发现了 93 和 94 号元素。莉泽·迈特纳曾预言这些元素的存在，但她自己却没有实验室进行实验研究。

> 由于不带电，（中子）在穿越原子核的过程中不需要克服静电势垒。事实上，运动慢的中子比那些运动快的中子更容易进入原子核，就像速度较慢的板球更容易被接住一样。
> ——菲利普·鲍尔，《探索元素之旅》

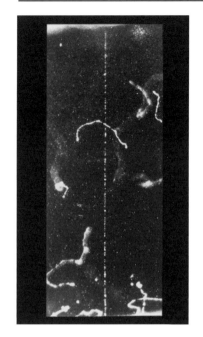

在 1923 年的实验中，高速运动的 β 粒子（电子）在云室中留下了模糊的、断断续续的轨迹。速度较慢的电子留下较粗的、弯曲的轨迹。在 X 射线、γ 射线的作用下，或是在 β 衰变过程中，原子会放出电子。

原子序数大于 92（铀）的元素称为超铀元素。这些元素都具有放射性，并且由人工合成（也就是在实验中被创造出来的）。唯一例外的，是在铀矿中发现的微量镎（93 号）元素。

之后，费米用中子轰击所有手头的元素（除了氢和氦），同事塞格雷说："（我们）发现了大约 40 种新的放射性物质。"他们进入了此前从未被涉足的领域，利用中子来产生放射性。当一个原子核分裂时，有时会放出 β 粒子（电子），这非常奇怪，因为在原子核中并不存在电子。这是如何发生的呢？似乎电子（和中微子）的产生是由于衰变过程中一个中子转变为了一个质子。费米找到了能够解释放射性的相互作用，称之为"弱相互作用"，它是自然界四种基本相互作用之一。弱相互作用（比万有引力强得多）只在原子核内作用。

随后，费米决定用中子轰击铀核，这是无比重要的一个决定。他希望能够因此得到比铀更重的元素，一种超铀元素。他将中子（稍稍减速过）送入铀原子，其中一些被铀核吸收。

费米最初想要在实验中创造新元素，他的目标实现了吗？"我们认为我们确实创造出了超铀元素，"塞格雷后来写道，"但在这一点上我们错了，或者说不全对。确实形成了一种超铀元素……但我们观察到的却是完全不同的现象。"

在纽约长大的 I.I. 拉比（I.I. Rabi）这样描述他们的发现："中子进入原子核引发的效应，简直堪比月球撞击地球般震撼。原子核捕获中子后，发生了剧烈的反应，大量的能量喷薄而出，随后消散，这一过程以多种方式发生，每一种都很有意思。"不过，拉比是在 1970 年对这些现象有了完全了解后写下的这些话。

1934 年，费米并不知道这些，但他确实分裂了铀核！他正在实现铀核裂变。不过，他并没有想要研究裂变，所以错过了实验中反冲出来的子核（daughter nuclei）。他的

在这幅云室照片中，一个铀核分裂成两块，分别射向右边和左边。一个中子引发了这次裂变。由于中子不带电，不会在云室中留下发光的踪迹，但通过观察与中子相互作用的质子（各处的短线），可以证明中子的存在。

探测器窗口上覆盖了一层铝箔，挡住了所有的裂变产物。费米此时也不知道齐拉特正在寻找一种可以维持链式反应的元素，而铀正是这种元素。所以到目前为止，还没有人将费米的实验结果和裂变联系在一起。[实际上，德国化学家伊达·诺达克（Ida Noddack）曾作出过很好的猜测，但是没有人关注她发表的论文。迈特纳也建立了一些有趣的联系，只是她没能将所有的线索串联起来。]

如果不是探测器上的那层铝箔，费米很有可能在 1934 年发现核裂变，那么德国（意大利的轴心同盟）极有可能更早研制出核武器，并将其用于第二次世界大战。（如果这样，那么战争的死伤将大大增加。）

不过，费米的发现对于气氛紧张的核物理界来说仍然是一个大新闻。（1938 年，费米因慢中子核反应获得诺贝尔物理学奖。）

利用核能的想法，如今在科学研究的助推下已广为传播。弗雷德里克·约里奥在 1935 年的诺贝尔奖获奖演讲中，呼吁展开进一步的核研究。他提到了分裂原子核，并认为这将导致爆炸性的核链式反应，还提到由此能"释放出巨大的可利用的能量"。当时还没人知道费米已经实现了裂变。

至于能不能从原子核中获取"可利用的能量"？除了齐拉特，大部分科学家仍然同意卢瑟福的观点，认为这个想法简直是天方夜谭。发现原子核的卢瑟福于 1937 年去世，他还不知道，核时代即将拉开帷幕。

一位获奖者

当莉泽·迈特纳在维也纳求学时，奥地利和其他几乎所有地方的大学都不接收女学生。传言女性如果从事脑力工作，将会出现精神疾病或是不育。1897 年（部分是受到来自女权主义者的压力），规定有所松动。奥地利大学向女性敞开了大门（虽然仅仅是很小的一条缝）。

想要进入大学，必须通过一系列严苛的考试，包括希腊语、拉丁语、数学、文学、历史和其他科目。大多数学生需要花费八年时间来准备这些考试。迈特纳疯狂地学习了两年后，于 1901 年与其他三位女性一起通过考试，进入大学学习。

迈特纳的父亲坚持让她接受师范教育，但她却想成为一名科学家，她以玛丽·居里的事迹

迈特纳的家是在维也纳的市中心，格拉本（上图摄于 19 世纪末）。

激励自己。

她选择主修物理，这是一个正确的决定。世界顶尖的物理学家之一，路德维希·玻尔兹曼是她的导师。他极大地激励了迈特纳，她这样描述玻尔兹曼：

他和学生非常亲近……他不仅关注学生所学的物理知识，还努力了解他们的个性。他不拘泥于形式，并且毫无保留地表达自己的感受。为数不多的参加高级研讨会的学生，时常会受邀去他家。他会为我们演奏——他的钢琴弹奏得很好——并且和我们分享各种人生经历。

奥托·罗伯特·弗里施（Otto Robert Frisch）写到他的阿姨时说："玻尔兹曼使她将物理学视为发现最终真理的战场，她从未动摇过这一想法。"

离开维也纳后，迈特纳前往柏林大学攻读博士学位，她在那里跟随普朗克学习。遇到奥托·哈恩后，他们迅速成为合作伙伴：哈恩是一个关注细节的化学家，迈特纳则是一个数学能力极强的物理学家，更关注整体思想。他们之间的合作持续了将近 30 年。

他们在柏林大学的化学研究所内成立了核物理实验室。这个实验室建在地下室里，因为女性不允许到楼上工作。随后迈特纳开始发表重要的论文，1908 年，当卢瑟福见到她时，感到无比震惊。"我以为你是男的！"他说。

关键的实验即将完成：迈特纳在了解到费米的工作后，建议她的朋友和合作者，柏林的化学家奥托·哈恩和弗里茨·施特拉斯曼（Fritz Strassmann）进行同样的实验，用中子轰击铀核。那是 1938 年，他们和费米一样，希望能够由此创造出更重的超铀元素。

迈特纳后来随哈恩前往威廉皇家化学研究所。1917 年，她终于拥有了自己的实验室。两年后她成为德国第一位女性教授。哈恩和迈特纳团队是世界领先的放射性研究团队，他们发现了一系列放射性粒子。迈特纳本人在 13 年里撰写了 56 篇科学论文。

哈恩和迈特纳合作了 30 年，直到战争将他们分开。

纳粹上台后，普朗克和哈恩都不以为意，他们告诉迈特纳，她应该留在德国。他们认为他们有能力保护她，然而事实并非如此。她先是失去了工作，然后哈恩被迫不能与她交流。由于迈特纳耽误了太长时间，后来法律禁止她离开德国。幸亏得到朋友（和一位边界守卫的"安排"）的帮助，她才得以逃到荷兰。迈特纳的传记作者露丝·卢因·赛姆（Ruth Lewin Sime）写道："她变成了无国籍的人，也没有护照，她不知道以后要在哪里生活，如何出行。除了两个小行李箱里的几件夏装，她几乎一无所有，没有钱，什么也没有。"后来，玻尔帮她在瑞典找到了一份工作，但她却不得不与她生命所系的事业分开了。

留在德国的哈恩最终屈服于纳粹势力，这也是留在纳粹德国的必然结果。后来，哈恩为了保全没能成功制造出原子弹的德国科学家的荣誉，他和海森堡暗示他们是有能力制造出原子弹的，之所以没有这样做，是出于良心上的不安。没人知道这是否是事实。纳粹投降后，英军逮捕了包括哈恩和海森堡在内的 10 位德国科学家。他们被关押在英国的一个农场内，英国情报机构监听了农场，有一点清楚的是，当他们听说盟军已经建造出原子弹后，感到无比震惊。

第二次世界大战后，哈恩试图隐瞒迈特纳在裂变研究中的贡献，不久他就成功了。他称迈特纳为他的助手，而不是合作者，他从不提起她在发现裂变过程中所做的工作。哈恩后来独得诺贝尔奖，但真相最终还是被揭露了。如今迈特纳的贡献被广为赞颂。露丝·卢因·赛姆的传记《莉泽·迈特纳——物理学中的一生》很好地讲述了她的故事。

所以，当哈恩和施特拉斯曼在实验中发现了较轻的放射性钡元素时，他们无比困惑。钡原子（原子序数 56）的原子质量还不到铀（原子序数 92）的一半。这个结果意味着什么？哈恩和施特拉斯曼都是顶尖化学家，但由于缺乏物理知识，他们无法解释得到的结果。他们期望得到一个重核，结果却得到一个轻核。作为物理学家的迈特纳，由于是犹太人，此时已离开柏林逃至斯德哥尔摩，哈恩将实验结果写信告诉了她。

迈特纳得知实验结果后也非常惊讶，她需要好好思考一下。她约见了自己的外甥奥托·罗伯特·弗里施（另一位得到玻尔协助逃亡的物理学家），他们一起在瑞典的森林中散步。那是一个寒冷的冬日，弗里施踩着越野雪橇，迈特纳徒步跟着他。他们边交谈边思考，后来坐在一个树桩上继续边聊边想。"一个想法渐渐地形成了，并不是用蛮力把原子核击碎，而是和玻尔提出的设想一样，原子核如同一个液滴，这个液滴变长了之后，就可能一分为二。"弗里施后来写道。

换言之，迈特纳和弗里施认为，射入的中子使得铀核拉伸形成一个葫芦形，就像即将一分为二的水滴那样（左图）。以葫芦的"腰"为分界，铀核分裂为两部分。他们认为哈恩和施特拉斯曼正是这样使一个原子核分裂了。（并且，他们意识到费米可能在更早前完成了同样的工作。）

不过，分裂出的两块碎片的总质量小于分裂前铀核的质量。这又是怎么回事呢？这些消失的质量到哪里去了？这又是一个难题。

在那片银装素裹的树林里，迈特纳和弗里施顿悟出，这些消失的质量转化为了能量——就如爱因斯坦著名的质能方程 $E=mc^2$ 所说的那样。如果确实如此，那么这一过程中释放的能量将是原子－分子化学反应过程中释放能量的千万倍。这一能量之所以如此巨大，是由于分裂后的两个原子核彼此非常靠近，以极大的

如果裂变产物以极快的速度飞离，为什么没有人注意到它们呢？因为虽然单个原子核裂变释放的能量远大于化学反应的能量，但却无法和一个运动的高尔夫球的能量相比。这是由于链式反应极迅速的多重增量效应，才使裂变能够释放出如此巨大的能量。

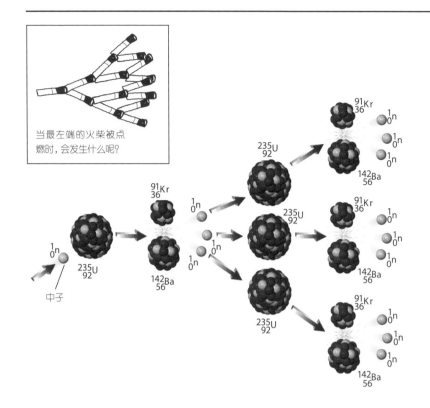

当最左端的火柴被点燃时，会发生什么呢？

中子

$^{235}_{92}U$

$^{1}_{0}n$

$^{91}_{36}Kr$

$^{142}_{56}Ba$

$^{1}_{0}n$

$^{1}_{0}n$

$^{1}_{0}n$

$^{235}_{92}U$

$^{235}_{92}U$

$^{235}_{92}U$

$^{91}_{36}Kr$

$^{142}_{56}Ba$

$^{1}_{0}n$

$^{1}_{0}n$

$^{1}_{0}n$

这个简单的图示说明了铀235的链式反应过程。首先在最左端，一个慢中子轰击一个铀核，铀核分裂为一个氪核（36号元素，一种惰性气体）和一个钡核（56号元素）。两个核的原子数加起来等于92（铀核的序数），但是它们的总质量比铀核小。裂变后释放出2个慢中子，2个慢中子分别轰击2个铀核，2个铀核分裂后又释放出4个慢中子，如此重复下去。

力互相排斥，然后高速飞出。那么这种能量是否可以被利用呢？他们认为可以，并且都意识到，在链式反应中释放的能量，经多次放大后将会非常可观。

迈特纳和弗里施继续假设，在原子核分裂时，释放出的不仅仅只有能量，还可能有中子。对铀而言，平均放出的中子数是2.5个。想象一下，这些中子继续进入其他铀核，每个铀核裂变后又放出至少2个中子（现在总共有4个中子了），这4个中子又将进入其他铀核，触发裂变释放更多的中子。链式反应开始了，如果不加以控制，裂变的原子核数量将以指数级增加。

链式反应在化学中非常常见，一个事件触发另一个事件。想象一下，一道闪电击中一棵树令其起火，火势迅速蔓延到附近的两棵树，然后再向外蔓延，很快整片森林都淹没在火海中（右图）。不同的是，原子核的链式反应更迅速，释放的能量更多。

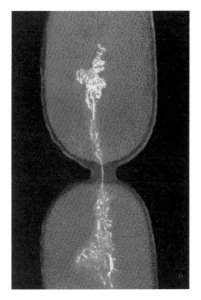

上图为一个沙门氏菌分裂为两个子细胞，这一过程最早在 1841 年被生物学家称为"裂变"。1939 年，物理学家借用这个词来描述原子核的分裂。

迈特纳和她的外甥（以及聪明的物理学家群体）很清楚，裂变将会释放出数量惊人的能量。（一个 TNT 炸药的分子爆炸能释放出 30 电子伏特的能量，而一个铀核裂变释放的能量约为 200 000 000 电子伏特。）这真的有可能吗？真的有可能每个原子核都是一个小小的炸弹，它分裂后释放出能量和中子，这些中子又使周围的原子核分裂吗？

迈特纳和弗里施需要验证他们的理论。他们和玻尔交流了想法，提出了他们预设的实验方案，用以验证他们的假设和测量铀核释放的能量。他们的实验成功了，结果和他们预想的一样。迈特纳、弗里施、哈恩和施特拉斯曼发现了"核裂变"。（弗里施在和一位生物学家交流后得知，裂变在生物学中指细胞的分裂，故将这一反应定名为"裂变"。）如同许多看似困难的事物一样，一旦理解了裂变的原理，它就变得简单了。

头剃了一半

物理学家路易斯·阿尔瓦雷茨（Luis Alvarez）（后来的诺贝尔奖获得者）正在加州大学伯克利分校里的一个理发店理发，他一边理发一边读着《旧金山纪事报》。当读到玻尔所宣布的消息时，他立刻冲出理发店，不顾头发只理了一半，径直奔向大学的放射实验室。

第二天，裂变实验在加州被验证。原本对裂变持怀疑态度的奥本海默，迅速成为支持者。（记住奥本海默这个名字，他是一名教授，在伯克利和加州理工培养了一大批青年物理学家。）

阿尔瓦雷茨（右）和奥本海默因核裂变而相识。

"噢，我们以前是多么蠢笨！但这真是太美妙了！它就该是这样！"当玻尔听到这一消息后，他这样说。这是1939年，玻尔正准备出发前往美国出席第五届华盛顿理论物理会议。一众杰出的物理学家将会齐集于此，包括齐拉特和费米，这是他们两个第一次见面。

在华盛顿会议上，玻尔宣布发现了核裂变。伽莫夫后来在他的《震撼物理学的三十年》一书中提到"那激动人心的一天"时说："当天晚上，实验（在华盛顿的一个实验室里）被重复，结果显示铀核被中子轰击后，将会释放出更多的中子。链式反应和大规模的核能释放成为可能。报社记者礼貌地来到会议室，支持和反对核裂变的观点被认真考量。玻尔和费米拿着长粉笔站在黑板前，犹如中世纪比武大会上的两位骑士一般。至此，核能正式登上世界舞台。"

几天后，费米站在哥伦比亚大学物理楼的办公室里，望着窗外的纽约城区，看着往来的行人和城中的一切，用双手比画出一个圆说，"只需要像这样一颗小小的炸弹，眼前的一切就都将消失殆尽。"

齐拉特现在知道铀就是他心里念念寻找的，能够支持链式反应的元素。

无论是否准备好，这个世界现在不得不开始面对核能了。

恩里科·费米、约里奥–居里夫妇、奥托·哈恩和弗里茨·施特拉斯曼都用中子分裂了原子核，但他们都未意识到自己所做的工作是什么。直到费米第一次实验五年后，莉泽·迈特纳和奥托·弗里施才指出这其实是一个核裂变过程。

总统的力量

虽然爱因斯坦并没有预见到人类在他有生之年就有能力释放核能，但他认为这在科学上是完全可能的。在得知有人发现了核裂变后，他仅用十五分钟就弄清了其中的原理。令我印象很深的是，他在那么短的时间内就意识到有可能利用核裂变制造原子弹。同时，爱因斯坦的政治嗅觉相当敏锐。

——尤金·维格纳（1902—1995），匈牙利裔美籍物理学家

爱因斯坦愿意为他认为值得做的事倾尽全力。哪怕是杞人忧天，他也愿意为他发出的预警承担责任。许多科学家非常害怕因为这类事出丑，而爱因斯坦对此却无所畏惧。

——利奥·齐拉特（1898—1964），匈牙利裔美籍物理学家，原子物理学家学报

1938 年，奥托·哈恩和弗里茨·施特拉斯曼在德国的实验室里通过轰击铀原子核实现了核裂变。在欧洲，玻尔并不是第一个得知此事的人。一个德国的民族主义物理学家保罗·哈特克（Paul Harteck），把消息透露给了纳粹。哈特克曾师从英国的卢瑟福。他使德国清楚地认识到，利用这一"核物理最新研究进展"将可能造出"比常规炸药强大千万倍的武器"，从而使"第一个掌握它的国家获得难以企及的优势"。

希特勒的宣传部长约瑟夫·戈培尔为德国的这一科学进展感到欢欣鼓舞。

在 1945 年的这幅漫画中，画家丹尼尔·R. 菲茨帕特里克（Daniel R. Fitzpatrick）描绘了一枚原子弹正在威胁着整个世界。

至于玻尔，他不仅将核裂变的消息带到了美国，还报告称德国已经禁止捷克斯洛伐克向外出口铀（捷克斯洛伐克已于1938年被德国占领）。物理学家尤金·维格纳随后说："这给我们敲响了警钟。"物理学家们清楚地意识到，那些还在德国的科学家，尤其是玻尔的学生海森堡，完全有能力借此制造出这种炸弹。

旅居瑞士的德国物理学家弗里茨·豪特曼斯（Fritz Houtermans）（他曾被希特勒的盖世太保和斯大林的秘密警察拘留过）对希特勒称霸世界的野心感到忧心忡忡。在1942年，他向芝加哥的费米发电报说，"你们要抓紧，这里（指德国）已经小有进展。"

利奥·齐拉特对此也十分恐惧，因为他非常清楚这种炸弹的潜在危险。到1939年7月，越来越多的传言表明，德国科学家正在大力研究铀核裂变。在意识到自己的知识可能帮助盟军先于希特勒制造出这种炸弹后，齐拉特决定联系有巨大号召力的爱因斯坦。

那时的爱因斯坦身在新泽西的普林斯顿。他本想在那儿逗留数月后去英国牛津定居，但他的妻子埃尔莎非常喜欢那里，她说："普林斯顿就是一个绿树成荫的大花园。"于是爱因斯坦同意继续留在这里，并开始和社区中的乐师一起排练小提琴。（虽称不上是小提琴家，但爱因斯坦十分热衷古典音乐。）他还像学生一样在普林斯顿大学研修拓扑学（几何学的一类）课程。他有自己的办公室，有几个同事，有一个助手，有他的研究……他心满意足。

到了夏天，由于想念远在德国卡普斯的房子（纳粹没收了这所房子，连同他心爱的帆船），爱因斯坦和妻子在纽约州的皮克尼克租了一间小屋。1939年7月12日，齐拉特就在那里找到了他。

在普林斯顿，阿尔伯特·爱因斯坦正在和一个室内乐团一起排练。他从6岁就开始练习小提琴。

和爱因斯坦教授在一起的夏天

1939 年 7 月 12 日，当齐拉特拜访爱因斯坦时，托马斯·李·布基（Thomas Lee Bucky）就在爱因斯坦的住处。他当时 20 岁，管家告诉他爱因斯坦教授有重要访客，请他回避。（很久以后他才明白那一天的重要性。）托马斯的父亲是爱因斯坦的医生和私人朋友，他和爱因斯坦共度了八个夏日假期。

1932 年，年仅 13 岁的托马斯应邀去爱因斯坦位于柏林郊外的家参加宴会，那是他第一次见到爱因斯坦。后来托马斯写道：

我为将要见到这样一个大人物而兴奋不已，我们握手时他一定感觉到了我的敬畏之情。然后他说："给你样东西。"说着从他桌上取了个溜溜球给我，那时柏林的学生很流行玩这个。他想向我示范怎么玩，但没能把它沿着绳子收上来。我展示了几个我的花样，还告诉他刚才线没绕好，所以溜溜球失去平衡了。爱因斯坦点点头，大概是对我的技巧印象深刻。

第二天，托马斯去玩具店给爱因斯坦买了一个新溜溜球作为圣诞礼物。爱因斯坦还回赠他一首一页长的圣诞诗表示感谢。诗的开头是：

圣诞老人不喜欢拜访
驼背的妇女和老头（在德语中是押韵的）。

"虽然我父亲和爱因斯坦相处的时间很长，但他们仍以'爱因斯坦教授'和'布基医生'称呼对方，不过这种正式语言并不妨碍爱因斯坦的幽默感。"正如托马斯在一篇文章中回忆道：

战争早期，爱因斯坦曾做过海军顾问（他想弄清楚爆炸波遵从的规律），当我问他海军上将有没有让他穿制服时，他想象自己穿着海军制服的形象一定十分滑稽，于是大声地笑了出来……

他的幽默感有时甚至使他改变他一贯遵从的事实就是事实，不以人的意志为转移的观念。爱因斯坦的妹妹玛娅曾在普林斯顿住了好几年。她和爱因斯坦一样温和善良，对动物的怜悯使她成了素食者。但有一件事却令她非常痛苦：她酷爱热狗。当爱因斯坦得知她的苦闷时，为了帮她摆脱纠结，特意规定，对玛娅来说热狗就是素的。

当我在纽约买下第一辆老款福特牌轿车时，我就邀请来访的爱因斯坦一起乘坐。他爬上车

尤金·维格纳曾说，如果曼哈顿计划只是研究核武器的科学设想，那么只要齐拉特一个人就够了。

爱因斯坦尊重齐拉特。他曾描述齐拉特"智睿而多彩……尤其思想丰富"。他们俩都是发明家。

由于齐拉特不会开车，他的朋友尤金·维格纳驾车一起去见爱因斯坦。两位匈牙利物理学家抵达皮克尼克时迷了路，向别人问路也答不上。正当打算返回纽约时，他们看到一个六岁的小男孩，抱着试试看的心情问他是否知道爱因斯坦教授住在哪里。幸运的是，小男孩确实知道。

尾的露天座位，头发在微风吹拂下飞扬，在第五大道上，他微笑地看着那些因为看见了他而一路跟随的行人和摩托车。

爱因斯坦保持不受情感支配的自由思想，他的生活也不为物质享受所支配。他如此信奉简约的信条，甚至只用电动剃须刀和水刮胡子。我曾建议他试试剃须膏，他却说："剃须刀和清水就够了。"

"但是教授，你为什么不试一试呢？"我劝说道，"这会让剃须更平滑，而且没有痛感。"

他不太情愿，最终我送了他一管剃须膏。第二天早饭时，他带着对新发现的喜悦之情说："知道吗，那膏还真管

作曲家菲利普·格拉斯（Philip Glass）于 1976 年创作了一首歌剧，献给儿时的偶像，名叫《海滩上的爱因斯坦》。

用！不会勾胡子，很舒服。"自此之后，他每天早上都用剃须膏，直到用光了我送的那管。之后，他又恢复到只用清水刮胡子。

一次，托马斯生病住院了，爱因斯坦前来探望。托马斯回忆道：

几分钟后我房间外的走廊就挤满了人。大家都慢慢走过病房，盯着爱因斯坦看。只有医院的神父把握住了结识爱因斯坦的机会，上前打招呼，并对自己的打扰表示歉意。爱因斯坦说，"呀，不，你有权这么做，毕竟你在为一个很重要的人物服务。

托马斯·李·布基后来成了外科医生，在纽约市和康涅狄格州的韦斯顿工作。

在小屋挂着帘子、宽敞的门廊里，爱因斯坦穿着 T 恤衫、卷着裤腿，为他们送上茶和饼干。此时，爱因斯坦既不知道齐拉特取得了链式反应的专利，也不清楚核裂变的发现。但在齐拉特简单解释之后，他立即意识到了原子武器的可能性。齐拉特告诉他，有迹象表明，德国正在囤积铀。

爱因斯坦本是一位和平主义者，但家乡发生的暴行迫使他重新考虑是否要继续抗拒战争。

齐拉特请求爱因斯坦向他的朋友，比利时女王伊丽莎白发

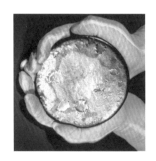

一串葡萄那么大的铀 –235，可以是反应堆的核燃料，也可以是原子弹的核炸药。

战争？和平？还是炸弹？

战争双方的科学家都在思考着一枚核武器可能带来的道德和伦理上的影响。在德国，奥托·哈恩反对将取得的研究成果保密。他说，"如果希特勒成为世界上唯一拥有核武器的领袖，那么这无论对整个世界还是对德国都是一件很糟糕的事。"

他的同事卡尔·弗里德里希·冯·维尔塞克（Carl Friedrich von Weizsäcker）在之后也写道，"在 1939 年，我们面临着一个简单明了的逻辑，在一场核战争中，参战各国都不可能幸免。但是，核武器还是出现了，他首先在某些人的头脑中出现，然后根据历史上武器和动力系统的发展逻辑，它将不可避免地被造出来。而如果那成为现实的话，所有参战的国家，其至整个人类想要幸存下来的唯一希望，只能是永远不要发生战争。"

出警告，不要让德国人染指比利时庞大的铀矿资源。爱因斯坦表示赞同，但认为致信比利时驻美大使更合适。为此，他们共同给大使写了一封信。

回到纽约，齐拉特和经济学家亚历山大·萨克斯（Alexander Sachs）谈到了这些，而萨克斯恰好是美国总统富兰克林·德拉诺·罗斯福的顾问。萨克斯认为这封信不该送给比利时驻美大使，他决定亲自将这封信交给总统罗斯福。

就这样，这封信的重要性变得非同一般。齐拉特重新起草了一封 4 页的信，并于 7 月 19 日把它寄给了爱因斯坦。爱因斯坦让他再来一次皮克尼克。

这次是爱德华·泰勒（另一个匈牙利物理学家）开车送齐拉特去见爱因斯坦的。他们还是坐在门廊里，爱因斯坦用德语写了一封要点更加明确的短信。这封信（由齐拉特翻译后）后来被送到了罗斯福手中。世界历史的进程由此改变。

以下的话引自这封 1939 年 8 月 2 日的信（全信见于第 225 页）：

先生：

我最近看到了费米和齐拉特最新研究进展的手稿。它使我相信，就在不远的将来，有可能从铀中获得一种全新的且十分重要的能源。

爱因斯坦强烈建议罗斯福立即开展这方面的进一步研究。为了强调它的紧迫性，他在信的最后警告说：

德国确实已经禁止捷克斯洛伐克的矿场出售铀。这也许是理所当然的，因为德国副国务部长的儿子就在柏林的威廉大帝研究所工作，而那家研究所就在重复美国关于铀元素的部分研究工作。

萨克斯要求约见总统，而罗斯福还有其他事情要考虑。9月1日，德国坦克和飞机大举入侵波兰，时代周刊称之为"闪电战"。两天后，英法对德宣战，比利时和美国宣布中立。总统根本无暇会见顾问萨克斯。

与此同时，在9月16日柏林的一次秘密会议上，奥托·哈恩和其他德国物理学家正在听取一个关于美英最新核物理研究进展的报告。他们讨论了普林斯顿的约翰·惠勒和哥本哈根的玻尔刚发表的论文，其中提出铀−235是能够让裂变持续进行的铀同位素。纳粹要求海森堡评估一下它作为武器的可能性。

如果你想读一下爱因斯坦给罗斯福总统的信的全文，可以上网搜索。

没有 E-mail 的年代

20世纪20年代，在马克斯·玻恩的领导下，德国的哥廷根大学成为仅次于丹麦哥本哈根学派的世界物理学中心。但作为一个犹太人，在希特勒上台之后，他只能逃离德国。他于1933年前往英格兰的剑桥大学，后来又来到苏格兰成为爱丁堡大学的教授。

玻恩和爱因斯坦是好朋友，他们在一起时既讨论物理，也合作演奏小提琴协奏曲。在长达40年的友谊中，他们始终保持着信件往来。玻恩是诺贝尔奖得主，他收集了1916—1955年他和爱因斯坦往来的所有信件。这本信件集在1971年出版，并于2005年再版。

奥托·哈恩因发现人工核裂变而荣获1944年诺贝尔化学奖。但是，事实上是迈特纳给他解释了他的这一发现。

富兰克林·D.罗斯福（1882—1945），是历史上唯一一个四次当选美国总统的人。他带领美国度过了大萧条时期和第二次世界大战。罗斯福总统在纳粹投降前三个星期逝世。

又过了一个月，总统仍未能看到爱因斯坦的信。齐拉特和维格纳感到非常沮丧。直到一个月后的 10 月 11 日，萨克斯才被邀请前往白宫，他给罗斯福讲了美国发明家罗伯特·富尔顿（Robert Fulton）的故事：富尔顿曾经写信给拿破仑，表示他可以造一艘没有帆但可以在任何天气下航行的船，拿破仑认为富尔顿是个疯子，完全没把这种异想天开放在眼里，而事实上富尔顿是蒸汽轮船的发明者。

萨克斯说他要递送的信至少与富尔顿的信一样重要。罗斯福叫来了一瓶稀有的拿破仑时期的白兰地，倒了两杯，坐下细听。

萨克斯读了信的提要，并强调了以下三点：首先，核材料是一种潜在的新能源；其次，放射性物质可用于医疗；最后，制造一种前所未有的超强炸弹的可能性。

罗斯福说："阿列克谢，所以你此行的目的就是为了阻止纳粹把我们炸烂。"

萨克斯回答："正是。"

罗斯福答道："我们要行动起来。"

当晚，罗斯福成立了一个委员会来研究核裂变的潜在威力。爱因斯坦也受到邀请，但他婉拒了。他回到普林斯顿，没有参与核武器的研究。然而，他的信已经引发了"链式反应"。

1940 年 4 月 8 日，玻尔在奥斯陆和挪威国王哈康七世（Haakon Ⅶ）共进晚餐。国王惧怕德国的入侵，所以晚餐气氛十分凝重。深夜，在玻尔返回丹麦的火车上，无人入眠，丹麦警察一边敲门一边大吼说德国部队正在入侵挪威和丹麦。当他到达哥本哈根时，大街上已撒满了绿色的招降传单。

1940 年 4 月 9 日，德国战机飞过哥本哈根的丹麦皇室官邸阿玛立恩堡的上空。

玻尔留在丹麦焚毁了已逃离欧洲的物理学家留下的文件，以防它们落入纳粹之手。他想继续在丹麦静候战争，他还想在这里帮助其他有危险的同事，并继续他的科学研究。但这非常危险，玻尔的母亲是犹太人。纳粹已决定消灭所有犹太人和他们的后裔。

从德国逃亡到英国的物理学家玻恩十分担忧，他在1940年4月10日给爱因斯坦的信中写道：

亲爱的爱因斯坦：

战争开始时我写信问玻尔关于海森堡的消息。现在我不得不写信问你关于玻尔本人的消息。我忧心如焚。一年前，他在这里获得了英国皇家科学院的科普利（Copley）奖章——我们的最高荣誉，并在爱丁堡发表演讲。看到英国人对迫在眉睫的战争无动于衷，他震惊不已，他警告了每个他见到的人（当然他会见的都是重要人物）。还记得他私下跟我讲，他的祖国丹麦是小国，处境也比我们更危险，但每一个丹麦人都身负为祖国存亡而战的使命，而不是像这里的人还相信什么绥靖政策。现在看来，他完全正确。请你一有他和他家人的消息，立即相告……

代我向普林斯顿所有的朋友致意。

玻恩

对流亡的人来说，美国是最富饶也最安全的地方。随着犹太科学家的到来，美国获得了历史上最多的一次人才输入。当然，美国也有些本土出生的诺贝尔奖获得者。由于战争和流亡，美国迅速成为全世界的基础科学研究中心。

——C.P. 斯诺（1905—1980），英国物理学家和作家

保密的科学研究

科学研究的活动在通常情况下都是民主和公开的。科学家在科学期刊上分享新的想法和研究成果，重要的成果往往很快传遍全球。第一个发表这一重要成果的人将因此获得做出重大科学发现的荣誉。所以，学术期刊就像报纸争夺独家新闻一样，争取着科学成果的优先发表权。

至于保密，大多数科学家都明白，任何突破性的进展都不可能被长期保密。一旦某件事情被发现有可能，通常别人不久也会做出来。

关于核弹的绝密研究开始了，只有极少数核心科学家和官员知悉此事，连副总统哈里·杜鲁门（Harry Truman）都不知道。而且对其中的许多人来说，要从一个公式 $E=mc^2$ 获得一种武器还非常遥远，当时的经费投入也很有限。

事实上，制造这种炸弹的理论，懂得核裂变的人都可以理解。世界上，德国、意大利、日本和同盟国的科学家一样都知道中子可以诱发铀原子核发生裂变，但关键是，没有人知道理论和事实是否能够吻合。

当时世界上对原子理解最为透彻的当数玻尔。他认为，在战争结束前，人类还无法克服制作核武器的技术难题。事实上，他在丹麦并没有像玻恩担心的那样被纳粹逮捕，而是被隔离了起来。他并不知道美国人已经注意到了他和惠勒关于铀 -235 是产生核裂变关键元素的论文，而这种同位素的丰度只有 1/140，剩下的都是难以触发链式反应的铀 -238。

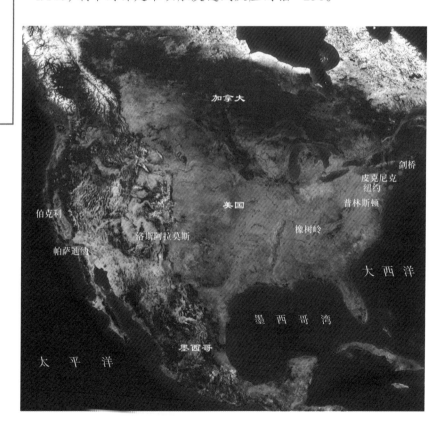

美国明尼苏达大学的阿尔弗雷德·尼尔（Alfred Nier）尝试从铀-238中分离出铀-235（这绝非易事，详见下章）。英格兰的奥托·弗里施和鲁道夫·派尔斯（Rudolph Peierls）也在研发这种分离系统，并探索相关领域。在美国纽约哥伦比亚大学，齐拉特和费米在焦急地等待政府资金，数月后，终于投入了工作。

尽管核裂变已为实验所证实，但尚未有人成功实现齐拉特提出的链式反应。如果能够克服工程和技术上的重重障碍，实现链式反应，那么制造原子弹将不是梦想。费米指出了其中的关键，裂变产生的中子的速度必须恰到好处，才能进入另一个原子核内部触发裂变，而太快的中子只能直接穿过核而不会发生反应。重水中的氢核包含一个中子和一个质子，是一种中子的减速剂（又称慢化剂），但是制造困难，所以价格昂贵。

当时，一家挪威公司可以供应全世界所需的为数不多的重水。战争初期，英国特工告诉挪威人重水有重要战略价值，但没有解释原因。1940年1月，德国提出购买挪威所有的重水并签订了增加产能的合同，却被挪威拒绝。3月，挪威将库存的大部分重水无偿给了法国。4月9日，德国占领挪威。在这之后，勇敢的挪威人一直在千方百计地破坏重水的生产。

1940年5月10日，德国77个师、3 500架飞机入侵了中立的比利时、荷兰和卢森堡。

6月，在柏林威廉大帝研究所建造了一幢新楼。新楼里包括一个实验室和一个6英尺深的砖砌水池，水池里面一个巨大铝罐中交替铺着一层层氧化铀和石蜡。为掩人耳目，这幢楼被称为"病毒房"。

普通水的氢原子核就是一个质子，所以它会吸收中子，从而阻止链式反应发生。

1944年2月，39桶重水装上了前往德国的渡轮水利号，该船随后被挪威的抵抗组织炸毁。后来，有德国人承认，他们没能在战争结束前制造出成熟的原子核反应堆，主要原因是缺乏重水。

重水

让我们来谈一点基础知识。氢原子通常只有一个质子，它构成了氢原子的原子核，一个电子围绕着它旋转——这样的氢原子核中没有中子。作为原子序数为 1 的元素，氢是最简单、最轻的，也是宇宙中最丰富的——大约 93% 的原子是氢原子，它们构成了宇宙中 76% 物质的质量，包括太阳在内的许多恒星的主要成分就是氢。而且，宇宙中大多数氢原子是以双原子形态的 H_2（即氢分子）存在的。

尽管氢在宇宙中的储量非常丰富，但它在地球大气层中只占 1/20，这是由于它们太轻，通常会上升到大气层的顶部并逃逸到太空中。所以地球上的氢元素大多和氧元素相结合，以水分子的形态存在。氢气在 50 万个大气压以上的压强下会变为固体。在木星上可以发现液态的氢，它们拥有和金属类似的物理属性。在地球上，氢气通常是通过分解水分子得到的，它们在化学和食品工业中有着广泛应用。

氢有一个同胞兄弟，就是它的同位素氘，用

这瓶重水比普通的水要重 11%，这是因为氘原子核比普通水的氢原子核多了一个中子。

字母 D 表示。（大多数元素的同位素都没有名字，氘是个非常重要的特例。）和氢原子核只有一个质子不同，氘核包含一个质子和一个中子。由氘所组成的水叫作重水，用 D_2O 表示。地球上的水中，约每 10 000 个水分子中才能找到一个重水分子。所以，重水就在普通的水当中，只不过非常稀少而已。水当中只要超过 40% 是重水，它就有毒，不仅如此，无论从普通的水中提取重水，还是人工合成重水，代价都非常高昂。

为什么在核裂变中需要用到重水呢？为什么普通的水却不行呢？

这是因为如果你把中子射向普通氢原子核的话，大多数中子都会被这些原子核（即质子）所吸收，从而把这些质子转变为氘原子核。这样就很容易理解为什么使用重水就没有问题了。重水中的氘核中本来就有一个中子，所以它是不会像普通水那样吸收中子的，它只会令中子减速。

海森堡在丹麦拜访了玻尔，给他画了一张重水反应堆的图（其目的已经不得而知）。玻尔后来设法将它交给了英国人。1943 年 2 月 28 日夜里，九名英国和挪威的特工闯入并炸毁了挪威维莫克（Vemork）重水厂，暂时切断了纳粹的重水供应。

在美国，齐拉特发现了能够代替重水作为减速剂的物质——纯净石墨。齐拉特早年曾在德国学习化工，他发现大多石墨都含有杂质硼，而这恰是普通石墨难以减速中子的原因。费米通过实验证实，只要去除硼，纯净石墨将是一种理想的减速剂。（德国科学家始终没有发现这一点。）

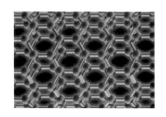

石墨（左下图）是由层状结构的碳原子形成的（上图）。我们常用的铅笔笔芯其实就是石墨。

费米和齐拉特买了 4 吨纯净石墨，它们被包装成一块块砖头的样子，运到了哥伦比亚大学的普屏（Pupin）实验室。后来费米写道，"现在一群物理学家开始看起来像一群煤矿工人了……"用石墨减速中子的测试开始了，他们要看一下中子在石墨中散射的距离和速度。

减速剂

对一位核物理学家说，减速剂是可以使穿过它的中子减速的物质，由此获得的慢中子更容易进入原子核的内部。

科学家们究竟是如何使一个中子减速的呢？简单地说，就是让中子撞上某样东西。在碰撞过程中，中子的一部分动能会传递给被它撞击的物体。根据碰撞理论，当减速剂分子的质量和中子差不多时，减速效果最佳。这就好比，一个滚动的桌球撞到另一个静止的桌球时，很容易把能量传递给后者，而如果撞上的是一个静止的保龄球的话，就几乎被原速反弹回来。所以，氢中的质子和重水中的氘核可以成为很好的中子减速剂。

剩下的问题是，一种合适的减速剂不仅能够对中子减速，还不能吸收中子。满足这样条件的就只有重水和高纯度的石墨。而石墨有两个严重的缺陷：一是它含有吸收中子的氢原子杂质；二是它的熔点不够高。因此，石墨无法用来建造温度极高的反应堆。

费米和齐拉特是有点奇怪的组合，他们俩各方面都很不同。费米已经成家，优雅，刻苦，讲究逻辑。齐拉特是个单身汉，爱睡懒觉，不修边幅，思维跳跃，不拘小节，而且没耐性、坐不住。当然，他们都十分聪明，知道在这个项目中他们必须尽全力合作。齐拉特看起来能够找对问题的大方向，而费米能够真正把事情做成功。后来，齐拉特说，"如果国家真觉得应当对我们表示感谢的话——也许它并不觉得该感谢我们——它应该感谢我们俩容忍对方，为国家凑合着过了那么久。"

英国的弗里施和派尔斯则确信，这种核炸弹能很快被制造出来。在 1940 年春天的一篇报告中他们提到，如果制造两个相同的铀半球，那么一旦它们合在一起，就会在一秒钟内发生致命性的爆炸。辐射将是爆炸的副产品，即使在爆炸发生的很长时间内也将对周围生命有致命影响。几乎没有方法能够防护这种武器。他们还在报告中得出了发生爆炸的铀球的临界体积。几年后，查德威克写到，"那时我意识到，这种核炸弹不仅是可能的，而且将不可避免地被制造出来。早晚我们会对这些概念习以为常。"

1940 年 10 月 1 日，爱因斯坦加入美国籍。

英国情报机构曾经截获一份玻尔发给同事的电报，他在电报中询问一个叫"莫德·雷（Maud Ray）"的人。情报机构认为，莫德是一个代号，可能是"核裂变的军事用途"这几个英文单词的缩写。随后，一个莫德委员会建立了起来，专门研究核武器的潜在威力。该委员会在 1941 年的一份报告中称，根据弗里施和派尔斯的发现，这种炸弹可能小到足以由一架轰炸机投放。这最终促使罗斯福总统下定决心，资助这种武器的研制工作。但是，后来发现，莫德·雷并不是什么代号，而是玻尔家以前的女佣！

我常被问及：当时为什么不放弃这一项目，并三缄其口呢？如果这一项目成功，制造出的将是一种全世界前所未有的、具有无以匹敌威力的大规模毁灭性武器，那么为什么还要设法制造它呢？答案很简单，我们处于战争中，这样的想法明显是合理的：德国科学家完全可能具有同样的想法，并付诸行动。

——奥托·弗里施，"回忆拾碎"

弗里施和派尔斯的这篇报告将核武器课题的紧迫性提升到了前所未有的高度，这一由英－美－加拿大联合攻关的课题被提升到了最高优先级别。

与此同时，加州伯克利的格伦·西博格（Glenn Seaborg）发现了 94 号元素，并根据希腊神话中的冥王神将之命名为钚（Pluto）。西博格还发现，钚和铀一样能在受到慢中子轰击后发生裂变，它是另一种可用于制造核炸弹的材料。

裂变材料是指那些原子核可以被慢中子诱发裂变的物质。

现在的问题是如何获得足够的裂变材料——铀 −235 或者钚的同位素。无论哪种元素，提炼和制作过程都极其缓慢，要获得一块临界体积的爆炸材料需要耗费巨大的财力、物力，以及建造前所未有的核反应堆。盟国科学家同时担心纳粹能率先制造出核弹，这令他们更加感到任务的紧迫。**1941 年 12 月 6 日**，美国政府召集了一个叫作顶层政策组（Top Policy Group）的委员会，开始考虑进一步加大对该项目的资助。

1941 年 12 月 7 日，在夏威夷珍珠港中，排成一列的美国军舰成了日本轰炸机能轻而易举得手的目标。

1941 年 12 月 7 日，就在第二天的黎明到来之前，日本空军指挥官渊田美津雄（Mitsuo Fuchida）从夏威夷北 440 千米的航空母舰上起飞，在甲板上水手和军官的欢呼声中，率领一个中队的战斗机、鱼雷轰炸机、俯冲轰炸机和高空轰炸机，作为第一攻击梯队向珍珠港进发。到了早晨 7：53，他写道，"我们看见珍珠港上空万里无云，我从望远镜中一艘一艘地数着远处港内停泊着的舰船，八艘战舰一艘不少！ 7：49 我让发报员发出命令：'开始攻击！'我们的进攻势如破竹，之后我向旗舰赤城号航母发出了'奇袭成功！'的讯息。航母随即将这一讯息传回祖国。"

这个故事已经众所周知。在突袭中，21 艘美国战舰被击沉或损毁，约 2400 名美国士兵阵亡。当日，日本还攻击了美国占据的关岛、威克岛和菲律宾群岛。12 月 8 日，美国国会对日宣战。三天后，德、意对美宣战。

齐拉特和费米的实验室搬到了芝加哥大学。在一个操场看台下的废弃壁球场里，费米建起了一个"核反应堆"，这是一个由一层石墨和一层铀交替构成的三明治结构。根据齐拉特的计划，它呈球形，高和宽都约 7 米，共有 57 层厚。它占据了整个壁球馆，可以容纳 6 吨铀、50 吨氧化铀和 400 吨石墨。

就在芝加哥第一次链式反应核试验开始的那天，从欧洲传来消息，截至当时，纳粹已经屠杀了至少 200 万犹太人。

1941 年 12 月 8 日，全世界的报纸都在争相报道：美国宣战。

反应堆试运行是在 1942 年 12 月 2 日，那天的芝加哥天寒地冻。费米、齐拉特和其他同事等在反应堆旁的廊道上，密切监视着测定中子辐射量的计数器，反应堆上的控制棒随时准备插入反应堆的孔中，以防反应失控。从早晨一直到下午 2 点，除了计数器的嘀嗒声，整个屋子鸦雀无声。费米举起手说，"反应堆已达临界。"这时中子辐射量每两分钟就增加一倍。在紧张的四分半钟的等待后，他说，"插入控制棒。"随后的一切都如他事先所料。

在场的科学家们举杯庆祝第一次受控链式核反应的成功，这一突破性的壮举使后续的工作变为可能。

这幅画描绘的是 1942 年 12 月 2 日 15：36 在芝加哥进行的第一次可控链式核反应试验。乔治·韦尔（George Weil，下面正中）在费米和他整个团队的注视下，正在操纵反应堆的一根控制棒。

日本物理学界的领军人物仁科芳雄（Yoshio Nishina, 1890—1951）曾经师从玻尔。1943 年，他和他的同事们声称，制造原子弹是可能的，但是没有人能够赶在战争结束前制造并使用这种武器。

小山上的曼哈顿

知识是文明的基石，这本身就说明克服当前危机的办法是信息公开，国家之间真正的合作应建立在所有重要信息相互公开的基础上。我们会为国家意识或利益而设置信息壁垒，而信息公开能带来共同进步和关系的缓和，我们必须不断权衡两者。

——尼尔斯·玻尔，丹麦物理学家，"致联合国的公开信"（1950 年 6 月 9 日）

战争以一种最残酷的方式昭示，科学对每个人都至关重要。这一点改变了物理学的本质。

——维克托·F. 魏斯科普夫，奥地利裔美籍物理学家，《J.R. 奥本海默论文集》

1943 年（第二次世界大战进入关键时期），丹麦地下抵抗组织给玻尔送去了一串钥匙。其中的一把上有一个凹槽，里面有英国情报机构的一张半毫米大的微缩胶卷，上面的代码写着中子的发现者、英国物理学家查德威克的一封信。通过显微镜，玻尔得知查德威克敦促他去英国从事"科学工作"。玻尔明白这"科学工作"指的就是核武器的研究，但他还是决定留在祖国，致力于拯救受难的欧洲人。

玻尔对很快制造出核炸弹仍心存怀疑。他不知道在美国取得的新进展，在那里他以前的许多学生正在夜以继日地工作。海森堡的来访使他了解到德国正在积累资料进行尖端的核物理研究，玻尔设法把这一消息透露给了英国。

为什么海森堡要在战争中拜访玻尔？他是否想警告玻尔德国已经开始研究核武器？还是想从玻尔那儿了解盟军研究的进展？或者因为玻尔有一半犹太血统，海森堡担心他的安危？或是担心自己的安危？这些都已无从知晓。

由于丹麦农场向德国提供食品，丹麦的犹太人得以从德国人手中幸免。但许多丹麦人仍在针对纳粹开展破坏活动，德国人将此归咎于丹麦的犹太人，一时间有消息称盖世太保准备逮捕玻尔。于是，玻尔坐上一艘渔船逃到了瑞典，之后他一直在码头上工作，帮助其他丹麦人逃往仍然安全的瑞典。

擅长演说的英国首相温斯顿·丘吉尔，即使在战争最艰难的岁月里，也能使英国民众坚信英国必胜。

这时德国开始加紧抓捕玻尔，以免他加入盟国的核计划。英国希望他能去那里，美国的学生和同事也渴望得到他的建议，但玻尔只想留在斯德哥尔摩救助难民。英国首相丘吉尔派出了一架蚊式轰炸机飞赴斯德哥尔摩，成功说服玻尔坐上了这架小飞机。由于坐在飞机尾部的炸弹舱门上，而且又不会使用氧气面罩，玻尔很快晕了过去。不过谢天谢地，当飞机在英格兰着陆时，他还活着。

美国制造核武器的计划代号为"曼哈顿计划"。一些世界上最好的物理学家和数学家都参与其中。为了保密，美国陆军把他们送到了偏远的新墨西哥州海拔 2 100 米的洛斯阿拉莫斯。在这座满是砂石的平顶小山上生长着松树、山杨和灌木，以前这里只有一所男子学校。

曼哈顿计划的印戳中那个巨大的字母 A 表示"原子"，但是原子弹更加标准的术语应该是核裂变弹，因为是原子核分裂时释放出这么多的能量。

还有什么比自然美景环抱中的沙漠荒原更有利于隐藏一个秘密实验室呢？洛斯阿拉莫斯处在世界最大的火山口之一，新墨西哥州赫梅斯山巴耶斯火山口的边缘。它的南面是班德利印第安国家遗址纪念公园。公园中散布着几千个普韦布洛人祖先的遗址，包括一个雕于悬崖上的居所。当曼哈顿计划开始后，这个遗址公园就关闭了，在这里建造起了供科学家和士兵容身的小屋。

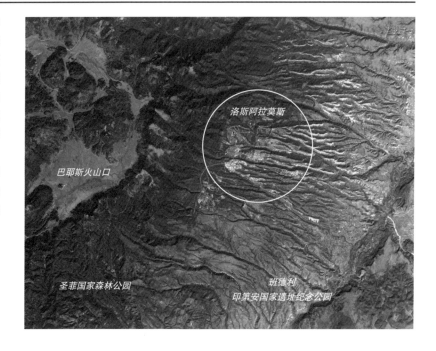

在洛斯阿拉莫斯，我们正在开展一项最具争议、最困难的工作。在那里，我们所热爱的物理学已经变成了我们不得不面对的残酷事实的一部分。我们中的许多人都是没有经历过沧桑的年轻人。但是突然有一天，玻尔出现在了洛斯阿拉莫斯，我们才感觉到一种凝重……我们从他那里学到，每一个深刻的难题都会有一个独特的答案。

——维克托·F.魏斯科普夫，奥地利裔美籍物理学家

位于圣菲西北55千米的洛斯阿拉莫斯是一个风景秀丽的地方，其边界上有个壮观的洞穴。亿万年前，火山喷发形成了壮丽的地质奇观。悬崖峭壁上被切削出彩色的地质岩层，溪流里的鱼和山上的岩羊养育着周围山中为数不多的美洲土著和墨西哥人。然而初来洛斯阿拉莫斯的人对这些自然美景都无心观赏，他们的脑子里只有三样东西：抓紧、保密和物理。

美国陆军迅速在此盖起了绿色的小木屋，与已有的学校教学楼一起成为工作人员的宿舍和实验室。一切都非常简陋。没

有铺设过的街道布满灰尘和沙土。煤是仅有的能源,铁丝网和安全围栏包围了一切。数学家、科学家、技术人员和他们的助手都有编号,所有人都被告知不能与任何人谈论他们的工作,甚至自己的家人。一切来往的信件都要受到严格审查。

住在原始的平房和拖车式活动房屋,并且保守秘密,是1940年初洛斯阿拉莫斯国家实验室的奠基者们必须面对的难题。不过,他们也得以欣赏壮丽的山脉(左图),并且有机会去改变科学和历史的进程。

这当中大多数的科学家原来都是城里人,几乎没有人来过西部。有些人喜欢那里,也有些,比如齐拉特那样的人对这里的偏远感到恐惧。他说:"每个去那儿的人都会发疯的!"但是他们没有发疯,而是拼命工作,有时为了减轻压力他们也会去远足、滑雪和打牌。每个人都对独裁的轴心国统治世界的野心感到恐惧。他们都有一个共同的信念,就是尽快造出核武器,来摧毁希特勒的邪恶统治,早日结束这场战争。1943年初,卡车开始将科学家、工作人员和他们的家属送往洛斯阿拉莫斯。那里将是研究中心,而炸弹和零件的绝大部分将在别处制造。

大多数的科学家都会多种语言。在洛斯阿拉莫斯，科学研究的标准语言是德语。而对于所有的科学家来说，数学是最通用的语言。

罗伯特·奥本海默在 1940 年结婚，在 1941 年当了父亲。在 1942 年开始主持洛斯阿拉莫斯实验室时，奥本海默只有三十几岁。1944 年，他的第二个孩子就在洛斯阿拉莫斯诞生。

在洛斯阿拉莫斯，所有科学家的言谈举止中，最普遍能看到的就是他们的热情。他们制造武器的工作尽管充满艰辛，却也给他们带来了许多乐趣。
——杰里米·伯恩斯坦，《谜团的肖像》

对科学界的人来说，许多来到洛斯阿拉莫斯的物理学家和数学家都具有传奇色彩：安德森、贝特、玻尔、费米、费曼、弗里施、派尔斯、拉比、塞格雷、齐拉特、泰勒、魏斯科普夫、惠勒、维格纳、冯诺依曼（von Neumann）……上百个最顶尖的来自不同种族的科学家。这是一个通晓多种语言的团体。其中的许多人已经是或将来成为诺贝尔奖获得者。他们有些代表美国的盟友：英国和加拿大。其中还有一位共产党的间谍，就是物理学家克劳斯·富克斯（Klaus Fuchs），他秘密向莫斯科汇报这里的工作。除了那些顶级权威，这个强大的阵容还包含了一群年轻人，他们大多只有二十多岁。

出生于纽约的 J.R. 奥本海默负责这一计划。他曾在加利福尼亚大学伯克利分校和加州理工学院建立了两个卓越的理论物理系。他的思维敏锐得惊人，他态度优雅，体格瘦峻，拥有明亮的蓝眸，平易近人又富有幽默感。这些都使他获得大家的信任，人们亲切地称呼他"Oppie"。他最早在哈佛大学学习物理，本科一年级就被允许直接开始研究生学业，随后在剑桥师从 J.J. 汤姆孙，在哥本哈根师从玻尔，在哥廷根师从玻恩。当他回到哈佛时，已经完成十几篇论文，其中一篇和玻尔共同撰写。

奥本海默还阅读一种印地语的书作消遣。费米的妻子说，奥本海默是个"出色的领袖，曼哈顿计划的灵魂"。曼哈顿计划负责人是一项终身的工作，奥本海默圆满地完成了这一工作。后来他被指责为桀骜不驯，思想左倾……但那是后话，在这时的洛斯阿拉莫斯，他的作用无可替代。

一开始，这一计划隶属万尼瓦尔·布什（Vannevar Bush）领导的科学研究和发展办公室，启动经费仅 6 000 美元。当美国卷入第二次世界大战后，美国陆军开始介入，曼哈顿计划获得了最高优先级，并受到莱斯利·R. 格罗夫斯（Leslie R. Groves）将军的直接领导（就是他指定奥本海默领导曼哈顿计划的）。美国最终在这一计划上花费了 20 亿美元。最多时有 13 万人为

像洛斯阿拉莫斯一样，田纳西州橡树岭的实验室也如一座城市一般，以空前的速度发展着。左图的照片摄于第二次世界大战末期，那是这里三个最大的设施之一，K-25工厂。在这座工厂里，约12 000名工作人员以及数以千计的离心机和转化器正将极少量的铀-235从大量铀-238中分离出来。在另一个名叫Y-12的更大的工厂中，22 000名工作人员正在利用电磁铁提取铀-235。

此工作，而且除了富克斯和另一个间谍之外，他们都严守秘密。历史上从未有那么多人力和物力集中到一个科学研究项目中。

洛斯阿拉莫斯是研究中心，而在田纳西州的橡树岭，可用于核裂变的铀-235正从铀-238中被分离出来。（吸收中子后铀-235极易裂变，而铀-238则会使裂变反应终止。）

分离过程极其困难，化学方法行不通，因为同位素具有几乎完全相同的化学性质。一种物理分离方法是，将一束铀离子射入磁场中，使它做回旋运动。这时同位素质量上的细微差异将产生半径不同的圆形轨迹。这说来容易，却需要类似于大型炼油装置的昂贵设备，并且耗费巨大电力。前人还没有尝试过这种办法，所以走弯路在所难免。在加州大学伯克利分校，一次艰苦的尝试只获取了1克纯净的铀-235，橡树岭一个星期的产量仅能装满一个手提包。

在华盛顿州的汉福德镇上（另一个由小镇扩建的基地），铀-238被转变为另一种裂变材料钚-239。这是在一个巨大的核反应堆中，用费米找到的办法来实现的。将来会有两种核弹：一种用铀，另一种用钚。

同位素，是指彼此之间具有不同中子数、相同质子数和核外电子数的原子。

为了证明核武器的可行性，一枚钚弹首先在阿拉莫格多附近的三一试验场被引爆。而第一颗铀弹却未经实验，就直接投放到了日本的广岛。相对钚弹而言，科学家对铀弹的性能要有信心得多。

如果你是一个科学家，你就会为寻找事实和世界运行的原理而心驰神往，也会醉心于最大限度地为全人类谋求控制世界的力量。当然，只有那些相信学习的价值的人，那些乐于分享他们所学到的知识的人，那些承认知识的力量在本质上是全人类共同财富的人，和那些尽其所能来推动知识传播，并且敢于为知识传播所带来的结果负责的人，才有可能成为科学家。

——罗伯特·奥本海默，1945 年 11 月 2 日对洛斯阿拉莫斯科学家协会的演讲

科学家们的经历大多曲折动人。在纽约布鲁克林出生的费曼，每周都从洛斯阿拉莫斯前往阿尔伯克基，或步行，或搭沿途的便车。在那里，他深爱的妻子阿利纳（Arline）正身患肺结核而奄奄一息（治疗这种疾病的新药当时尚未面世）。

25 岁的费曼是曼哈顿计划中最年轻的负责人之一。他和阿利纳的信每一封都用不同的暗语，这令审查信件的人员头疼不已。阿利纳曾问费曼："你在不在乎别人怎么看你？"费曼从不在乎。他是美国培养出的最优秀的本土物理学家之一。

奥托·弗里施是原子弹制造的关键人物，同时也是极具演奏才能的音乐家。他每周都在洛斯阿拉莫斯 KRS 广播电台表演钢琴演奏。在那里，他被称作"我们的音乐家"，用以掩盖他的奥地利身份。

在英格兰，查德威克问他的奥地利同事奥托·弗里施，"你想去美国工作吗？"

弗里施答道："非常愿意。"一周后，他仅带着一只手提箱就坐上了前往伦敦的夜间列车，在伦敦获得英国国籍后到了利物浦，然后从利物浦乘船去纽约。他又乘火车辗转到达新墨西哥州，在那里受到奥本海默的接待。奥本海默头戴小帽，口衔烟斗，问道："欢迎来洛斯阿拉莫斯，你这个魔鬼究竟是谁？"（我们应该记住，正是弗里施和他的姑妈迈特纳最早提出了核裂变。）

当费米到来时，他带来了意大利同事给他所起的绰号"教皇"，因为他的判断似乎永远都不会出错。

另一个出色的匈牙利人爱德华·泰勒，与妻子梅西（Mici）、两个月大的儿子保罗和一台演奏会用的大钢琴一起来到了洛斯阿拉莫斯。泰勒对钢琴和对物理一样充满热情。梅西领导了一个小小的造反队，她说服一群妇女坐在军队要铲除的树下。她们赢了，树被保留了下来。

泰勒很快被聚变（不是裂变）的想法困住了。他知道聚变可导致一个远比每个人正为之努力的裂变炸弹更具威力的超级炸弹。他相信应当将超级炸弹造出来。这使他与奥本海默和其他人之间发生了冲突，而且此后愈演愈烈。

波兰裔数学家斯坦尼斯劳·乌拉姆（Stanislaw Ulam）用数学运算证明了聚变的可行性。他的妻子弗兰索茜（Francoise）后来写道：

政治与科学

爱德华·泰勒在洛斯阿拉莫斯拍摄的身份证照片

战争结束后，奥本海默担任了普林斯顿高等研究所的所长。但是在 1954 年，他却因为自由主义倾向而被剥夺了原子能委员会的职位。与他政见相左的爱德华·泰勒开始对科学研究施加政治影响。他要求研制威力更加强大的武器系统，如氢弹和以"星球大战"命名的导弹防御系统。

此时，爱因斯坦却为奥本海默深感担忧。他说没有谁比奥本海默更加了解原子能。让爱因斯坦感到不安的是奥本海默对所受的攻击过于认真。

爱因斯坦曾对他的朋友约翰娜·凡托娃（Johanna Fantova）说，"奥本海默可不是像我这样的吉卜赛人，我皮厚得像一头大象，没人能伤害到我。"凡托娃是普林斯顿费尔斯敦图书馆地图室的管理员，她的日记中记载了许多关于爱因斯坦的故事，至今仍收藏在那座图书馆里。

那一天的情景始终刻在我的记忆之中。中午，我发现他坐在起居室中，眼睛直视窗外，脸上有一种十分奇怪的表情。他茫然地看着窗外的花园，说道："我找到了实现它的方法。""什么东西？"我问道。

"超级弹，"他答道，"这是一种完全不同的方案，它将改变历史的进程。"

这是一次去班德利国家遗址公园郊游时，数学家斯坦尼斯劳·乌拉姆和理论物理学家理查德·费曼（右）正在闲聊。

乌拉姆所提出的另一种方案，就是用核裂变的原子弹将热核聚变的材料氘压缩在一小块空间中，从而引发聚变反应。这一方案的关键问题是如何将连锁反应束缚在一个很小的区域内，而不会点燃整个大气层。乌拉姆在一本叫做《数学家的探索之旅》中写道，"至今我都惊讶于，在一块黑板上或者一张纸上潦草地写上几笔，就能够极大地改变人类历史的进程。"

在英格兰，玻尔和他 22 岁的儿子奥格（Aage）得知了"试管合金"（原子弹的暗语）的具体进展。经过七个星期简要了解信息后，他们启程前往美国。奥本海默写道："玻尔先生深刻而富有创造性的、细致入微的、质疑性的思考自始至终引导着曼哈顿计划，并且最终改变了计划的面貌。"

玻尔却从另一个角度看待这一问题。当提及他在洛斯阿拉莫斯的同事们时，他说："在制造原子弹方面，他们不需要我的帮助。"他现在已经明白，炸弹就要被造出来了。在他脑海中挥之不去的是，它爆炸以后，世界又将如何应对呢？他说："这应该是我来美国的原因。"他意识到，这枚炸弹的爆炸，将标志着我们已知人性的终结。他相信，从那时起，人类将不得不以新的方式处理他们的分歧。

当洛斯阿拉莫斯的许多人开始对他们正在从事的工作心存疑虑时，玻尔告诉他们，他们也许可以期待一个更美好的世界。在那里，由于对核战争不可思议的恐惧，不同的民族、所有的科学家将被迫相互协作。

后面的那个年轻人

在洛斯阿拉莫斯，有一天，费曼接到了詹姆斯·贝克（James Baker）的一个电话，说他和他的父亲想见费曼。费曼知道，贝克只是个代号，他的真名是奥格，而他的父亲就是尼尔斯·玻尔。为什么声名显赫的大物理学家玻尔会想要见费曼这个后辈呢？

在他写给家人的信中，费曼写道："要知道，他可是卓越的科学家。即使是对那些学术界的权威来说，玻尔也有至高无上的地位。"在那时，费曼从未被告知玻尔的来意。费曼还写道，"所以，早上八点钟，别人还没起来时，我就去等候他了。我们到了研究所的一间办公室，他说：'我们一直在思考如何以一种高效的方式制造这种炸弹，我们考虑的办法是……'然后我说：'不，这应该不会奏效的，……'"

就这样，他们就科学原理和技术上的细节讨论了一两个小时。为什么他们会选择和费曼讨论这些问题呢？玻尔后来对他的儿子说，"记住后面的那个年轻人，他是唯一一个一点都不怕我，可以指正我那些古怪想法的人。下次要找人讨论问题时，可不能找那些只会说'是的，是的，玻尔博士'的人哪！有那个家伙在，我们一定要先跟他谈。"

玻尔用他的"互补性"看待这枚炸弹。他向物理学家们表示，每一个艰深的困难本身就蕴含了它的解决方式。他曾告诉理论物理学家维克托·F. 魏斯科普夫："这种炸弹也许是一个恐怖的东西，但它也是一种巨大的希望。"他相信，这种可能拥有摧毁地球能力的可怕武器，也将有结束战争的潜在能力。

但是玻尔仍对战争结束后可能开始的军备竞赛忧心忡忡。他不想看到任何一个国家独霸核武器。他相信，苏联应该被告知曼哈顿计划。他认为，科学界对事情的公开应该成为世界上一切事务的典范。

其实玻尔和盟国的领袖们都没有意识到苏联人已经获悉了曼哈顿计划的秘密。但是玻尔明白，即使没有间谍的帮助，苏联科学家也会很快制造出核武器。他很清楚在科学世界里，知识不可能被长久地隐藏一隅。一旦知道某个事物有可能实现，其他人也能很快把它做出来。17 世纪英国诗人约翰·弥尔顿（John Milton）在他的《失乐园》中解释道：

一场美国与苏联之间的军备竞赛已经不可避免。这幅名为《小心点！》的漫画以冷战为主题，正在警告人们，两个国家已经开始建造核武器库。

> 发明受到大家的赞赏，而发明者怎样将它发明出来的常被忘却。已经作出的发现，看起来仿佛总是轻而易举。但对尚未被发现的事物，大部分人又认为是不可能的。

玻尔去见温斯顿·丘吉尔，想要说服英国首相倡导建立一个没有科学秘密、依靠国际监督的信息公开的世界。但是丘吉尔是一位伟大的战争领导人，而不是一位科学家。他正忙于计划进军法国的诺曼底登陆计划。公开秘密？透明世界？丘吉尔想，玻尔有点犯傻。他在给助手的备忘录里写道，"我们应该限制玻尔的行动，或至少让他明白他已十分接近致命犯罪的边缘。"

齐拉特促使美国国会将核计划的控制权从军方转移到了民用部门。在 1945 年 9 月的一次会议上，他预测苏联也将会制造核武器。下图他手中报纸的头条就是"红色政权拥有了原子弹"，此时距离他的预测已过去四年。齐拉特还倡导美国和苏联一起，在一个世界性政府组织的协调下，共同掌握核能的控制权，并建议把大城市的人口加以分散，以应对核武器的威胁。在那次会议以后，一个叫作原子能委员会的机构诞生了。

1944 年 7 月，玻尔在华盛顿的丹麦大使馆起草了一份备忘录呈交给罗斯福总统。他写道，"这整个曼哈顿计划，将以最深刻的方式改变人类发展的自然进程。它将完全改变现今人类资源的整体面貌。我们面对的是科学和工程领域最伟大的成就之一，它将改变人类的未来。"

奥本海默和玻尔都意识到，一旦有人使用了这种炸弹，现在所知的战争方式将成为过去。玻尔心里想的完全是"公开透明"和国家秘密的终结。奥本海默相信罗斯福总统会借助联合国建立一个新的权威机构，以控制这些大规模杀伤性武器。但他们不知道的是，罗斯福总统此时已时日无多。

玻尔具有外交官般的直觉，但齐拉特却没有。格罗夫斯将军提及这位匈牙利裔科学家曾说："他是个麻烦制造者，任何一个雇主都会把他解雇。"格罗夫斯将军和齐拉特之间的矛盾并不令人惊讶。齐拉特喜欢和军方斗智斗勇。他尤其厌恶格罗夫斯禁止承担不同任务的物理学家相互讨论的规矩，他认为讨论总是有助于催生新的想法。他说，这些规矩让核武器的成功研制推迟了一年。

格罗夫斯写信给美国司法部长，声称齐拉特是个"外敌"，应该被拘留直至战争结束。随后他还派人监视齐拉特，一旦齐拉特离开洛斯阿拉莫斯就密切跟踪。一份陆军反间谍报告中说，"目标对精致的东西十分钟爱。他经常在精美熟食店购物。在药店吃早饭，在餐馆吃中饭和晚饭，即使叫不到出租车也要长途步行去那些地方。他看起来是个相当健忘和不合群的人。"当齐拉特和维格纳在华盛顿会面时，特工报告说他们二人先去了高等法院，后来又坐在旅馆的网球场中，他们脱去外衣，挽起袖子用外语交谈起来。

玻尔和奥本海默认为公开和协调的政策会使核武器为人类造福，齐拉特可不这么想，他希望停止制造这种东西。当时他考虑到希特勒可能先造出这种炸弹，才认为有必要造一个。然而纳粹至今还没造出来，于是他改变了想法。

1945 年 3 月 25 日，齐拉特在普林斯顿拜访爱因斯坦时，带了一封他想交给罗斯福总统的信，在信中他敦促总统要增进科学家和政策制定者之间的对话，爱因斯坦在信上签了名。4月上旬，总统夫人回复齐拉特说总统将会在 5 月 8 日约见他。齐拉特最终也没有等到这次会见。

4 月 12 日，63 岁的富兰克林·罗斯福正在佐治亚州的沃姆斯普林斯休假，准备一场演说。这是他第四任总统任期的第 83天。他跟正给他画肖像的艺术家说，"我头好疼！"这是他一生中的最后一句话。总统死于严重的中风，举世哀悼……

罗斯福总统夫妇在纽约哈得孙河附近的海德公园，当时这里是他们的寓所。

在这张后来染色的照片上，一个红军士兵将红军的旗帜插在了柏林上空，柏林于 1945 年 5 月 2 日被苏联攻克。

战争结束后，齐拉特离开了物理学界，成了一位分子生物学家。他在 1946 年受聘担任芝加哥大学的生物物理学教授。十年后，他参与建立了位于加利福尼亚州拉霍亚的索科生物研究所。1959 年，齐拉特获得了和平原子能奖（atom for peace Award），他于 1964 年 5 月 30 日在拉霍亚逝世。

罗斯福总统的继任者是哈里·杜鲁门。这位密苏里州的前参议员当时对曼哈顿计划一无所知。

在德国，人们已经对战争不抱任何希望。但希特勒仍坚持到最后一个人战死为止。他斥责希望跟盟军讲和的纳粹高层军官。在苏联军队攻入柏林后，希特勒于 4 月 30 日在柏林的地堡中自杀。

5 月 8 日是欧洲的胜利日，第二次世界大战在欧洲的战事结束了。

6 月，齐拉特起草了一份给杜鲁门的请愿书，要求他不要在这次战争中使用原子弹，除非敦促无条件投降的公开条款被日本拒绝。150 多名曼哈顿计划的科学家在请愿书上签名。反对请愿书的只有两个人。

费曼的妻子阿利纳于 6 月 16 日去世，奥本海默劝费曼去散散心。

费曼在家里接到电话说，"孩子即将降生。"他懂得这句暗语的意思。于是立即飞回洛斯阿拉莫斯，正好赶上一辆巴士，向南行驶 340 千米到达了阿拉莫戈多试爆场。这是一片充满响尾蛇和狼蛛的沙漠，以前西班牙人把前往此地称为"死亡之旅"。

工程师们在那儿建起了 30 米高的铁塔，上面安装了一个绞盘，可以把炸弹提升到高处的木架上。

1945 年 7 月 16 日，早晨 5：30，计划中的时间到来了。诺贝尔奖获得者拉比写道：

> 黎明，我们都紧张地躺在那儿，东方现出了几道金光使你只能勉强分辨出身旁的人。倒计时的 10 秒是我一生中最漫长的 10 秒。突然，巨大的闪光出现了。那是我见过的最亮的闪光——我相信也是当时所有人见到过的最亮的闪光。

理查德·罗兹（Richard Rhodes）在《原子弹的诞生》一文中这样描述链式反应发生之后的事：

> 一秒钟内发生了八十级链式反应，核裂变裹挟着巨大的能量，在周围产生了几百万摄氏度的温度和几百万磅的压力。链式反应产生的 X 射线以光速从爆炸点出发……当冷却到具有

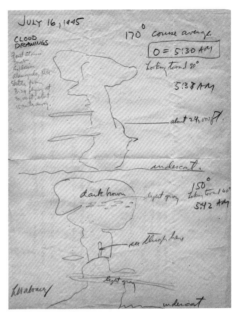

物理学家路易斯·阿尔瓦雷茨（Luis Alvarez）目睹了从 B-29 轰炸机上投下的第一颗原子弹的爆炸。当时就在 B-29 轰炸机上的他画下了如上图所示的蘑菇云的形状。

梅尔巴·菲利普斯应该被铭记

　　许多物理学家都在担忧，战争结束后的核能研究会如何进行。奥本海默在加州大学伯克利分校的研究生梅尔巴·菲利普斯（Melba Phillips）在 1945 年协助组建了美国科学家联合会来推进战后的核能研究。20 世纪 40 年代，女性物理学家是绝对的少数。因早期核物理研究中突破性的工作，菲利普斯（1907—2004）后来成为布鲁克林学院的教授和哥伦比亚大学的研究员。1952 年，她因被指控参与共产主义活动，且拒绝在美国国会的国内安全会中作证而被免去以上职位。那时正是以反对共产主义而著称的约瑟夫·麦卡锡时期。

　　直到 1987 年，布鲁克林学院才对解雇菲利普斯公开道歉，并且以她的名义设立了一项奖学金。到那时，菲利普斯已经编著了好几本物理教材，并且成为美国物理教师协会的首位女性主席，是芝加哥大学一位具有传奇色彩的科学教授。

　　包括菲利普斯在内的一些物理学家，在战后被一些惧怕共产主义的人称作"非美国人"。联邦调查局对爱因斯坦有长达 1 500 页的档案，把他标记为"极端主义者"。对于坚持反对共产主义的参议员约瑟夫·麦卡锡，爱因斯坦曾说："美国人向来都有幽默感，早晚有一天，我们会嘲笑这个人的。"

据我们所知,造出来的这枚炸弹拥有足以摧毁地球上所有生命的力量。战争结束后,许多洛斯阿拉莫斯的科学家都致力于核能的和平使用,而非军事用途。并没有参与曼哈顿计划的爱因斯坦就说,如果早知道他给罗斯福总统的信最后会产生这样一个结果的话,他当初就不会写那封信了。

可视度时,只能看到冲击波的前沿……继续的冷却使前沿变得透明;如果可以用肉眼观察,透过冲击波才能够看到那火球炽热的内部。

费曼回忆道:

这一刻终于到来了,那里有巨大的闪光,如此耀眼使我不得不低下头……最后一个巨大的橙色球出现了,它的中心光芒万丈,翻滚着缓缓升起,带着黑色的边缘。然后你看到了巨大的烟雾球,闪光从它中央的火球中透出……大约一分半钟之后,才突然听到了"砰"的一声天崩地裂,然后像雷声一样的隆隆轰鸣。这时,我才相信原子弹确实已经爆炸了。

在第一枚原子弹爆炸两个月后,奥本海默(中间戴草帽的人)在三一试验场上检查 30 米高的钢塔的残骸。钢塔的大部分已经在爆炸瞬间汽化。巨大的热量甚至还把周围的沙子熔化成了绿色的渣土,被称为"三一土"。

奥本海默说：

我们等到最后的爆炸过去后，才从掩体中走出。周围一片肃然。我们知道，世界已经被改变了。此时，印度庙宇中那几行古梵语史诗浮上心头：为了劝说王子行使他的责任，并给王子留下深刻印象，毗湿奴（Vishnu）全身戎装，他说："现在我成了死神，我要毁灭世界。"

那座铁塔已经被汽化，只有一点融化的金属还在那里。沥青底座已经被烧成了玻璃一样的翠绿色煤渣。科学家们预测，爆炸的威力相当于 5 000 吨 TNT 炸药。实际所测得的爆炸当量是 20 000 吨 TNT。

印度史诗摩诃婆罗多中的博伽梵歌中，大战的前夜，阿朱那（Arjuna）王子和战争王克利须那（Krishna）谈论生与死。传说，克利须那就是印度神毗湿奴（上图）的化身，大多印度教徒将博伽梵歌这首梵文诗当作印度教义的最高诠释之一。

一次广播访谈

雷蒙德·格拉姆·斯温（Raymond Gram Swing）是美国 20 世纪三四十年代知名的记者，也是最早向美国民众警告希特勒危险的人之一。在第一枚原子弹爆炸后，斯温在广播电台采访了爱因斯坦。在电波中，爱因斯坦将核能与阳光相提并论。"在核能发展的过程中，科学并没有获得什么超自然的力量，而只是模仿了阳光中的科学原理。"他还说，他并不是原子弹之父，他只不过在理论上暗示了这种武器存在的可能性。"事实上，是偶然间发现的链式核裂变反应使得这种武器在技术上具有了可行性，而这一点是我不可能预测出来的。"

和他的朋友玻尔一样，爱因斯坦也认为核武器的秘密应该被分享，但并不是和苏联或者联合国分享，而是在一个由美国、英国和苏联共同建立的"世界政府"中分享。当爱因斯坦被问及是否害怕这样一个世界政府利用此来搞独裁时，他表示，"我当然害怕。但是我更怕下一场战争的到来。从某种程度上说，每一个政府都有其邪恶之处。但是，这样一个世界政府总比更邪恶的战争要好。"爱因斯坦对联合国并不太相信，他认为它缺乏真正的权力。

他还认为当前的世界并未完全准备好迎接核能时代的到来，但他又补充说，"人类要想完全终结国际纷争是很难的。尤其在因恐惧产生压力的情况下，根本不可能做到。"这一论点，到目前为止，看来还是正确的。

这次访谈被刊登在 1945 年 11 月的《大西洋月刊》上。

1945 年 8 月 7 日，日本广岛遭到原子弹轰炸的第二天，全世界都从新闻报道（上图）中知道了那种"原子弹"的威力。第二颗投放在长崎的原子弹形成了高达 18 千米的放射性蘑菇云（右图）。将近 75 000 人在瞬间死亡。

曼哈顿计划也许是人类历史上最大胆的科研计划。它成功了吗？对此自有公论。而作为一次科学技术的研究本身，曼哈顿计划应该说获得了巨大的成功。而由海森堡和哈恩参与的德国方面的核武器研制计划却没有获得很大进展。事实上，德国科学家认为，在这次世界大战结束之前研制成功这种核武器是不可能的，所以他们并没有说服希特勒给予他们足够的财力支持。当然，当时的盟军方面对此一无所知。

费曼后来说：

当爆炸成功后，洛斯阿拉莫斯陷入了一片激奋之中……我坐在吉普车的后头敲着鼓……但是我记得一个人鲍勃·威尔逊（Bob Wilson），他坐在一边闷闷不乐。我说："你有什么不痛快么？"他说："我们造出了一个可怕的东西。"他说，你看看，对于你费曼发生了什么，对于我们其他人又发生了什么。开始有很好的理由，然后为达到某种目的而努力工作着、快乐着、激动着。然后，停止了思考。你知道，一切都结束了。

两星期后，日本的广岛和长崎受到原子弹的轰炸。几天后，战争结束了。

一开始，在洛斯阿拉莫斯还有狂欢庆祝活动。所有的努力没有白费，曼哈顿计划成功了。但没过多久，包括科学家和政治家在内的所有人都开始思考这种炸弹的可怕性。在广岛，75 000 名日本人在一瞬间失去了生命，而另外 10 万人将在不久的将来死于烧伤和辐射。

1945 年 8 月 6 日，爱因斯坦住在纽约阿迪朗达克山脉萨拉纳克莱克的小屋里，他的秘书海伦·杜卡基斯（Helen Dukakis）在收音机中听到一种新的炸弹被丢到了日本。爱因斯坦准备用早茶时，她将这一消息告诉了他。

"哦，我的上帝，"他痛苦地喊道。然后他说："不，我想世界还没有做好应对这种新东西的准备。"

一个月后，菲利普·莫里森（Philip Morrison）作为曼哈顿计划的科学家飞到了广岛。他写道，"飞机慢慢盘旋而下，我们难以相信看到的一切。下面原来是一座城市，现在却烧成了赤焦一片。一架轰炸机、一枚炸弹，穿过城市的瞬间，就把 30 万人的城市变成了废墟。"

作为武器，这枚炸弹是成功了。它结束了万恶的战争。

作为人类历史进程的一个里程碑，它结束了一个时代，又开启了另一个新时代。

对科学而言，它一直旨在造福人类。然而现在，科学已经不再无辜。

核武器攻击一个月后，一个妇女和她受伤的孩子站在日本长崎荒凉的街道上，每人手里拿着一片面包。

在广岛的核武器爆炸点，只有少数几幢用钢筋加固的建筑没有被夷为平地。其中的一座，今天已经成了和平纪念碑。

量子电动力学?
你一定是在开玩笑吧

> 我们可以想象，组成这个世界的复杂物质就像一盘众神在下的棋。而我们就是对弈的旁观者，并不知道棋的规则，只能观察。当然，如果我们看久了，最终也能懂一些规则。这些规则就是我们所说的基础物理。
>
> ——理查德·费曼（1918—1988），美国物理学家，"力学、辐射和热"

> 每一位科学家都知道科学研究的魅力在于，研究总是以一种出人意料的方式取得进展，使得原本神圣的理论以全新的面貌一点一点地呈现在我们面前。
>
> ——朱利安·施温格尔（Julian Schwinger, 1918—1994），美国物理学家，1978 年在哥伦比亚大学的讲话

理 论物理学家们知道还有一个问题需要解决。现在他们已经有了一个伟大的理论：量子力学。但是它并不总是表现得非常完美，有时还会给出令人啼笑皆非的结果。而且这个理论不够完整，在达到或接近光速的相对论世界里，量子力学并不成立。

1948 年春天，第二次世界大战结束后，28 位世界知名的物理学家在宾夕法尼亚州西北部波科诺山上的波科诺庄园酒店聚会。奥本海默为与会科学家的房费和交通费找到了赞助。来此的都是对物理学充满热情的物理学家，他们知道有重要的问题必须得到解答。会议没有留下任何书面记录。这种宽松的、非正式的交流形式曾经使玻尔的哥本哈根学派成果颇丰，但是这种交流形式已经不

1948 年，奥本海默选择了豪华的波科诺庄园酒店（上图），而不是一个会议厅，作为关于量子物理学的非正式讨论的地点。

能长期存在下去了，因为科学和政府已经变得密不可分了。

保罗·狄拉克是与会的著名人士之一，他以非同寻常的脑胼而在物理学界闻名。他几乎不说一句话，但他精妙的数学公式已经是一种完美的语言了。狄拉克提出了问题，给这次会议定下了一个目标。简而言之，就是要解释光与物质的相互作用，并且用量子物理学的语言描述出来。换种说法，就是要在光子与电子的层面上解释什么是电磁学。为了实现这一目标，狄拉克提出应有一个新的物理学分支，称为"量子电动力学"（Quantum Electrodynamics）。他的年轻同事简称它为 QED。科学家们兴致勃勃地来到这里，就是想听一听 QED 的最新理论。许多物理学家相信，QED 将大大有助于解释宇宙到底是什么。他们对这次会议充满了期待。

当时已有三位年轻的物理学家各自得出了对狄拉克问题的解答。他们后来分享了 1965 年的诺贝尔物理学奖。他们中的两人，哈佛大学的朱利安·施温格尔和康奈尔大学的理查德·费曼就在这次会议上。第三位来自日本的朝永振一郎（Tomonaga）没有参加这次会议。施温格尔和朝永振一郎的理论基于哥本哈根学派量子物理学的基本假设。费曼则另辟蹊径。在宾夕法尼亚的酒店里，物理学家们都非常迫切地想听一听每个人的工作。弗里曼·戴森（Freeman Dyson）听了每个人的报告，随后他将证明三个人的理论是殊途同归的，尽管这三位物理学家所用的方法很不一样。

你应该能够回忆起，光子由于没有静质量，所以能够以光速移动；原子中的电子虽然运动很快，但远达不到光速。

在 1962 年的一次会议上，脑胼的狄拉克轻松地斜靠着，倾听着热情奔放的费曼的描述。他们虽然性格截然相反，却早在 1948 年就找到了共通之处。当时，针对狄拉克关于量子电动力学的问题，费曼想出了一个绝妙的解答。

弗里曼·戴森（左）在费曼的量子电动力学方法和施温格尔以及朝永振一郎的方法之间，建起了一座观念的桥梁。后面三位后来分享了诺贝尔奖，不过许多人认为，戴森也应该获奖。

和玻尔一样，费曼成了一位传奇人物。在这里我不想讲他的故事，因为读者最好听他自己讲。在《别逗了，费曼先生！》（这本书一点也不难）中，你会看到一个从修无线电收音机开始，并用其余生的时光来解决问题并从中获得乐趣的男孩。

施温格尔，一位出众的思想家，首先解释了他的理论。他讲解的内容精巧却非常难懂，公式写了满满几黑板。

然后是费曼。他的物理学讲义、以他名字命名的费曼图以及清晰的思想都将流传于世。在这次会议上他的讲解却出了点问题。但大家都知道他只是不在状态而已。他在洛斯阿拉莫斯利用洗牌机和大量的彩色编码卡，制造了世界上第一台大型计算系统。人们知道他经常能以魔术般巧妙的方法解决别人几个星期都一筹莫展的数学问题。他的能力毋庸置疑。人们还知道他爱捣蛋，在洛斯阿拉莫斯他试图打破安全防护，进入一个高度机密的档案库，只是为了好玩。

在会议上，费曼设法将他脑海中的想法和图景跟与会人士交流，但这次并不奏效。然后玻尔走上了黑板，给他做了一次简短的量子力学的讲解，费曼非常沮丧。

这次费曼没能完全解释清楚他的东西，但也许他还有更多其他的想法。可能在这大师云集的场合有点代沟，费曼想要重构量子力学。施温格尔和朝永振一郎已经通过推广哥本哈根学派的基本量子假设获得了正确的结果，但他们的方法很复杂、很难用。之后，物理学家们将很快习惯于使用费曼的方法。他已经对整个领域一览无余，而且在脑海中作了重新考虑。他把电子和光子读入脑中，然后在纸上用特殊的符号图加以描绘。这种费曼图使他的方程易于理解。

一直以来，量子力学被玻尔以波为主的描述方式所主宰。在量子电动力学中，费曼提出了新的以粒子为主的描述方式。他在时间上和空间上描述了粒子的相互作用。他的办法可以用来计算一个粒子所有的可能路径，这使得量子理论和描述它的数学得到大大简化。

量子电动力学是量子力学与电磁学和相对论联姻的产物。和爱因斯坦一样，费曼有一种在头脑中勾画出图像的天赋。当在他的图中画出电子和光子在时空中的运动时，他把爱因斯坦的相对论（改变了人们的时空观）和量子理论（解释了亚原子粒子的行为）联系到了一起。

量子电动力学描述的是来回振动着的粒子。它所处理的虚拟粒子从真空中出现并进入了我们的真实世界。量子电动力学预言，真空，这种认为空无一物的空间，实际上可以对事物施加影响，而这已经被实验所证实。

QED 极大地修正和拓展了量子力学。它的理论成功解释了氢原子中一个能级的细微变化。它解决了量子力学在描述物

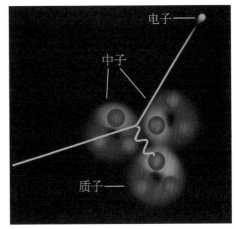

在这张彩色图片中，黄色的线表示一个射入氘原子核的电子（橙色小点）的径迹。这个电子通过交换一个虚光子（黄色波浪线），和蓝点表示的质子中的下夸克（红点表示上夸克）而发生相互作用。对一个物理学家来说，"虚"并不意味着假，而意味着虽然不能被直接观测到，但确实存在的东西。虚粒子会给氢原子的能级带来非常小，却可被观测的变化。

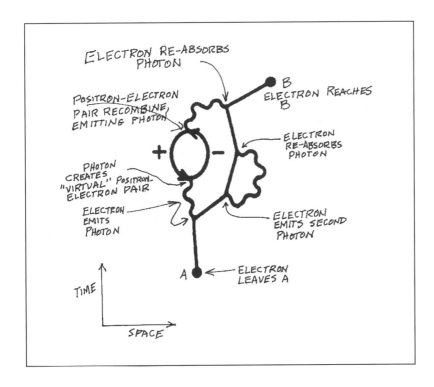

这张带注释的费曼图描述的是，一个电子可以以许多方式从事件 A 运动到事件 B。图中的每一个点都表示时空中的事件。图中，越是下面的事件越先发生。注意图中那个正电子圈的箭头，费曼说，正电子（带有单位正电的电子，普通电子的反物质）可以看作是一个电子沿着时间倒流的物质！

这就是所谓的兰姆位移。

理世界过程中存在的一些矛盾。现在当人们考虑电子从一个状态到另一个状态时，就必须考虑到所有可能的中间途径，这一过程中可能发射或吸收一个光子，而中间发射的光子又可能产生电子－正电子对，以及因为这些电子－正电子对的湮没所产生的新的光子。这也许听起来非常复杂，但当你想到QED的理论必须周全地考虑到电子跃迁过程中产生的所有可能性的话，这一切就变得简单明白了。

无论爱因斯坦还是费曼都认识到，宇宙是一个相互联系的整体，没有东西是完完全全与宇宙的其他部分相隔绝的。探究这种相互关联的本质，是21世纪物理学家面对的挑战。

高山之上

埃里切古镇坐落于西西里岛上的一座山顶上，全世界的科学家正在此参加马约拉纳会议。这项始于1963年的会议是以意大利杰出的物理学家埃托雷·马约拉纳（Ettore Majorana）的名字命名的，也用来纪念意大利物理学家伽利略和费米的成就。到了21世纪，这项会议的主题还包括"天文学与相对论"以及"布朗运动"等。

这就是在西西里岛一条山路上看到的埃里切山，山的背后是地中海。

根据希腊神话，维纳斯和海神的儿子埃里切在3 000年前建立了这座小镇。古希腊的诗人荷马（Homer）以及罗马诗人弗吉尔（Virgil）都写到过它。

今天，科学家和旅游者欣赏着这里建于耶稣诞生之前的城堡、修道院、哥特式教堂和城墙。1982年，狄拉克和另外两位科学家共同起草了《埃里切宣言》，要求各国增加科学研究的透明度，并且停止核试验。全世界有超过10 000名科学家在这份宣言上签了字。

　　量子电动力学已经是非常成熟的理论。如果你想学习更多的话，可以读一读费曼的书《QED》。这本书的副标题是"关于光与物质的怪异理论"。它是描述相对论性世界的高级物理理论。很奇妙，是吗？真实宇宙比科幻小说更玄妙。早期量子力学描述的是普通原子和其他粒子的活动，而 QED 将这种理论推广到了包含爱因斯坦时空的整个宇宙中。讲到时空，是的，我们又要回到相对论中来了。

　　要写一本书的话，内容的编排是很要紧的。究竟是应该把量子理论放在前面还是相对论放在前面呢？还是把所有与相对论有关的东西都放一起呢？经过一番考虑后，我还是决定先把相对论做一个笼统的介绍，而把一些有趣的细节放在后面。现在就是讲述这些细节的时候了，就让我们和我们的朋友爱因斯坦一起骑上光线吧，相信你会有惊喜的。

探秘粒子世界

　　粒子物理学家到底研究什么呢？下面几张图可以给出一些答案。在气泡室的放大照片上寻找微观粒子的轨迹（图 1）；在一个中微子探测器的 2 200 个光电倍增管上爬来爬去（图 2）；安装时间投影室来探测重离子的碰撞（图 3）；寻找宇宙射线激发原子所形成的光子（图 4）；比较所谓"超子"和它的反粒子的衰变（图 5）；检查超级对撞机中使粒子束转向的磁铁（图 6）。

图片版权

Grateful acknowledgment is made to the copyright holders credited below. The publisher will be happy to correct any errors or unintentional omissions in the next printing. If an image is not sufficiently identified on the page where it appears, additional information is provided following the picture credit.

Abbreviations for Picture Credits
Picture Agencies and Collections
AR: Art Resource, New York
AIP: American Institute of Physics
BAL: Bridgeman Art Library, London, Paris, New York, and Berlin
Caltech: California Institute of Technology
PR: Photo Researchers, Inc., New York
SPL: Science Photo Library, London
COR: Corbis Corporation, New York, Chicago, and Seattle
GC: Granger Collection, New York
SSPL: Science Museum /Science & Society Picture Library, London
NASA: National Aeronautics and Space Administration
> **JPL:** Jet Propulsion Lab
> **GSFC:** Goddard Space Flight Center
> **MFSC:** Marshall Space Flight Center

Maps
All base maps (unless otherwise noted) were provided by Planetary Visions Limited and are used by permission. Satellite Image Copyright © 1996–2005 Planetary Visions.
PLV: Planetary Visions Limited
SR: Sabine Russ, map conception and research
MA: Marleen Adlerblum, map overlays and design

Illustrator
MA: Marleen Adlerblum (line drawings)
All timelines were drawn by Marleen Adlerblum. All timeline photographs are public domain, unless otherwise listed.

Frontmatter
ii: Brookhaven National Laboratory/PR; ix: (Composite) NASA/JPL-Caltech/Max-Planck Institute/ P. Appleton (SSC/Caltech)

Chapter 1
Frontispiece: Caltech; 2: (top left and right) Hebrew University of Jeruslam Albert Einstein Archives, courtesy of AIP; (bottom) © Bettmann/COR; 3: PLV; 4: (top and bottom) akg-images; 5: GC; 6: (left and right) MA; 7: NASA/MSFC/ NSSTC/Hathaway 2007/04; 8: Erich Lessing/AR; 9: Tesla Memorial Society of New York

Chapter 2
10: Erich Lessing/AR; 11: (left) Edward Owen/AR; (right) Scenographia: Systematis Copernicani Astrological Chart, c. 1543, devised by Nicolaus Copernicus (1473–1543) from "The Celestial Atlas, or the Harmony of the Universe" c. 1660, British Library, London/BAL; 12: (top) Smithsonian Institution; (bottom) SSPL; 13: (top) GC; (bottom) Keith Kent/PR; 14: TIMELINE; 15: *Dr. William Gilberd (1540–1603) Showing his Experiment on Electricity to Queen Elizabeth I and her Court*, detail of Gilberd, 19th century oil on canvas, Arthur Ackland Hunt, private collection, The Royal Institution, London/BAL; 16: NASA/PR; 17: (top) SSPL; (bottom) GC

Chapter 3
18: The Ampere and Electricity Museum, Lyon, France; 19: (top) courtesy of John Jenkins, www.sparkmuseum.com; (bottom) Magnetic experiment by Michael Faraday (1791–1867)/The Royal Institution, London, UK/BAL; 20: Courtesy of Prof. David S. Ritchie, James Clerk Maxwell Foundation, Edinburgh; 21: Eric Heller/PR; 22: (top) GC; (bottom) MA; 23: MA; 24: (top) AR; (bottom) GC; 25: PR; 26: (top) GC; (bottom) AR; 27: (top left and middle) GC; (top right) courtesy of ACDC, Atlantic Records; (bottom) GC

Chapter 4
28: Cosmography or Science of the World (engraving) (b/w photo), French School, (17th century)/Bibliotheque Nationale, Paris, France, Giraudon/BAL; 30: AIP/Emilio Segrè Visual Archives; 31: (top) AIP/Emilio Segrè Visual Archives; (bottom) MA; 32: Jan Jerszynski; 33: Collection of the Oakland Museum of California, Gift of Anonymous Donor; 35: AIP/Emilio Segrè Visual Archives

Chapter 5
37: SSPL; 38: Dawn near Reading, 1870 (w/c on paper), English School, (19th century), Ironbridge Gorge Museum, Telford, Shropshire, UK/BAL; 39: (top) W.H. Hales, AIP Emilio Segrè Visual Archives; (bottom) University of Cambridge, Cavendish Lab; 40: TIMELINE; 41: *Professor Sir William Crookes (1832–1919)* from "Illustrated London News" , May 1914 (colour litho), English School, (20th century), Bibliotheque Nationale, Paris, France, Archives Charmet/BAL; 42: *The Phenomenon of Electrical Luminosity*, from "1' Univers et 1' Humanite" by Hans Kraemer, c. 1900 (colour litho), French School, (20th century), Private Collection, Archives Charmet/BAL; 43: (top) Charles D. Winters/PR; (bottom) C.R.T. Wilson/PR; 45: (top) SPL/PR; (middle) H. Turvey/PR; (bottom) MA; 46: Phanie/PR; 47: S. Horrell/PR; 48: Science Source/PR

Chapter 6
50: Scimat/PR; 51: Sidney Harris; 52: MA; 53: (left) LBNL/Science Source/PR; (right) Steve Allen/PR

Chapter 7
54: Muzeum Marii Sklodowskiej Curie, Poland; 55: GC; 56: (top) *The Eiffel Tower*, 1889 (panel), Georges Seurat (1859–1891), Fine Arts Museums of San Francisco, CA/BAL; (bottom) SPL/PR; 57: (top) SPL/PR; (bottom) TIMELINE

Chapter 8
58: *The Courtyard of the Old Sorbonne*, 1886 (oil on canvas), Emmanuel Lansyer (1835–1893), Musee de la Ville de Paris, Musee Carnavalet, Paris/Giraudon/BAL; 59: Astrid & Hanns-Frieder Michler/PR; 60: (top) Pierre (1859–1934) and Marie Curie (1867–1934) in their laboratory (b/w photo), Gribayedoff © Collection Kharbine-Tapabor, Paris/BAL; (bottom) MA; 61: Science Museum/SSPL; 62: Bettman/COR; 63: Science Museum/SSPL; 64: C. Powell, P. Fowler & D. Perkins/PR; 65: PR; 67: Photo courtesy of Jay Pasachoff; 68: (top) SPL/PR; (bottom) Musee Curie; 69: (top left) Tomasz Barszczk/Super-Kamiokande Collaboration/PR; (top right) SPL/PR; (bottom) SPL/PR

Chapter 9
70: AR; 71: H. David Seawell/COR; 72: Alfred Pasieka/PR; 73: (left) Krafft/PR; (right) Celestial Image Co./PR; 74: Department of Physics, University of Adelaide, Australia; 76: *Man with Violin*, 1911 (oil on canvas), Pablo Picasso (1881–1973), Private Collection, © DACS/BAL; 77: (left) NOAO/PR; (right) NASA

Chapter 10
78: GC; 79: (top) courtesy of Einstein-Haus, Bern; (bottom) courtesy of the Schweizerisches Literaturarchiv (SLA), Bern; 80: (top) GC; (bottom) courtesy of the US Patent and Trademark Office; 81: (top) SPL/PR; (bottom) SSPL; 83: MA; 84: Sidney Harris; 85: Erich Lessing/AR

Chapter 11
87: GC; 88: (left) MA; (right) Erich Schrempp/PR; 89: Gemini Observatory/AURA/ NSF; 90: (top) Jerome Wexler/Science Photo Library; (bottom) Jean-Francois Colonna; 91: *Haystacks at Sunset, Frosty Weather*, 1891, Claude Monet (1840–1926), Private Collection/BAL; 92: Novosti Photo Library/PR; 94: SPL/PR; 97: (left) Richard R. Hansen/PR; (right) Jerome Wexler/PR

Chapter 12
98: Andrew J. Russell/ Prints and Photograph Division of the Library of Congress; 99: (top) James Cavallini/PR; 100: (top) *Democritus* (c. 460–c. 370 BC) 1692 (oil on canvas), Antoine Coypel (1661–1722), Louvre, Paris, France/BAL; (bottom) *Portrait of Ernst Mach* (1838–1916) (b/w photo), French photographer,

Archives Larousse/BAL; 101: (top left and right) GFSC/NASA; (bottom) Average Pagan Landscape, 1937 (oil on panel), Salvador Salvador Dalí (1904–1989), Gala-Salvador Dalí Foundation, Figueres, Spain © DACS/BAL; 102: MA; 103: SPL/PR

Chapter 13
104: Advertisement for "Caley's Christmas Pudding Crackers" (litho), Sir Alfred Munnings (1878–1959) © Norwich Castle Museum and Art Gallery/BAL; 105: A Pictorial Recipe for your Plum Pudding, Eliot Hodgkin, Illustrated London News Christmas Number, 1961, The Illustrated London News Picture Library, London/BAL; 106: C. Powell, P. Fowler & D. Perkins/PR; 107: Sidney Harris; 108: MA; 109: (top) Bettmann/COR; (bottom) MA; 110: (top) *The Alchymist*, 1771 (oil on canvas), Joseph Wright of Derby, Derby Museum and Art Gallery, UK/BAL; (bottom) Tommaso Guicciardini/INFN/PR; 111: Angelo Cavalli/zefa/COR; 112: (top) Niels Bohr Archive, Copenhagen; (bottom) David Copperfield and Little Em'ly, illustration from "Character Sketches from Dickens" compiled by B. W. Matz, 1924 (colour litho), Harold Copping (1863–1932) Private Collection/BAL; 113: courtesy of Keith Papworth, University of Cambridge

Chapter 14
115: MA; 116: David Parker/PR; 117: MA; 118: (top) CERN/PR; (bottom) Alfred Pasieka/PR; 119: (top) GC; (bottom) SPL/PR; 120: Freeman D. Miller/PR; 121: (top) Dr. Jeremy Burgess/PR; (bottom) A. Syred/PR; 122: Scott Camazine/PR; 123: MA; 124: The Museum of Modern Art/Scala/AR; 125: JPL/NASA; 126: European Space Agency/PR; 127: MA

Chapter 15
129: (top) Courtesy of John D. Jenkins, American Museum of Radio and Electricity, Bellingham, Washington; (bottom) GC; 130: (top) SSPL; (bottom) TIMELINE; 131: (top and bottom) SPL/PR; 132: (top) I. Curie & F. Joliot/PR; (bottom) GC; 133: (top) Berkeley-Lab; (bottom) MA; 134: MA; 135: James King-Holmes/PR

Chapter 16
137: *Niels Bohr* (1885–1962) reproduction of a 1939 mosaic in the Royal Theatre (Staerekassen) Copenhagen (colour litho), Ejnar Nielsen (1872–1956) (after), Private Collection, © DACS/Archives Charmet/ BAL; 138: (top) Bettmann/COR; (bottom) *Copenhagen by Gaslight*, W. Behrens (20th century), Private Collection, Photo © Bonhams, London, UK/BAL; 139: (top) Prints and Photographs Division of the Library of Congress; (bottom) Published by Cambridge University Press; 140: Prints and Photographs Division of the Library of Congress; 142: (left) *Portrait bust of Zeno of Citium* (334–262 BC), 3rd century BC) (marble), Museo Archeologico Nazionale, Naples, Italy/BAL; (right) Photothèque R. Magritte-ADAGP/AR; 143: Niels Bohr Archives, Copenhagen

Chapter 17
145: (top) SPL/PR; (bottom) GC; 146: Dr. Erwin Mueller/PR; 147: GC; 148: Michael W. Davidson/PR; 149: SPL/PR

Chapter 18
151: Eric Heller/PR; 152: Max-Planck-Institut/AIP/Emilio Segrè Visual Archives; 153: published by Random House Publishing Company; 154: G.T. Jones, Birmingham University/Fermi National Accelerator; 155: (top) MA; (bottom) Lawrence Berkeley National Laboratory/PR; 156: Scala/AR; 157: (top) Detlev van Ravenswaay/PR; (bottom) MA

Chapter 19
158: Prints and Photographs Division of the Library of Congress; 159: Edward Kinsman/PR; 160: (top) SPL/PR; (bottom) AIP/PR; 161: Don Quixote and Sancho Panza (oil), Honore Daumier (1808–1879), courtesy of private collector © Agnew's, London, UK/BAL; 162: (left) courtesy of *Scientific American* Magazine; (right) Tom Swanson; 163: National Institute of Standards and Technology; 164: (top) MA; (bottom) Lawrence Berkeley National Laboratory Image Library; 165: AIP; 166: IBM Almaden Research Center Visualization Lab; 167: Michael Gilbert; 168: (top left, middle and right) Clive Freeman/Biosym Technologies/PR; (bottom) SPL/PR; 169: (top) Wolkow Lab, University of Alberta; (bottom) Vintage Views, IBM

Chapter 20
170: Fermi National Accelerator Laboratory, US Department of Energy; 171: (left) Courtesy of The Cavendish Lab; (right) AIP/Emilio Segrè Visual Archives;

172: Ernest Orlando, Lawrence Berkeley National Laboratory; 173: Dave Judd and Ronn MacKenzie/LBNL; 174: collection of LBNL; 175: courtesy of Phil Broad, Movie Sets & Vehicles, Cloudster.com; 176: AIP/PR; 177: Jordan Goodman, Particle Astrophysics Group, University of Maryland

Chapter 21
179: ArSciMed/PR; 180: MA; 181: NASA/PR; 182: Tom Hollyman/PR; 183: (top) Special Collections, The Valley Library, Oregon State University; (bottom left) A. Barrington Brown/PR; (bottom right) Omikron/PR; 184: Eye of Science/PR; 185: TIMELINE; 186: Arnold Fisher/PR; 187: Illustrations by MA; 188: Spencer Grant/PR; 189: (top) GC; (bottom) Alfred Pasieka/PR

Chapter 22
191: Sidney Harris

Chapter 23
193: (top) Hulton-Deutsch Collection/COR; (bottom) courtesy of Dr. Robert D. Brooks; 194: (top) Ullstein Bild/GC; (bottom) GC; 195: (top) Arthur Szyk, Prints and Photographs Division of the Library of Congress; (bottom) Austrian Archives/COR; 196: (top) Hulton-Deutsch Collection/COR; (bottom) GC; 197: Frank Frazetta; 198: (top) Star of David cloth patch, printed "Jude", as compulsorily worn by Jews in Nazi Europe, Nationalmuseet, Copenhagen/BAL; (bottom) Prints and Photographs Division of the Library of Congress; 199: (left) CineMasterpieces; (right) AIP/Emilio Segrè Visual Archives, Wigner Collection; 200: (top) Museo Nacional Centro de Arte Reina Sofia, Madrid/AR; (bottom) Criterion Collection-1938; 201: (bottom) GC; 202: (top) Bettmann/COR; (middle) GC; (bottom) Ullstein Bild/GC; 203: (top) Ullstein Bild/GC; (bottom) GC

Chapter 24
204: courtesy of Mandeville Special Collections Library, University of California at San Diego; 205: *View of Pest and Buda*, 1870s (w/c on cardboard), Hungarian School (19th century), The Nicolas M. Salgo Collection, USA/BAL; 206: GC; 207: GC; 208: GC; 209: (top) courtesy of the Max Planck Society, Munich; (bottom) University of California/AIP/PR; 210: (top) AIP/Emilio Segrè Visual Archives; 212: C.T.R. Wilson/PR; 213: SPL/PR; 214: *View of the Graben*, Vienna, c. 1860–1880 (b/w photo), Austrian Photographer, (19th century), Private Collection, Archives Charmet/BAL; 215: SPL/PR; 216: Adam Hart-Davis/PR; 217: (top) MA; (inset) Nancy Rose; 218: (top) Dr. Kari Lounatmaa/PR; (bottom) AIP/Emilio Segrè Visual Archives

Chapter 25
220: GC; 221: Bettmann/COR; 223: (top) © Sergey Konenkov/Sygma/COR; (bottom) DOE/Science Source/PR; 225: (top) Image © The Albert Einstein Archives, The Jewish National & University Library, The Hebrew University of Jerusalem, Israel; (bottom) SPL/PR; 226: (top) Prints and Photographs Division of the Library of Congress; (bottom) GC; 228: M-Sat Ltd/PR; 230: Science Museum/SSPL; 231: (top) Kenneth Eward/BioGrafx/PR; (bottom) Jacana/PR; 233: US Navy, Office of Public Relations, Washington; 235: SPL/PR

Chapter 26
237: Prints and Photographs Division of the Library of Congress; 238: NASA; 239: (left) COR; (right) Los Alamos National Laboratory/PR; 240: COR; 241: National Archives/PR; 242: Bettmann/COR; 243: (top) COR; (bottom) AIP; 245: Prints and Photographs Division of the Library of Congress; 246: AIP/Emilio Segrè Visual Archives; 247: Prints and Photographs Division of the Library of Congress; 248: GC; 249: (top) Smithsonian Institution, National Museum of American History, AIP/Emilio Segrè Visual Archives; (bottom) photograph by Pach Brothers/AIP/Emilio Segrè Visual Archives; 250: COR; 251: The Cosmic Form of the God Vishnu, c. 1800 (gouache on card), Indian School, (19th century), © Oriental Museum, Durham University, UK/BAL; 252: (left) GC; (right) Scott Camazine/PR; 253: (top) Bettmann/COR; (bottom) Bettmann/COR

Chapter 27
255: (bottom) Physics Today Collection/AIP/PR; 256: (top left and right) AIP/Emilio Segrè Visual Archives; (bottom) published by W.W. Norton (USA); 257: (top) SPL/PR; 259: (top left) David Parker/PR; (top middle) Volker Steger/PR; (top right) Brookhaven National Laboratory/PR; (bottom left) DOE/PR; (bottom middle) Fermilab/PR; (bottom right) David Parker/PR

引文授权

Excerpts on the following pages are reprinted by permission of the publishers and copyright holders.

Page 6: From Albert Einstein, *Autobiographical Notes*, 1949, translated by Paul A. Schilpp (Chicago: Open Court Publishing Company, Centennial Edition, 1979)
Page 28: From Bill Bryson, *A Short History of Nearly Everything*, (New York: Broadway Books, 2003)
Pages 62 and 63: From Eve Curie, *Madame Curie A Biography by Eve Curie* (Garden City, NY: Doubleday Doran & Company, 1938)
Page 64: From Marie Curie, *The Discovery of Radium, Address by Madame M. Curie at Vassar College, May 14, 1921*, Ellen S. Richards Monographs No. 2 (Poughkeepsie, NY: Vassar College, 1921)
Page 66: From Lawrence M. Krauss, *Atom: An Odyssey from the Big Bang to Life on Earth ... and Beyond* (New York: Little, Brown, 2001)
Page 68: Reprinted with permission from Roy Lisker, editor of Ferment Magazine (More about Roy Lisker at http://www.fermentmagazine.org)
Page 70: From Neil deGrasse Tyson, "The Importance of Being Constant," (New York: *Natural History* (November, 2004)
Page 78: From Edmund Blair Bolles, American science writer and author, Einstein *Einstein Defiant: Genius versus Genius in the Quantum Revolution* (Washington, D.C.: Joseph Henry Press, 2004) and from Albert Einstein, quoted in *Helle Zeit, Dunkle Zeit: In Memoriam Albert Einstein*, edited by Carl Seelig (Zurich: Europa Verlag, 1956)
Page 86: From Heinz R. Pagels, *The Cosmic Code: Quantum Physics as the Language of Nature* (New York: Simon & Schuster, 1982) and from Marcia Bartusiak, *Through a Universe Darkly* (New York: Harper Collins, 1993)
Page 98: From Michael White and John Gribbin, *Einstein: A Life in Science* (New York: Dutton, 1994) and from Edmund Blair Bolles, *Einstein Defiant: Genius versus Genius in the Quantum Revolution* (Washington, D.C.: Joseph Henry Press, 2004)
Page 104: From Timothy Ferris, *Coming of Age in the Milky Way* (New York: William Morrow, 1988) and from Marcia Bartusiak, *Through a Universe Darkly* (New York: HarperCollins, 1993)
Page 136: From George Gamow, *Thirty Years That Shook Physics* (New York: Doubleday & Company, 1966)
Page 138: From James Franck, "Jocular Commemorations: The Copenhagen Spirit" by Mara Beller, Osiris, 2nd Series, vol.14, Commemorative Practices in Science: Historical Perspectives on the Politics of Collective Memory (The University of Chicago Press, 1999)
Page 139: Excerpt from *Mr. Tompkins Explores the Atom* by George Gamow. (Cambridge University Press, 1945)
Page 141: Excerpt from a letter Einstein wrote to Niels Bohr, 1923, part of the Albert Einstein Archives, The Hebrew University, Jerusalem and from Denis Brian, Einstein: A Life (New York: John Wiley & Sons, Inc., 1996)

Page 144: From Arthur Compton, Nobel lecture, 1927
Page 150 and 158: From Werner Heisenberg, *Physics and Beyond* (New York: Harper & Row, 1971)
Page 153: From *Copenhagen*, by Michael Frayn (London: Methuen Drama, 1998)
Page 174: From *Telephone Poles and Other Poems* by John Updike (New York: Knopf, 1963)
Page 192: From Fritz Stern, Einstein's German World (Princeton, NJ: Princeton University Press, 1999) and from Peter Watson, The *Modern Mind: An Intellectual History of the 20th Century* (New York: HarperCollins, 2001)
Page 206: From Leo Szilard, as quoted in *Leo Szilard; His Version of the Facts*, edited by Spencer R. Weart and Gertrude Szilard (Cambridge, MA: MIT Press, 1978)
Page 214: From Lise Meitner, as quoted in *Lise Meitner: A Life in Physics*, by Ruth Lewin Sime (Berkeley, CA: University of California Press, 1996)
Page 220: From Eugene Wigner, as quoted in *Einstein: A Life*, by Denis Brian (New York: John Wiley & Sons, Inc., 1996)
Page 222: From Thomas Lee Bucky, as quoted in "Einstein: An Intimate Memoir" by Thomas Lee Bucky and Joseph P. Blank (New York: *Harper's*, September, 1964)
Page 227: From *The Born-Einstein Letters; Friendship, Politics and Physics in Uncertain Times* by Albert Einstein and MaxBorn (London: Macmillan, 1971) and from C. P. Snow, as quoted in Harmony and Unity: The Life of Niels Bohr by Niels Blaedel (Madison, WI: Science Tech Publishers, 1988)
Page 232: From Otto Frisch, *What Little I Remember* (Cambridge, England: Cambridge University Press, 1979)
Page 236: From Niels Bohr, "Open Letter to the United Nations," Open letter dated June 9, 1950
Page 238: From Victor Weisskopf, as quoted in "A Great and Deep Difficulty: Niels Bohr and the Atomic Age" by Richard Rhodes from the symposium on "The Copenhagen Interpretation: Science and History on Stage" at the National Museum of Natural History of the Smithsonian Institution, March 2, 2002
Page 242: From J. Robert Oppenheimer in a speech to the Association of Los Alamos Scientists on November 2, 1945, in Los Alamos, NM
Page 249: From I. I. Rabi, as quoted in *The Making of the Atomic Bomb* by Richard Rhodes (New York: Touchstone, Simon & Schuster, 1986)
Page 250 and 252: From Richard Feynman, *Surely, You're Joking, Mr. Feynman!* by Richard P. Feynman and Ralph Leighton (New York: W. W. Norton & Company, Inc., 1985)
Page 251: From J. Robert Oppenheimer, as quoted in *The Making of the Atomic Bomb* by Richard Rhodes (New York: Touchstone, Simon & Schuster, 1986)
Page 254: From Richard Feynman, *The Feynman Lectures on Physics, Commemorative Issue Volume 1: Mainly Mechanics, Radiation, and Heat* by Richard Feynman, Robert Leighton, and Matthew Sands (Reading, MA: Addison-Wesley, , 1971)

图书在版编目（CIP）数据

量子革命 ：璀璨群星与原子的奥秘/（美）乔伊·哈基姆（Joy
Hakim）著；李希凡译. —— 上海：上海教育出版社, 2017.12
（2020.5重印）
（"科学的力量"科普译丛. "科学的故事"系列）
ISBN 978-7-5444-7461-0

Ⅰ. ①量… Ⅱ. ①乔… ②李… Ⅲ. ①量子论—普及读物 Ⅳ. ①
O413-49

中国版本图书馆CIP数据核字（2017）第312994号

责任编辑　李　祥
封面设计　陆　弦

"科学的力量"科普译丛 "科学的故事"系列
量子革命——璀璨群星与原子的奥秘
［美］乔伊·哈基姆　著
李希凡　译

出版发行　上海教育出版社有限公司
官　　网　www.seph.com.cn
地　　址　上海市永福路123号
邮　　编　200031
印　　刷　上海新艺印刷有限公司
开　　本　787×1092　1/16　印张 17.5
字　　数　350 千字
版　　次　2017年12月第1版
印　　次　2020年5月第2次印刷
书　　号　ISBN 978-7-5444-7461-0/N·0010
定　　价　89.80 元
审 图 号　GS(2017)2952号

如发现质量问题，读者可向本社调换　电话：021-64377165